JN432954

순환경제를 위한
플라스틱의 전과정 관리

순환경제를 위한
플라스틱의 전과정 관리

지은이 장용철
발행일 1판 1쇄 2020년 8월 1일 1판 2쇄 2021년 12월 15일 발행인 이진숙
펴낸곳 충남대학교출판문화원 주소 대전광역시 유성구 대학로 99
전화 042-821-6045 홈페이지 http://www.cnupress.co.kr E-mail cnupress@cnu.ac.kr

ISBN 979-11-6503-050-6 93570
정가 20,000원

이 책의 내용을 사용하려면 반드시 저자와 충남대학교출판문화원의 동의를 얻어야 합니다.
잘못 만들어진 책은 구입하신 서점에서 교환하여 드립니다.

순환경제를 위한 플라스틱의 전과정 관리

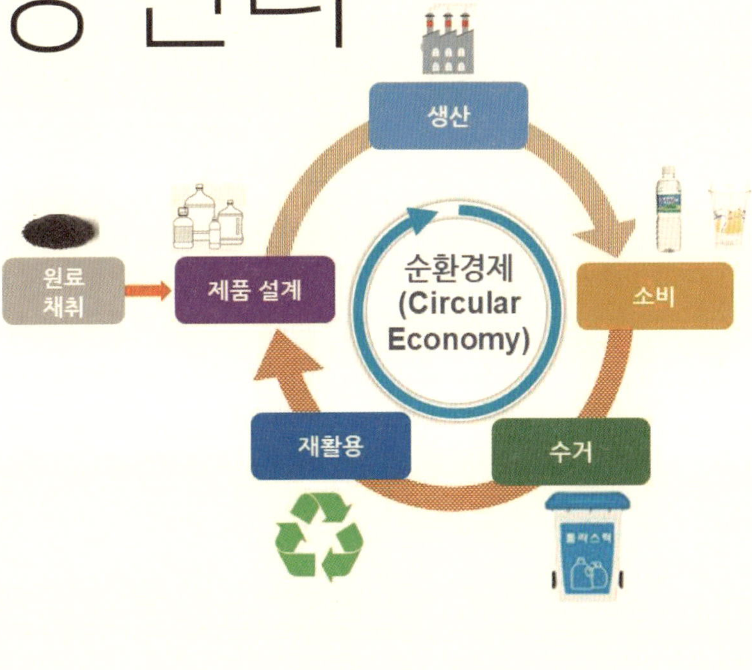

장용철

충남대학교출판문화원

머리말

현대소비 사회는 우리 일상생활에 필요한 막대한 플라스틱의 제품을 석유로부터 합성수지 원료를 바탕으로 생산하여 사용하고 있다. 이러한 플라스틱 제품은 포장재 용기와 제품, 비닐류, 건설 및 건축 재료, 수송과 운송 재료, 섬유제품, 전기전자제품 등 여러 용도로 활용되고 있다. 오래전 우리 조상들이 거쳐 온 석기시대, 청동기시대, 철기시대를 거치며 이제는 현대 시대를 '플라스틱 시대(Plastic Age)'라고 일컬을 수 있을 정도로 플라스틱 재료가 널리 활용되고 있다. 이러한 플라스틱은 일정 기간 소비 후 막대한 플라스틱 폐기물이 배출되고 있다. 특히 경제 규모의 확대, 산업의 발달과 함께 소비자의 구매 욕구 증가, 기업의 대량 제품 생산과 적극적인 상품 판매 홍보 전략 등으로 플라스틱 제품의 소비 후 일회용 플라스틱을 포함한 플라스틱 폐기물의 발생은 점차 증가하고 있고, 그 종류도 다양하다. 코로나19 확산으로 온라인 음식 배달 주문과 온라인 쇼핑 증가로 최근 일회용 플라스틱 소비도 늘어나고 있다. 플라스틱 폐기물로 인한 해양오염의 확산, 육상 및 해양 생태계의 위협, 미세 플라스틱의 생성과 먹이연쇄로 인한 축적, 독성화합물질의 확산 우려 등이 전 세계적으로 중요한 의제로 대두되고 있다. 따라서 각 국가별로 플라스틱 폐기물의 발생 억제, 사용 저감, 해양오염 최소화와 예방, 플라스틱 사용 규제와 금지 등 다양한 정책과 전략을 마련하고 있다.

특히 최근 들어 대량 생산-소비-폐기 위주의 선형경제(linear economy)를 극복하고 자원의 선순환 체계를 이루기 위한 선형경제(circular economy)로의 전환 노력과 다양한 시도가 이루어지고 있다. 전 인류가 앞으로 플라스틱의 폐기물을 적절하게 관리되지 않는다면, 2050년에는 해양생태계의 물고기 수

보다 오히려 더 많은 플라스틱 폐기물이 해양을 가득 메울 수 있다고 경고하고 있다. 인류의 생존과도 직결될 수 있을 만큼 매우 심각한 플라스틱 오염의 위기를 맞고 있다. 따라서 플라스틱 생산단계에서부터 친환경 제품 설계와 재활용 용이성을 고려해야 하며, 최대한 일회용 플라스틱의 사용을 억제하거나 퇴출해야 하고, 소비 후 플라스틱의 재사용, 재활용하여 친환경적으로 자원화 및 에너지 회수 방법을 강구해야 한다. 특히 플라스틱 포장재 폐기물은 일회용 용도로 많이 사용하고 있어, 이에 대한 엄격한 관리와 규제가 매우 중요하다.

사람은 태어나 성장하고, 늙고 죽는 과정을 거치는 것처럼, 플라스틱 역시 석유 원료를 통해 가공의 과정을 거친 후 제품으로 태어나서 유통되어 소비된 후 단 기간 또는 일정 기간이 지나면 폐기된다. 플라스틱은 분해가 되지 않아 환경에 방치하는 경우 오랜 기간 체류하며 수십년 수백년 동안 남아 있을 수 있다. 따라서 플라스틱의 문제를 최종 처리 단계에서 '어떻게 처리해야 하는가?'의 문제를 넘어서서 처음부터 소비와 순환 이용을 고려하여 제조/생산-유통-소비-배출-수거-처리, 즉 전과정 관리(전생애, 전주기, life cycle management) 관점에서 접근해야 한다. 이러한 전과정 관리를 통해 순환 경제 시스템을 구축하여 자원의 효율성을 극대화하고, 자원 고갈을 예방하고, 환경오염을 최소화하는 전략 마련이 시급하다.

이 서적은 저자가 최근 수행한 플라스틱 폐기물 연구 자료와 함께 학부와 대학원에서 학생들에게 가르쳤던 플라스틱 관련 국내외 자료를 모아 정리하여 요약한 것이다. 본 서적의 저술 목적은 산업의 발달과 생활의 편리함을 추구하는 과정에서 배출되는 플라스틱 폐기물의 발생과 영향, 이로 인한 문제와 이슈를 함께 고민하며 올바른 해결 방안을 찾는데 있다. 현재 우리가 직면한 플라스틱으로 인한 환경문제는 정부, 산업계, 학계와 연구계, 소비자와 시민, 시민단체 등 사회 전 구성원이 모두 참여하여 소통하고 고민해야 풀 수 있다.

본 서적의 주요 내용은 플라스틱의 생산과 소비, 플라스틱의 재활용 관련 제도와 기술, 플라스틱으로 인한 해양오염과 미세 플라스틱 문제, 국내외 플라스틱 관리 전략과 제도, 일회용 플라스틱 문제점, 바이오 플라스틱의 기술 동향 등을 중점적으로 다루고자 하였다. 본 서적이 플라스틱의 생산과 사용의 억제, 플라스틱 폐기물의 전과정 관리, 순환경제 영역 안에서 플라스틱 관리를 위한 기초 및 실무 교육 교재로 활용되어 지속가능한 자원순환 사회를 구현하고 지향하는 데 조금이나마 이바지 할 수 있다면 저자는 더 없는 보람으로 여길 것이다.

끝으로 본 서적을 출간하는데 도움을 준 충남대학교 청정자원순환연구실 권유리, 이가인, 장예지, 김홍경 연구원과 충남대학교 가연성폐기물 에너지화 사업단 최경훈 연구교수에게 감사드린다. 아울러 교재의 내용 검토와 편집을 위해 큰 도움을 준 충남대학교 출판문화원 편집자분들께 감사드린다.

2020년 7월

저자 장용철

목 차

chapter 3
일회용 플라스틱의 소비와 영향

chapter 4
플라스틱 폐기물과 해양오염

chapter 5

미세플라스틱의 오염과 영향

chapter **6**

순환경제와 플라스틱 관리 전략

chapter **7**

플라스틱의 재활용 기술과 방법

chapter **8**

바이오플라스틱이란 무엇인가?

생각해 볼 거리

이슈

용어의 설명

가소제(plasticizer): 합성수지에 탄성과 유연성을 증진시키기 위해 첨가하는 화학물질(주로 프탈레이트계)을 말한다.

고형연료(solid refuse fuel, SRF): 폐기물을 분리, 선별, 건조, 성형 등의 공정을 거쳐서 고체 형태의 성형연료를 말한다. 플라스틱 기반 성형 연료는 흔히 RPF(refuse plastic fuel)라고 부른다. 고형연료의 품질기준이 별도로 제정되어 있으며, 바이오고형연료는 주로 목재 등 바이오매스를 활용한 고형연료를 말한다. 이러한 고체 성형연료는 발전시설, 시멘트 공정, 보일러 등의 석탄이나 석유 등 대체연료 또는 보조연료로서 사용된다.

미세플라스틱(microplastics): 플라스틱 중에서 크기가 일반적으로 직경 1μm~5mm 미만인 고체상 물질로서 합성 고분자화합물을 지칭한다. 미세플라스틱의 발생 형태에 따라 1차 미세플라스틱(primary microplastics)과 2차 미세플라스틱(secondary microplastics)으로 구분한다.

1차 미세플라스틱(primary microplastics): 인위적으로 제조 가공된 미세플라스틱을 말하고, 주로 생활화학제품에 첨가된 작은 크기의 플라스틱(microbeads, 마이크로비즈), 천일염, 플라스틱 수지 펠렛 원료, 공업용 연마제 등을 사용 후 환경으로 배출되는 것을 말한다.

2차 미세플라스틱(secondary microplastics): 플라스틱 물질이 사용 과정이나 폐기된 후 광분해와 풍화 등의 작용을 거치면서 파분쇄 과정을 거쳐 미세화되면서 발생하는 물질을 말한다.

물질 재활용(material recycling): 폐기물을 재활용하는 방법으로 주로 기계적인 파쇄, 선별과 분리, 세척, 성형 공정을 통해 최종 생성물로서 플레이크(flake) 또는 펠렛(pellet) 형태 등 물리적 상태의 재생원료로서 재활용하는 것을 말한다.

바이오플라스틱(bioplastics): 기존 화석연료 기반 플라스틱은 자연상태에서 쉽게 분해가 되지 않으며, 플라스틱 중 환경 내에서 일정 기간 지난 후 쉽게 생분해가 가능한 플라스틱을 말한다. 모든 바이오플라스틱이 자연 환경에서 미생물로 인해 쉽게 완전 분해되는 것은 아니며, 일부만 분해되거나 전혀 분해되지 않는 것도 있다. 식물의 바이오매스(biomass, 에너지원으로서의 생물자원으로 일컬음)로 만들어져 석유 소비를 줄이는 역할을 하는 바이오매스 플라스틱(biomass-based plastic)과 미생물로 분해되는 생분해성 플라스틱(biodegradable plastic)으로 구분할 수 있다. 이들 모두를 바이오플라스틱이라고 부르기도 한다.

선형경제(linear economy): 원료의 채취 단계를 거쳐 제품의 생산을 통해 유통과 소비 후 폐기 또는 처분으로 이루어지는 직선형 경제 시스템을 말한다. 원료의 대부분을 광물을 채취하여 제품 생산과 소비 후 폐기물을 단순 폐기 및 처분하는 시스템으로서 자원의 순환성 개념이 부족하다.

생산자책임재활용제도(extended producer responsibility, EPR): 폐기물 배출자(소비자)에게만 적용되던 오염 원인자 부담 원칙(PPP: Polluters Pay Principle)을 제품의 생산단계부터 재활용을 고려할 수 있도록 생산자(수입업자 포함)에게까지 책임을 확대(Extended)하여 재활용하도록 하는 의무를 부여하는 제도를 말한다. 우리나라는 생산자책임재활용 대상 품목으로는 4개 포장재군(종이팩, 금속캔, 유리병, 합성수지 재질 포장재)과 8개 제품군(합성수지 재질 필름류, 윤활유, 전지류, 타이어, 형광등, 수산물 양식용 부자, 곤포사일리지용 필름, 합성수지 재질 김발장), 전기전자제품(약 50개 품목) 등을 포함하고 있다.

순환경제(circular economy): 원료로서 천연자원과 에너지의 수요를 줄이고, 제품의 전과정 측면에서 최대한 자원을 활용하고, 환경부하도 줄이는 시스템을 말한다. 이를 위해서는 제품의 설계 단계에서부터 자원순환성을 고려한 친환경 제품 설계가 필요하고, 제품의 사용 후 폐기물 발생을 최대한 억제하기 위하여 수리 후 사용, 재사용하여 제품 수명을 연장하거나 재제조 등이 이루어지나 또는 에너지원으로 활용하거나 재활용이 극대화되어 매립과 소각이 최소화되는 경제 시스템을 의미한다.

순환이용성평가제도: 제품의 소비 후 폐기 시 재활용 저해요소를 평가하여 개선이 필요한 부분을 제품 설계 단계에서부터 반영되도록 하는 제도이다. 제품이 순환이용 또는 적정처분이 가능한지, 분리선별이 용이한지, 유해물질의 종류와 양, 내구성 등을 평가하여 제품 설계를 개선을 목적으로 한다.

열가소성 합성수지: 열에 의해 녹아도 몇 번이고 그 모양을 바꿀 수 있는 플라스틱을 말한다. 소위 6대 범용수지라고 불리는 저밀도폴리에틸렌(LDPE), 고밀도폴리에틸렌(HDPE), 폴리프로필렌(PP), 폴리스티렌(PS), ABS, 폴리염화비닐 등이 범주에 속한다.

열경화성 합성수지: 한 번 열에 의해 모양이 만들어지면 그 뒤로는 다시 녹지 않는 것(경화, 즉 굳는 것을 의미함)을 말한다. 아크릴, 페놀수지, 요소수지, 멜라민수지, 불포화 폴리에스테르수지, 에폭시수지, 폴리우레탄수지, 나일론 등이 열경화성 수지에 속한다.

열적 재활용(thermal recycling): 플라스틱을 재생 가공하여 열적 처리를 통해 에너지 회수의 원료로 사용하거나 전기 등 발전하는 데 적용하는 기술을 말한다. 흔히 열적 재활용보다는 열 회수(thermal recovery) 또는 에너지 회수(energy recovery) 등의 용어도 혼용하여 사용한다.

일회용 플라스틱(single use plastics): 흔히 우리가 한번 사용 후 쉽게 폐기되는 플라스틱(disposable plastics)을 말하고, 재사용 목적이 아닌 한번 소비 후 폐기물이 되는 플라스틱을 말한다. 일회용 플라스틱의 정의와 제품 종류, 범위는 국가 마다 다르며, 일반적으로 일회용 플라스틱에는 흔히 실생활에서 쉽게 한번 사용 후 버리게 되는 일회용 플라스틱 봉투, 배달용 플라스틱 용기, 일회용 플라스틱 컵 등 플라스틱 포장재(plastic packaging materials)가 주로 포함된다.

잔류성유기오염물질(persistent organic pollutants, POPs): 화학물질 중 환경 중에서 쉽게 분해되지 않고, 먹이연쇄를 통해 생물체 내 축적성이 높고, 생물체와 인간에게 독성이 높은 물질을 말한다. 잔류성유기오염물질은 국제협약(스톡홀름협약)을 통해 사용 금지 또는 제한, 단계적 근절 등의 규제가 이루어지고 있다.

폐기물 부담금 제도: 재활용이 어렵거나 불가능한 폐기물에 대해 제조한 제조업자 또는 수입업자에게 그 처리에 대한 비용을 부담시키는 제도를 말한다. 우리나라의 폐기물 부담금 부과 대상으로는 살충제 및 유독물 제품(유리병, 금속캔, 플라스틱 용기 사용), 부동액, 껌, 1회용 기저귀, 담배, 플라스틱을 재료로 사용하는 제품 등을 포함하고 있다.

포장재등급평가제도: 포장재의 제품을 대상으로 재활용 용이성에 따라 재활용 등급(최우수, 우수, 보통, 어려움)을 부여하여 생산단계부터 재활용이 쉽게 설계되도록 유도하는 제도를 말한다.

포장재 플라스틱(plastic packaging): 플라스틱 중에서 주로 제품 또는 식품 용기 등의 포장 용도로 사용된 플라스틱을 말한다. 전 세계 플라스틱의 소비량 중 약 30~40% 정도 큰 부분을 차지한다. 주로 폴리에틸렌(PE), 폴리플로필렌(PP), 폴리스티렌(PS), 폴리에틸렌테레프탈레이트(PET) 등이 사용된다.

플라스틱 발자국(plastic footprint): 플라스틱의 소비를 일반인들이 쉽게 이해할 수 있도록 발자국으로 표현하는 방법으로, 주로 1인당 연간 소비하는 (일회용)플라스틱의 양으로 표시한다(g/인 · 년 또는 개수/인 · 년). 이와 유사한 개념으로 탄소 발자국(carbon footprint), 물 발자국(water footprint), 에너지 발자국(energy footprint) 등이 있다.

합성수지(synthetic resin): 고분자 물질을 주원료로 하여 인공적으로 만들어진 고체 또는 끈끈하고 쉽게 굳는 물질을 말하고, 플라스틱과 종종 혼용하여 사용한다. 식물로부터도 유래되는 천연수지도 존재한다.

화학적 재활용(chemical recycling): 플라스틱을 선별, 파쇄 공정을 거친 후 화학원료가 되는 유화, 탄화수소유, 환원제, 원료 모너머화로 생산하여 플라스틱 원료(feedstock)로 재활용하는 것을 말한다.

해양쓰레기(ocean debris, marine litter): 해양에 유입되거나 해양으로 고의 또는 부주의로 더 이상 쓸모없어 버려진 물질, 고형폐기물로서 말한다. 주로 음료수병, 플라스틱 봉투, 용기, 로프, 어망, 어구, 스티로폼, 금속, 목재, 유리, 도자기류, 기타 분해되지 않는 폐기물 등이 포함된다. 특히 해양쓰레기 중 플라스틱 폐기물이 종류나 양적인 면에서 가장 많은 부분을 차지하고 있다.

chapter

1

플라스틱이란 무엇인가?

1. 서 론

플라스틱(plastic)으로 만들어진 제품은 우리 생활에서 없어서는 안 될 생활필수품이 되었다. 어쩌면 우리는 석기시대, 청동기시대, 철기시대를 거쳐 현재는 플라스틱 시대(plastic age)를 살아가고 있는지도 모른다. 플라스틱은 화석연료인 석유로부터 추출되는 수지(resin) 원료를 결합시켜 만든 일종의 고분자 화합물이다. 플라스틱은 강도와 경도, 단열성, 전기절연성, 화학적 안정성, 내부식성, 난분해성, 탄성, 충격 흡수성 등 물리 화학적 특성의 여러 장점으로 인해 모든 산업 분야의 제품 원료로 제조 가공되어 사용되고 있다. 하지만, 플라스틱의 장점으로 부각되었던 화학적 안정성과 난분해성과 같은 특성은 오히려 인체와 우리 주변을 둘러싼 생태계에 영향과 피해를 주고 있다. 즉, 플라스틱은 오랜 시간이 지나도 분해(degradation)가 되지 않고 수십 년 이상 또는 수백 년 이상 생태계에 존재할 수 있다. 최근에는 이러한 플라스틱이 여러 물리 화학적 작용을 거치면서 더욱 작게 쪼개져 미세플라스틱(micro-plastics) 또는 더 나아가 초미세 플라스틱(또는 나노플라스틱)이 되어 생태계에서 먹이연쇄 과정을 거치면서 이동하거나 생물체 내에 축적되어 악영향을 미칠 수 있다고 보고되고 있다. 눈에 보이는 먼지보다 미세먼지나 초미세먼지가 건강에 더 큰 문제가 되듯이 미세플라스틱도 인간과 환경에서 더 심각한 문제를 일으킬 수 있다는 주장이다.

인류가 도대체 얼마나 많은 양의 플라스틱을 사용하고 있으며, 환경을 배려하지 않고 무분별하게 버리고 있는가? 이러한 플라스틱 쓰레기는 인간과 자연환경에 어떤 영향들을 미치게 될까? 최근 과학 저널에 발표된 논문에 따르면 약 50억 톤의 플라스틱 쓰레기가 매립 또는 해양 유입 등으로 자연 환경에 배출되어 있고, 현재 이러한 추세라면, 2050년까지 총 120억 톤의 플라스틱 쓰레기가 자연 생태계에 배출될 것이라고 경고하고 있다. 이는 해양에 존재하는 물고기의 양보다 더 많을 수 있다고 예측하고 있다.

본 장에서는 우리가 사용하며 소비하는 플라스틱이란 무엇이고, 플라스틱의 종류, 사용과 용도, 생산, 소비와 폐기, 물리화학적 특징 등 기본적인 내용을 다루고자 한다.

2. 본 론

2.1 플라스틱의 정의와 종류

2.1.1 플라스틱의 정의

'플라스틱(plastic)'이란 고분자 물질을 주원료로 하여 인공적으로 유용한 형태로 만들어진 고체를 말하며, 흔히 '합성수지(synthetic resin)'라고도 불린다. 플라스틱은 석유에서 추출되는 인공적인 합성수지 소재를 총칭하는 것이다. '플라스틱'은 그리스어 '플라스티코(생각한 그대로 만들다)'에서 유래되었는데, 이는 어떤 형태/형상으로 만들기가 쉽다는 것을 의미한다. 즉, 용어가 의미하듯이 플라스틱의 가장 큰 장점은 어떤 물건이든 원하는 모양으로 성형하기가 쉽고 모든 형태를 만들어낼 수 있다는 것이다. 플라스틱을 화학에서는 '분자가 거대한 폴리머-고분자'라 말하는데, 폴리머(polymer)란 poly(많은)와 mer(조각, 부분)를 합친 말이다. 즉, 플라스틱은 화학적 구조가 유사하거나 같은 것이 수없이 많이 연결되어 거대한 분자를 이루고 있기 때문에 얻게 된 이름이다. 이러한 플라스틱 또는 합성수지는 대부분 고분자 물질을 주원료로 하는 것으로 열가공하거나 또는 경화제(hardener, 어떤 물질을 단단하게 굳게하는 물질을 말한다), 촉매, 중합 등을 사용하여 시트(sheet), 판(panel), 파이프 관(pipe), 막대기(stick) 등 일정한 형상으로 성형하거나 여러 원료로 제조가 가능하다.

2.1.2 플라스틱의 종류

플라스틱은 열에 대한 특성에 따라 열가소성 플라스틱(열가소성수지, thermoplastics resin)과 열경화성 플라스틱(열경화성수지, thermosetting resin)의 두 종류로 나누어진다. 열가소성 플라스틱은 열에 의해 녹아도 몇 번이고 그 모양을 바꿀 수 있는 플라스틱을 말한다. 열가소성수지는 열을 가하면 용융 유동하여 가소성(plasticity, 어떤 물체(플라스틱)를 가열하면 부드럽게 무르게 되어 쉽게 변형되고 식으면 다시 굳는 성질을 말한다)을 갖게 되고 냉각하면 고화하여 성형되어 가열용융-냉각고화 공정의 반복이 가능한 수지를 의미한다. 열을 가해 녹이거나 부드럽게 만든 후, 형틀을 이용하는 방식으로 제품이 만들어진다. 소위 6대 범용수지라고 불리는 저밀도폴리에틸렌(LDPE), 고밀도폴리에틸렌(HDPE), 폴리프로필렌(PP), 폴리스티렌(PS), ABS, 폴리염화비닐 등이 이 범주에 속한다. 반면, 열경화성 플라스틱은 한 번 열에 의해 모양이 만들어지면 그 뒤로는 다시 녹지 않는 것(경화, 즉 굳는 것을 의미함)을 말한다. 열경화성수지는 상온에서 유동을 가지고 있으나, 촉매 등을 가해서 가열하면 화학반응을 일으켜서 경화되고, 재차 가열하여도 유동상태로 되지 않는 수지를 말한다. 다시 말해 가열하여도 연화, 용융이 비가역적인 수지를 의미하며, 수지에 경화제를 첨가해 경화가 일어날 때 형틀을 이용하는 방식으로 제품을 만든다. 아크릴, 페놀수지, 요소수지, 멜라민수지, 불포화 폴리에스테르수지, 에폭시수지, 폴리우레탄수지, 나일론 등이 열경화성수지에 속한다.

또한 플라스틱 제품의 함유된 재질에 따라 단일재질과 복합재질로 구분하는데, 복합재질은 합성수지 재질이 둘 이상 복합된 재질 또는 합성수지와 다른 재질(예를 들어 종이 재질, 알루미늄 코팅지 등)이 접합 등의 방법으로 복합된 재질로 이루어진 합성수지를 말한다. 반면, 단일재질 플라스틱은 PE, PP, PC, PS 등 하나의 재질로 이루어져 있으며, 대부분 펠렛(pellet)이라는 재생원료로 만들 수 있으며, 새로운 원료와 동일하게 다양한 플라스틱 제품을 생산하는 데 사용할 수 있다.

- 플라스틱
  - 1) 열가소성 플라스틱
    - 1) 폴리에틸렌(PE)
    - 2) 폴리프로필렌(PP)
    - 3) 폴리스티렌(PS)
    - 4) 폴리에스테르(PET)
    - 5) 염화비닐수지(PVC)
    - 6) ABS
  - 2) 열경화성 플라스틱
    - 1) 아크릴
    - 2) 페놀수지(PE)
    - 3) 유리아수지(VF)
    - 4) 멜라민수지(MF)
    - 5) 에폭시수지(EP)
    - 6) 폴리우레탄(PUR)
    - 7) 에이에스수지(AS)
    - 8) 폴리아미드(PA)
    - 9) 나일론(Nylon)

〈그림 1〉 플라스틱의 분류와 종류

2.1.3 플라스틱 종류와 용도

플라스틱은 금속, 유리, 목재 등 타 소재들에 비하여 가볍고, 내구성이 우수하고, 부식성이 없으며, 전기절연성이 크고, 성형가공이 용이하고, 대량 생산이 가능한 특성을 가지고 있다. 이러한 특성으로 인해 합성수지는 오래 전부터 일상 생활용품은 물론 포장재, 절연재, 단열재, 전기 · 전자제품, 자동차 등에 광범위하게 사용되어 왔다. 〈표 1〉에는 플라스틱 제품의 장점과 단점을 나타내었다.

〈표 1〉 플라스틱 제품의 장단점

장점	단점
저렴한 생산 비용, 가벼움, 다양한 기능, 복잡형상 제조, 부식되지 않음, 다양한 색 표현, 투명성과 유연성, 맞춤형 합성 성분, 다양한 조립방식, 절연성	열에 약함, 가연성, 화학적 변화 유의, 자외선 민감성, 난분해성

〈표 2〉 열가소성 합성수지 종류 및 특징

종류	특징
LDPE (Low density polyethylene)	○ 상온에서 투명한 고체 (분말 또는 입상) ○ 대표적인 합성수지로, 에틸렌을 중합하여 제조 ○ 밀도가 0.91~0.94인 것으로, 결정화가 낮아 가공성과 유연성, 투명성이 우수 ○ 농업용, 포장용 투명필름, 전선피복, 각종 랩 등의 원료
HDPE (High density polyethylene)	○ 반투명 고체 (분말 또는 입상) ○ 대표적인 합성수지로, 에틸렌을 중합하여 제조 ○ 밀도가 0.94 이상인 것으로, 강도가 우수하나 유연성, 가공성은 떨어짐 ○ 일회용 쇼핑백, 각종 용기, 컨테이너, 파이프 등의 원료
PP (Polypropylene)	○ PE와 더불어 석유화학제품을 대표하는 열가소성 수지로 고체 프로필렌을 중합하여 제조 ○ 인장강도와 충격강도, 표면강도가 우수하고, 내열, 내약품성이 좋음. ○ 포대용 백, 필름, 섬유, 자동차 및 전기 · 전자부품, 컨테이너, 일용품 등의 원료로 가장 폭넓게 사용됨.
PS (Polystyrene)	○ 스티렌모너머(SM)를 중합하여 제조하는 열가소성 수지로서 고체 일반용, 내충격성, 발포성 등이 있음 ○ 가전제품의 케이스 및 부품, 용기, 단열재나 발포포장재, 충격완충제 등의 원료로 사용
ABS (Acrylonitrile butadiene styrene)	○ 옅은 아이보리(ivory, 상아색) 색의 고체 ○ 아크릴로니트릴과 부타디엔, 스티렌을 중합하여 얻어지는 공중합체 착색이 용이하고 표면광택이 아름다움, 기계적, 전기적 성질 및 내약품성이 우수 ○ 가정용, 사무실용 전자제품 및 자동차의 표면 소재로 주로 사용
PVC (Poly vinyl chloride)	○ VCM의 중합으로 얻어지는 수지로 무취의 분말 ○ 내약품성, 난연성, 전기절연성이 양호하지만 열이나 자외선에 안정하지 못하여 안정제가 첨가돼야 함. 유연성이 요구되는 용도에서는 가소제와 함께 사용됨. ○ 바닥재와 창틀, 파이프 등 주택 건설용으로 주로 사용, 농업용 필름 및 인조피혁 등의 원료

(출처: 한국플라스틱자원순환협회, 2011)

〈표 2~4〉에서는 플라스틱제품의 종류와 특징을 열가소성수지와 열경화성수지로 구분하여 정리 요약하였다. 수많은 플라스틱 제품이 우리

가 일상생활을 하면서 사용되고 소비되고 있다. 일반적으로 많이 사용되는 원료별 플라스틱 중에서 소비 후 폐기되는 플라스틱 폐기물의 90% 이상을 차지하는 6대 범용수지와 제품의 종류를 〈표 3〉에 요약하여 나타내었다. 열경화성 수지 중 대표적인 제품과 종류를 〈표 4〉에 열거하였다(한국플라스틱자원순환협회, 2011).

〈표 3〉 열가소성 합성수지 제품의 종류

종류	사용 제품의 예시
폴리에틸렌 (PE)	일회용 용기, 전선케이블, 피복, 비료 포대, 약주, 탁주병, 물통, 석유통, 농업용 필름, 함지박, 화분통, 가축먹이통, 분뇨정화조, 수도 보온통, 두부 목판, 육자, 수도관, 쓰레기통, 차량부품 등
폴리프로필렌 (PP)	맥주상자, 콜라상자, 소주상자, 과자상자, 보석상자, 용기류, 만년필, 고주파 절연부품 등
폴리스티렌 (PS)	인스턴트 컵, 식기, 칫솔대, 사무용품, 전기기기케이스, 파이프, 절연홀더, 도료, 이온교환수지, 포장용 패킹재료, 보온재료 등
염화비닐수지 (PVC)	경질: 파이프, 빗물홈통, 물받이, 플레지오, 경질필름, 두꺼운 시트, 패널판, 레코드판 등 호스, 시트, 인조피혁, 농업용 필름, 전선피복, 쓰레받기, 의자 커버, 식탁보, 가방, 연질화 비닐병 등
폴리에스테르 (PET)	의자, 테이블, 단추, 장식품, 약품탱크, 배터리 케이스, 간장병, 음료수병, 식용유병, 콘덴서 등
ABS	전기전자 제품류(냉장고, 세탁기 등), 텔레비전, 배터리 케이스, 문구류, 자동차 범퍼, 핸들류, 액세서리 부품, 전자기기 손잡이 등

(출처: 한국플라스틱자원순환협회, 2011)

〈표 4〉 열경화성 합성수지 제품의 종류

종류	사용 제품의 예시
아크릴	TV 렌즈, 콘텍트렌즈, 댐프커버, 항공기 방품, 커버 등
페놀수지 (PE)	전기용 플러그, 소켓, 스위치복스, 코넥터류, 자동차 브레이크
유리아수지 (VF)	버튼, 화장품용기, 식기류, 조명기구, 라디오케이스
멜라민수지 (MF)	각종식기류, 커피잔, 밥공기, 재떨이
에폭시수지 (EP)	기계부품, 공구류
폴리우레탄 (PUR)	전선피복, 각종 성형품
에이에스수지 (AS)	전기기기의 케이스, 미터커버, 전화기부품, 레일램프핸들 등
폴리아미드 (PA)	에나멜전선, 전기절연체, 방사선장치의 성형부품 등
나일론 (Nylon)	기어, 베어링, 캡 등의 기계부품, 자동차의 구조부품, 판재 등

(출처: 한국플라스틱자원순환협회, 2011)

2.1.4 플라스틱의 첨가제

플라스틱은 원료 또는 제품의 품질 유지 및 퇴화 방지를 위해 각종 유기물질 또는 무기물질 첨가제를 사용하여 그 성능을 향상시키거나 다른 특성을 유지하게 한다. 대표적인 첨가제로는 가소제, 열안정제, 산화방지제, 자외선 흡수제, 충전제, 착색제, 연소방지제, 발포제, 윤활제, 정전기 방지제, 분해 촉진제 등 그 용도와 특성에 따라 매우 다양하다. 〈표 5〉에서는 현재 플라스틱에 첨가되는 첨가제의 종류와 수를 나타낸 것이다.

〈표 5〉 플라스틱의 수지 종류와 첨가제

수지(resins)의 종류	
열가소성 수지 (Thermoplastics resin)	85
열경화성 수지 (Thermosetting resin)	37
천연 폴리머 및 기타 (Natural macromolecule, others)	35
합계	157
첨가제(additives)의 종류	
가소제 (Plasticizer)	46
안정제 (Stabilizer)	39
산화억제제 (Oxidation inhibitor)	30
자외선흡수제 (Ultraviolet absorbing agent)	42
정전기방지제 (Antistatic)	18
난연제 (Flame retardant)	24
유기발포제 (Organic blowing agent)	5
윤활제 (Lubricant)	7
방부제 (Antifungal)	17
Crystalline nucleus agent	2
합계	230

(출처: 일본폐기물자원순환학회 한-일 국제심포지움, 2019)

가소제는 합성수지를 연화시켜 물성을 딱딱한 상태에서 부드럽게 하는 첨가제를 말한다. 플라스틱 가소제의 분자가 합성수지 속으로 들어가면 사슬고리 고분자 간의 인력이 약해져 연화하게 된다. 대개 프탈레이트 계열 프탈산, 프탈산디부틸 등과 같은 유기화합물이 널리 사용된다. 특히 PVC 합성수지는 가소제를 50~60%까지 사용하기도 한다.

플라스틱은 압출이나 사출성형 등의 가공을 거치는 동안 흔히 열에 의해 분해되거나 변질되기가 쉬워 열안정제를 첨가하기도 한다. PVC 합성수지 역시 가열하면 염소가 절단되어 염산이 발생하고, 이 염산은 촉매로 작용하여 분해를 촉진시켜서 분해 반응이 연쇄적으로 일어난다. 이러한 분해를 억제하기 위해 열안정제를 첨가하는데, 흔히 사용되는 열안정제는 스테아르산납, 라우르산카드뮴, 리시놀레인산바륨 등의 유기산 중금속염을 사용하거나 알칼리토 금속염 등이 사용되어 PVC 제품을 부적절하게 처리 및 재활용 시 유해할 수 있다.

플라스틱 제품도 공기 중 산소와 반응하면 산화되어 그 속도는 느리지만 천천히 분해될 수 있다. 플라스틱이 공기 중의 산소가 작용하면 수소가 유리되어 유리 라디칼이 생성된다. 이 라디칼이 다시 공기 중의 산소와 반응하여 과산화물 라디칼이 발생되고, 이것이 다른 플라스틱에 작용하면 다시 유리 라디칼과 하이드로퍼옥사이드를 생성하여 이와 같은 연쇄반응이 반복된다. 이러한 플라스틱의 산화를 억제하기 위하여 산화방지제로서 알킬페닐류, 아민류, 퀴논류 등이 사용된다.

플라스틱 제품은 자외선에 의해서도 열적 분해가 일어나기 때문에 자외선 흡수제를 사용하기도 한다. 자외선 흡수제는 300~400 nm 크기의 유해한 자외선을 흡수하여 열로 변환시키는 역할을 하는데, 주로 살리실산에스테르, 벤젠산에스테르 등이 사용된다.

플라스틱 제품에는 착색을 위하여 안료 및 염료가 흔히 사용되며, 주요 안료 성분으로는 카본 블랙, 티탄 화이트, 크롬 옐로 등 색깔에 따라 다양하고, 염료 성분으로는 oil yellow, oil blue, oil red 등 유기성 염료가 많이 사용된다.

또한 플라스틱이 건설 자재와 전기용품에 사용되면 발열과 연소의 가능성이 있다. 이러한 연소의 가능성을 낮추기 위해서 불연성 물질, 난연성 물질 등을 첨가제(난연제, flame retardants)로 사용한다. 주로 사용되는 난연성 첨가제로서는 염소 함유 화합물, 프탈산계 화합물, 브롬계 화합물, 인산계 화합물 등이 사용된다. 고분자 불연화는 분자의 일부에 염소를 가하여 염소화폴리에틸렌을 만드는 방법이 사용된다.

마지막으로 우레탄, 발포폴리스티렌, 발포폴리에틸렌, 스폰지 등의 플라스틱 내에 발포를 형성하여 충격 등을 완화시킬 목적으로 발포제(어떤 제품을 만드는 과정에서 기포나 거품을 일으키게 하는 물질을 말한다)가 첨가제로 사용되기도 한다. 발포제는 그 성분이 다양하고 불소가 함유된 CFC 계열, CFCl 화합물을 사용한다. 아울러 플라스틱 제품의 가공 시 발생하는 정전기를 억제하기 위해서 정전기 전기 방지제로서 아민 4차 암모늄 등이 사용된다.

2.2 플라스틱의 생산, 소비 및 폐기

2.2.1 플라스틱의 생산

플라스틱의 생산은 우선 원유를 통해서 분별 증류를 거쳐 석유계 제품이 생산이 되고, 다음으로 이들 석유계 제품, 주로 나프타를 통해 석유화학제품이 생산이 된다. 그리고 석유 화학제품으로부터 플라스틱 원료 물질(PE, PP, PVC, ABS 등)이 생산된다. 이들 플라스틱 원료로부터 우리 생활에 필요한 각종 플라스틱 제품(포장재, 자동차, 전기전자제품 용도, 건축용 자재 등)이 생산된다(그림 2).

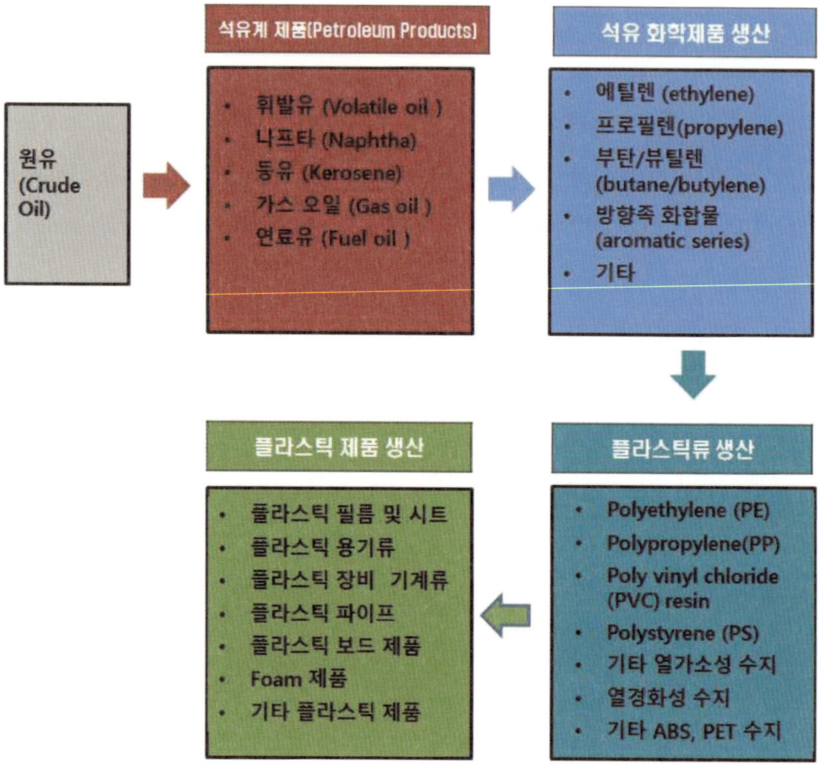

〈그림 2〉 플라스틱의 제품 생산 단계

국제적으로 플라스틱의 생산량은 2018년 약 4억 톤으로 추정되었고, 이중 포장재 플라스틱이 전체의 약 36%로 가장 큰 부분을 차지하였고, 다음으로 빌딩 및 건설용 플라스틱(16%), 섬유제품류(14%), 기타(12%), 소비 제품(10%), 전기전자제품(4%) 등으로 나타났다(그림 3).

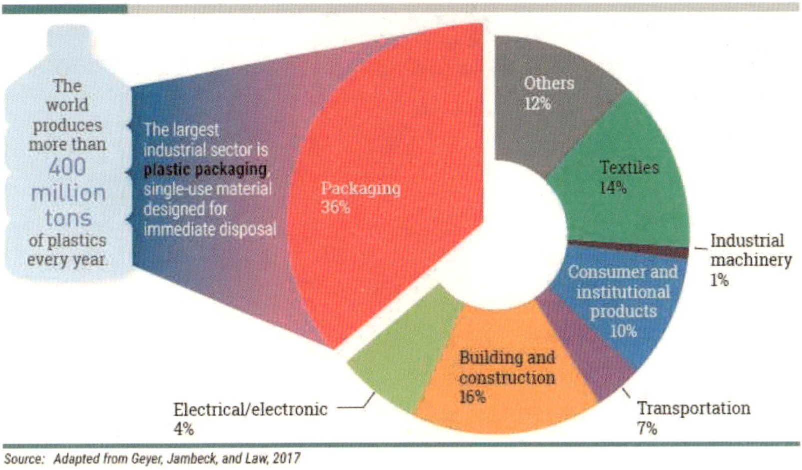

〈그림 3〉 전 세계 플라스틱의 산업별 생산 소비량(2015년 기준)
(출처: UN, Single-use plastics: a roadmap for sustainability, 2018)

2.2.2 플라스틱의 수지별 용도별 사용과 소비

플라스틱 제품으로 생산된 각종 용기류 및 포장재 등이 소비되어 판매된다. 생산량 기준으로는 폴리에틸렌(PE)과 폴리프로필렌(PP) 계열 플라스틱이 널리 사용되고, 필름/시트 등의 포장재나 건축 토목용 등의 시트용 재료 용도로 널리 활용된다. 다음 〈그림 4〉는 일본 플라스틱의 수지별 생산 비율, 용도별 생산비율을 나타낸 것이다. 〈그림 6〉은 유럽지역 산업 분야별 플라스틱 종류별 소비를 나타낸 것이다. 예를 들어, 포장재 분야에서는 주로 PE, PP, PET, PS 등이 주로 사용되고 있는 반면에 건설분야에서는 주로 PVC, PS, PE 등이 주로 사용되고 있다.

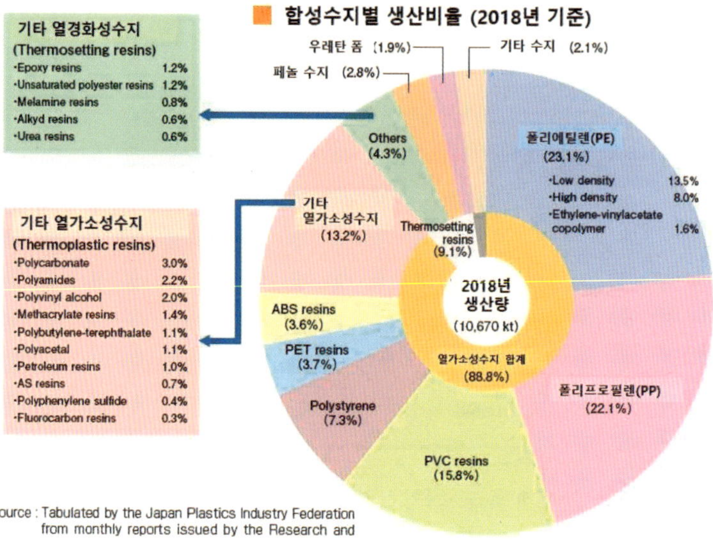

출처 : 일본플라스틱연맹이 경계산업성 경제산업정책국 조사통계부 발표의 통계월보로부터 집계

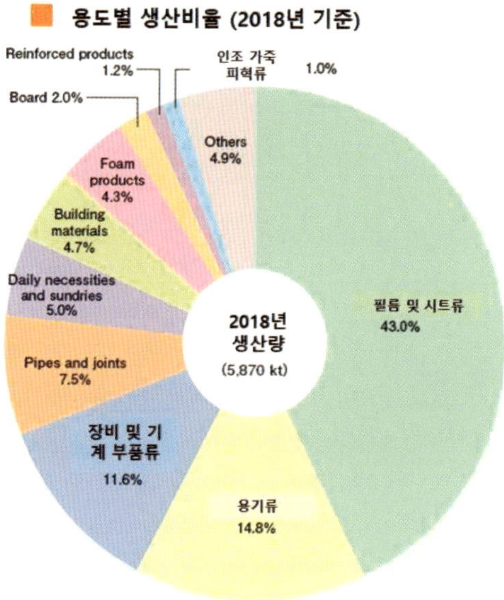

일본의 수지별 생산비율에서는 폴리에틸렌과 폴리프로필렌이 가장 큰 부분을 나타낸다.

수지 용도별 생산 비율은 필름/시트류, 용기류, 기계기구 부품, 파이프/이음새, 건설 재료 등이 큰 부분을 차지한다.

〈그림 4〉 일본의 수지 종류별 생산비율과 용도별 생산비율
(출처: 일본 PWMI, 2019)

〈그림 5〉 포장재 플라스틱의 소비

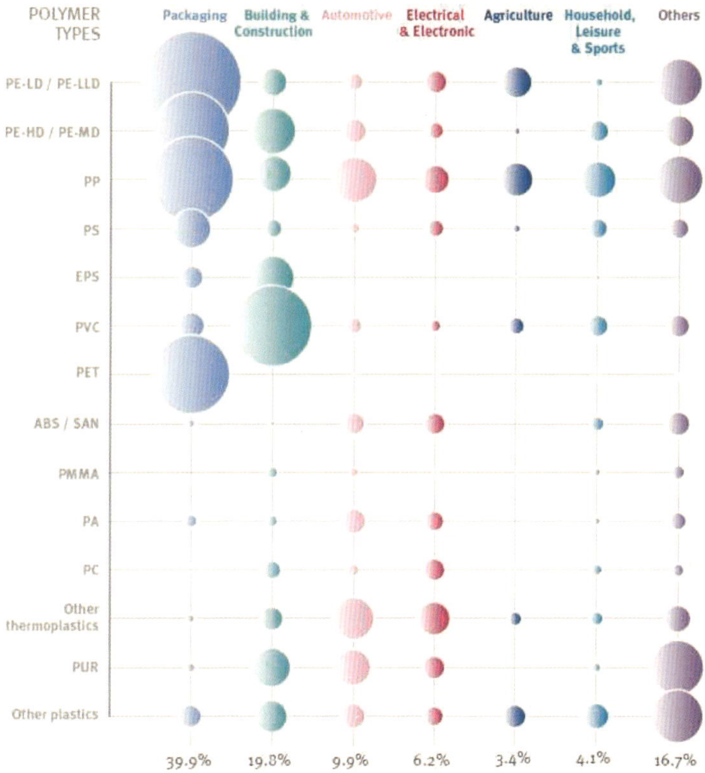

〈그림 6〉 유럽 지역 산업 분야별 플라스틱의 수지 사용 비율

(출처: PlasticEurope, 2019)

2.2.3 플라스틱의 폐기물 발생

전 세계적으로 플라스틱 폐기물의 발생은 2015년 기준 약 3억 톤으로 예상 되었고, 지난 50년 동안 지속적으로 그 양이 지속적으로 증가하여 왔다. 국가별 포장재 플라스틱 폐기물의 발생량은 중국, 유럽, 미국, 인도, 일본 등의 순으로 나타났다. 포장재 플라스틱은 전체 플라스틱 소비의 약 30~40%의 비중을 차지하고 있다. 중국의 경우 연간 약 4천만 톤 이상의 포장재 플라스틱 폐기물이 발생하는 것으로 나타났다. 발생된 플라스틱의 폐기물 중 재활용 비율은 불과 9%, 소각 12%로 나타났고, 나머지는 매립되거나 대부분 환경에 배출되어 플라스틱 오염을 일으키고 있다. 특히 중국은 플라스틱 폐기물이 회수되지 않고, 환경에 방치되거나 해양으로 유출되는 양이 연간 8.8백만 톤으로 전 세계적으로 가장 높다. 그 다음으로 인도네시아의 경우는 연간 약 3.2백만 톤으로 알려져 있다 (그림 9).

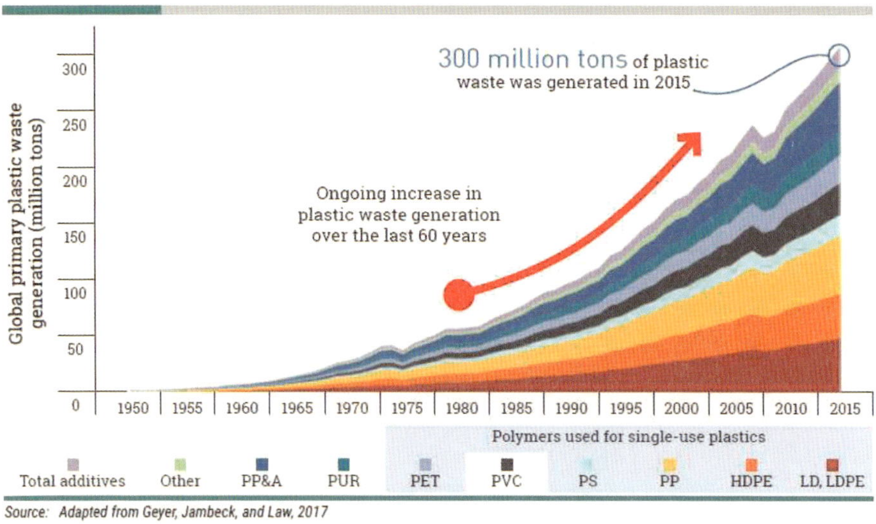

〈그림 7〉 전 세계 플라스틱의 폐기물의 발생량(1950~2015년 기준)

(출처: UN, Single-use plastics: a roadmap for sustainability, 2018)

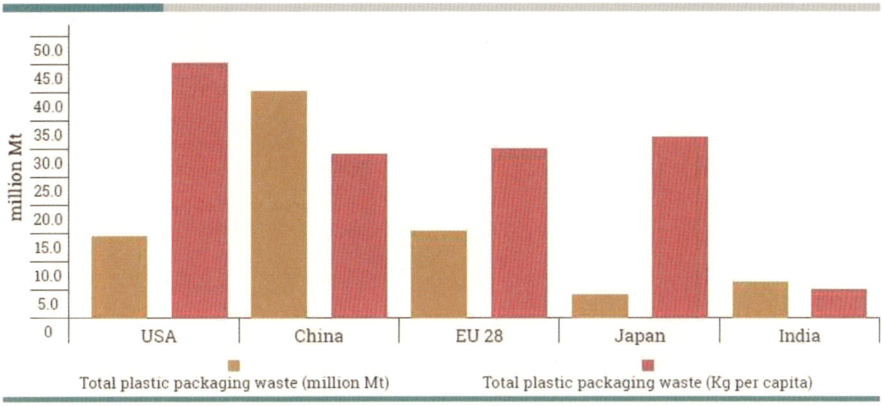

Source: Adapted from Geyer, Jambeck, and Law, 2017

〈그림 8〉 국가별 포장재 플라스틱 폐기물의 발생량 (2014년 기준)

(출처: UN, Single-use plastics: a roadmap for sustainability, 2018)

Largest generators of mismanaged plastic waste (2010)		
China	8.8 million Mt/year	27% of world total
Indonesia	3.2 million Mt/year	10% of world total

Source: Adapted from Geyer, Jambeck, and Law, 2017; Jambeck et al., 2015

〈그림 9〉 세계 플라스틱 폐기물의 관리 (2015년 기준)

(출처: UN, Single-use plastics: a roadmap for sustainability, 2018)

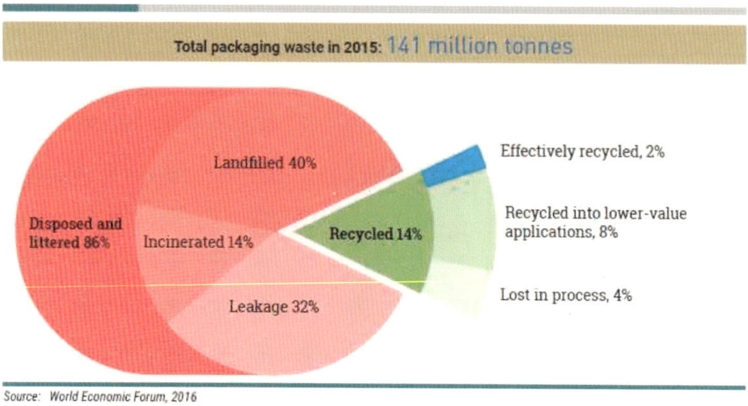

〈그림 10〉 전 세계 포장재 플라스틱 폐기물의 관리 (2015년 기준)

(출처: UN, Single-use plastics: a roadmap for sustainability, 2018)

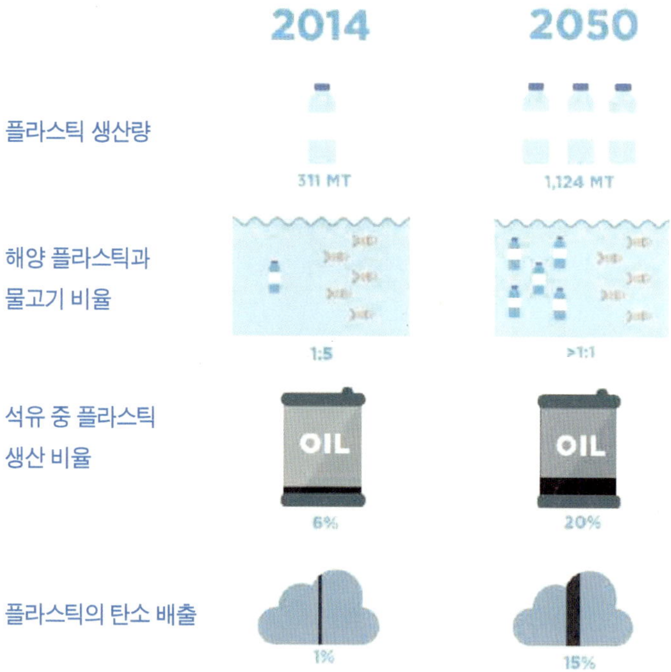

〈그림 11〉 2014년과 2050년 전 세계 플라스틱의 변화 추이

(출처: World Economic Forum, The New Plastics Economy Rethinking the Future of Plastics, 2016)

2.3 플라스틱의 물리화학적 특성

2.3.1 플라스틱의 특성

다음은 플라스틱의 특성에 대해 나열해 놓은 것이다. 우리 일상생활에서 아래와 같은 물리화학적 특성으로 인해 플라스틱이 많이 사용된다.

① 강도와 경도

플라스틱은 단단하고, 질기고, 부드럽고, 유연하게 만들 수 있기 때문에 금속 제품으로 만드는 것보다 가공비가 저렴하며, 우리 생활에 필요한 여러 가지 물품을 만드는 데 이용된다. 플라스틱 종류에 따라서는 금속 이상의 강도를 가지기도 한다.

② 비중

플라스틱은 금속이나 유리에 비하여 가볍다. 플라스틱의 비중은 일반적으로 0.9 ~ 1.6 정도의 것이 가장 많다.

③ 단열성

열을 차단하는 성질이 우수하여 건축물의 단열재 또는 아이스박스에 이용된다.

④ 전기 절연성

플라스틱은 전기를 잘 전달하지 않는다. 대부분의 플라스틱은 전기 절연성이 뛰어나 전기를 잘 전달하지 않으며, 고주파 전기에도 우수한 저항성을 나타낸다. 또한, 전도성 물질을 적당히 혼합하여 전도성이 나타나도록 할 수 있으며, 필요에 따라 전기 절연성도 조절할 수 있으므로 전기 재료에 많이 이용된다.

⑤ 광학적 성질

빛을 잘 통과시키는 투광성이 우수하여 유리와 똑같은 용도로 이용할 수 있으며, 기호에 따라 투명도가 높은 것, 표면 광택이 좋은 것을 선택할 수 있다. 또한, 착색이 자유로워 아름다운 색깔을 입혀 다양한 제품을 만들 수 있다.

⑥ 화학적 안정성

화학 약품에 안정적이어서 각종 화학 물질의 보관 용기 재료로 이용된다.

⑦ 탄성

플라스틱에는 수십 ~ 수백%까지 큰 탄성을 가지고 있는 것이 있어, 고무 공업용 재료로 사용할 수 있다.

⑧ 충격 흡수성

충격을 흡수하는 성질이 있어서 제품 포장의 완충재로 사용되기도 한다.

2.3.2 플라스틱의 종류별 물리화학적 특성

(1) 폴리에틸렌(PE)

① 형태: 유백색의 반투명의 분말 또는 입상의 형태를 가짐

② 제조공정: 원유에서 나프타를 추출하고 분해시켜 에틸렌을 얻은 후 이를 중합시켜 제조함

③ 종류: 밀도에 따라 저밀도(0.91~0.925), 중밀도(0.926~0.94), 고밀도(0.941~0.965) 3가지로 분류함

④ 특성

- 비중이 1보다 작아 물에 뜬다.

· 충격에 강하며 - 40℃까지 강도를 유지할 수 있다.

· 내수성과 내약품성을 가진다.

· 무독 무취 무미의 성질을 가진다.

· 가연성을 가지며 접착성과 인쇄성이 좋지 않다.

⑤ 용도: 장난감, 용기류, 음식물 포장재, 수도관, 화분통, 농업용 필름, 샴푸 용기류, 파이프, 각종 포장재, 전선피복, 플라스틱용기 등

(2) 폴리프로필렌(PP)

① 형태: 아이소택틱(isotactic)구조를 가지며, 구조식과 같이 메틸기(基)가 같은 방향으로 정연하게 배열되어 있다.

*분자식 : [- CH_2 - CH - (CH_3) -]n

② 제조공정: 석유화학공장에서 나프타를 분해할 때 에틸렌과 함께 생긴다.

③ 특성

· 인장강도가 우수

· 압축 충격강도가 양호

· 표면강도가 높음

· 내열성 내약품성이 양호

· 유동성이 좋음

· 밀도 0.9~0.91, 융점 160℃~170℃

④ 용도: 포장재, 전자레인지 용기, 산업용파이프, 자동차 부품, 전선피복, 각종 플라스틱용기 등

(3) 폴리스틸렌(PS)

① 형태: 광택이 있는 무색투명한 비결정형의 고체형태

② 제조공정: 에틸벤젠을 탈수소화시켜 스틸렌모노머로 만든 후 이를 중합시켜 제조

③ 종류: GPPS(일반용), HIPS(내충격용), HRPS(내열용), HFPS(고유동용), XPS, EPS(발포스티렌)으로 나뉨

④ 특성

- 일부 제품은 비중이 1보다 커 물속에 가라앉는다.
- 전기절연성이 우수하나 내열성은 약함.
- 성형성은 좋지만 충격에 약함
- 벤젠, 가솔린, 솔벤트에 약함
- 자외선에 노출 시 열화하기 쉬움

⑤ 용도: 음식물 포장재, 택배 상자, 단열재, 수상부표, 각종 포장재, 전기전자제품, 안경테, 건축재, 절연테이프, 합성섬유 등

(4) 폴리에틸렌테레프탈레이트(PET)

① 형태: 백색 고체의 결정성 플라스틱으로 널리 알려진 페트병의 재질로 투명하고 가벼운 플라스틱

② 제조공정: 테레프탈산과 에틸렌글리콜을 중합하여 얻어지는 포화폴리에스테르

③ 특성

- 내열성, 내약품성, 전기적 성질, 역학적 성질, 기름에 대한 내성 우수
- 높은 온도에 오래 있어도 극한강도가 약간만 감소
- 성형 제품이 높은 온도와 긴 시간에 걸쳐 산 또는 알칼리에 잠기면 변화되기 쉬움
- 결정화속도가 늦어서 고온금형이 필요
- 비중 1.34, 성형온도 240℃~270℃

④ 용도: 50%가 섬유용이며, 비섬유용으로는 음료수 및 생수병, 필름용이 주로 사용됨

(5) 폴리염화비닐(PVC)

① 형태: 무색무취의 분말형태

*분자식 [- CH_2 - CHCI -]n

② 제조공정: 에틸렌과 Chlorine을 50℃~90℃, 0.7atm 조건에서 촉매존재하에 반응시켜 EDC를 얻고 EDC를 분해하여 VCM을 제조한 후 이를 중합하여 제조

③ 종류: 경질 〉1.35~1.45, 연질 〉1.16~1.35로 나뉨

④ 특성

· 불에 잘 타지 않고 전기적 성질이 좋으며 내약품성이 우수

· 자외선에 의해 분해되므로 반드시 안정제가 첨가 되어야 함

· 내열온도 66℃~79℃, 120℃~150℃에서 가소성을 갖고 170℃에서 용융하며 190℃ 이상에서 염산을 방출하며 분해함

⑤ 용도: 포장재 또는 농업용 필름, 기계, 전기부품, 잡화, 이음관 등 사출용, 파이프, 바닥재, 창틀 등 압출용, 대형용기 복잡한 형태 표면용기 등

(6) ABS(Acrylonitrile Butadiene Styrene)

① 형태: 강하고 단단하며 자연색은 엷은 상아색을 띄지만 어떤 색으로 든 착색할 수 있으며 광택이 있음

② 제조공정: 부타디엔과 아크릴로니트릴, 스티렌을 중합하여 제조

③ 특성

· 비중: 난연 1.01~1.05, 투명 1.02~1.05, 발포 1.04~1.06, 도금 1.04~1.06

· 성형설정온도: 후부 150℃~180℃, 중간 180℃~260℃,
전부 218℃~280℃, 노즐 210℃~280℃

④ 용도: 전기 전자제품, 자동차 내외장재, 가구, 악기, 잡화 등

생각해볼거리 1

플라스틱의 양면성

현대 소비사회에서 플라스틱은 없어서는 안 될 필수 재료로서 사용되고 있다. 자동차, 건축, 생활용품, 전기전자제품 등 거의 모든 생활 영역에서 플라스틱은 소비되어 사용되고 있다. 플라스틱 종류와 용도도 매우 다양하고, 첨가제와 색소 등을 추가하기도 한다. 특히 플라스틱 재료는 가격이 매우 저렴하고, 대량 생산이 가능하고, 오래 사용 가능하고, 부식에 잘 견디고, 단열이 뛰어나고, 성형이 쉬워 쉽게 원하는 형태로 제작이 가능하다. 이러한 이유로 기존에 사용하였던 목재, 종이, 금속류 등을 대체하고 있으며 연간 3-4억 톤 규모로 플라스틱이 생산되어 편리하게 사용되고 있다.

반면, 플라스틱은 한정된 석유 자원으로부터 플라스틱이 생산되고, 생산과정에서 이산화탄소를 배출하고, 쉽게 분해되지 않아 매립 시 거의 생분해가 일어나지 않아 토양에 영구적으로 존재하게 된다. 또한 소각 시에는 막대한 이산화탄소를 대기로 배출하여 온실가스 배출에 영향을 미치게 된다. 특히 수거되지 않고 해양에 버려진 플라스틱(매년 수백만 톤으로 추정)은 해양생물의 먹이가 되어 섭취 후 거북이, 상어, 고래, 조류 등 상당수가 죽음에 이르고 있다. 또한 미세한 조각으로 만들어진 미세플라스틱(직경 5 mm 이하)은 해양생태계 먹이사슬을 거치면서 인간의 건강에 악영향을 미칠 수 있다.

그렇다면 현재와 같은 플라스틱의 막대한 생산과 소비, 폐기를 어떻게 해야 할 것인가?

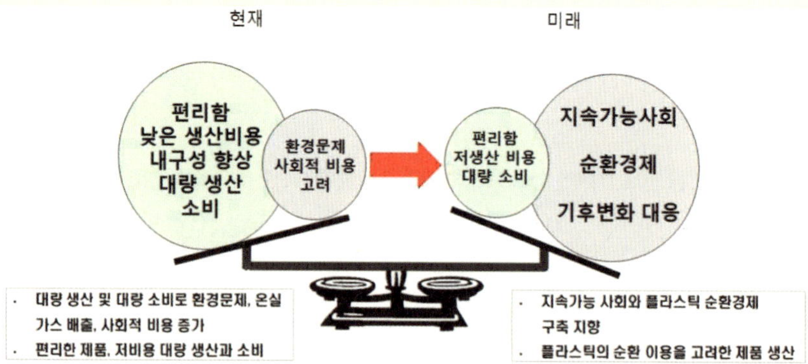

플라스틱의 현재와 미래

3. 요 약

본 장에서는 플라스틱의 정의 및 종류, 생산과 소비, 사용과 용도, 물리화학적 특성 등을 주로 다루었고, 이에 대한 결과를 요약하면 다음과 같다.

첫째, 플라스틱은 고분자 물질을 주원료로 사용하여 인공적으로 제조한 합성수지 제품을 말하고, 우리 생활에 널리 활용되는 주요 재료 중 하나이다. 플라스틱은 열가소성수지와 열경화성 수지로 크게 나뉘고, 열가소성수지에는 저밀도폴리에틸렌, 고밀도폴리에틸렌, 폴리프로필렌, 폴리스티렌, 폴리염화비닐 등이 있다. 열경화성수지는 페놀수지, 요소수지, 멜라민수지, 에폭시수지, 폴리우레탄수지 등이 있다.

둘째, 플라스틱에는 각종 첨가제가 사용되기도 하고, 대표적인 첨가제로서 가소제, 열안정제, 산화방지제, 자외선 흡수제, 충전제, 착색제, 연소방지제, 발포제, 윤활제, 정전기 방지제, 분해 촉진제 등 그 용도와 특성에 따라 다양하다.

셋째, 전 세계적으로 플라스틱은 약 4억 톤 정도 생산되어 소비되고 있으며, 주로 포장재, 건설재료, 섬유제품, 소비제품, 차량 및 전기전자제품 등의 플라스틱 용도로 사용된다.

넷째, 플라스틱 폐기물은 지속적으로 증가하여 2015년에는 약 3억 톤이 발생하였고, 중국, 유럽, 미국 등이 플라스틱 폐기물 발생의 주요 배출국으로, 대부분 매립되거나 환경으로 배출되어 오염되고, 불과 약 9% 정도만 재활용되고 있다.

4. 토의 문제

1. 플라스틱의 정의와 종류에 대해 서술하시오.

2. 열가소성 플라스틱과 열경화성 플라스틱의 특징과 종류를 설명하시오.

3. 플라스틱의 주요 첨가제의 종류와 역할을 세 가지 이상을 설명하시오.

4. 우리가 자주 소비하는 플라스틱 제품의 종류와 수지 종류를 조사해서 논의하시오.

5. 2050년 세계 플라스틱의 소비와 특성 변화에 대해 간략하게 설명하시오.

5. 참고 문헌

(1) 한국플라스틱자원순환협회, 플라스틱의 기초 지식과 개요, 2011

(2) 일본 플라스틱순환이용협회, 일본의 플라스틱 재활용 기초지식, 2012

(3) 일본폐기물자원순환학회, 한-일 국제심포지움, 2019

(4) UN, Single-use plastics: a roadmap for sustainability, 2018

(5) PlasticEurope, Plastic the facts 2019

(6) World Economic Forum, The New Plastics Economy Rethinking the Future of Plastics, 2016

(7) 일본 PWMI, 2019

chapter

2

플라스틱의 생산, 소비와 처리

1. 서 론

최근 들어 플라스틱의 생산과 소비가 급격히 증가하면서 모든 산업 부문에서 플라스틱은 없어서는 안 되는 재료로 되었다. 플라스틱의 제품은 기존 종이류, 목재류, 유리병 등의 제품 대비 저렴하고, 가볍다. 화학적으로 안정한 플라스틱 제품 생산 소비로 우리 사회의 생활 소비 패턴의 변화를 가져왔다. 하지만, 플라스틱의 소비 후 폐기되는 플라스틱 폐기물이 급격히 증가하고 있으며, 재활용 비율은 상대적으로 적고 대부분은 소각되거나 매립되고 있다. 특히 미수거된 플라스틱 폐기물은 육상 생태계는 물론 해양 생태계로도 흘러들어가 서식지 파괴, 먹이 연쇄를 통한 축척, 미세 플라스틱의 생성에 따른 확산과 이동 등 여러 환경문제와 생태계 파괴를 야기하고 있다.

국내에서는 2003년부터 생산자책임재활용제도(extended producer responsibility, EPR)를 시행해오고 있으며, 플라스틱 포장재를 중심으로 생산자로 하여금 회수 및 재활용 책임을 부여하고 있다. 아울러 폐기물의 발생을 억제하고 자원의 낭비를 막고, 재활용이 어려운 일부 플라스틱의 제품에 대해서는 폐기물 부담금 제도를 운영하고 있다. 최근 들어, 포장재 재질 구조 개선, 포장재 플라스틱의 등급제 도입 등을 통해 생산 단계에서부터 친환경 설계를 촉진하여 생산자로 하여금 재활용 용이한 제품을 생산하도록 유도하고 있다.

본 장에서는 플라스틱의 생산과 소비, 플라스틱 폐기물의 발생 및 처리, 플라스틱 관련 국내 재활용 관련 제도와 최근 동향 등을 중심으로 플라스틱의 전과정(생산-소비-처리) 측면에서 관리 방안을 다루고자 한다.

2. 본 론

2.1 세계의 플라스틱의 생산과 소비

2.1.1 전 세계 플라스틱의 생산과 소비

전 세계적으로 플라스틱의 생산량은 1950년 150만 톤에서 2018년 약 3억 6천만 톤으로 약 230배 늘어났다. 특히 아시아 지역에서 플라스틱 생산 비율이 절반 이상을 차지하고, 다음으로 유럽과 북미 지역에서 생산량의 큰 부분을 차지한다. 생산된 플라스틱의 약 35.9%는 포장재 플라스틱의 용도로 사용되고, 다음으로 건설 및 건축, 섬유 분야, 소비제품, 운송 분야 등으로 사용된다.

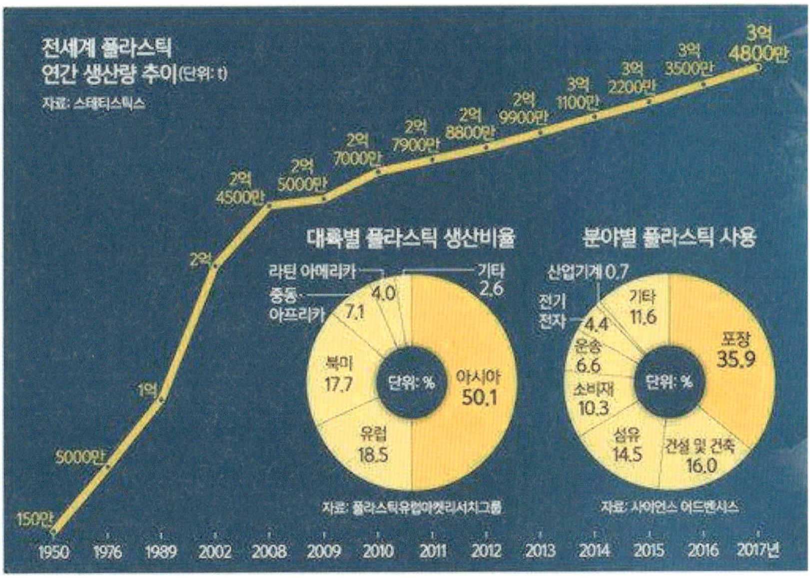

〈그림 1〉 전 세계의 플라스틱의 생산과 소비

(출처: 세계일보, 2019, EU Stat, PLASTIC EUROPE, Science advances)

2.1.2 유럽국가 플라스틱의 생산과 소비

유럽연합 집행위원회(European Commission)는 2018년 초 '순환경제를 위한 유럽의 플라스틱 대응전략'을 통해 2030년까지 EU 회원국은 '모든 플라스틱 용기를 재사용 혹은 재활용한다'는 목표를 발표했다. 플라스틱 포장재로 인한 환경 및 건강문제에 대한 인식이 확산되고 있지만, 플라스틱에 대한 수요는 줄지 않고 계속해서 증가하는 추세다.

최근 플라스틱으로 인한 환경문제가 꾸준히 제기되면서 전 세계적으로 환경의식이 높아지고 있다. 특히 2018년 스타벅스에 이어 이케아에서도 포장재와 관련해 플라스틱 제품이 사라지고 종이 제품으로 대체되어 시범 운영을 시작하는 사례가 늘고 있다. 독일 또한 높은 친환경 의식으로 플라스틱 제품 대신 재사용 가능한 제품이나 친환경 포장재 수요가 증가할 것으로 전망된다.

유럽은 2018년 기준 약 5천1백만 톤의 플라스틱을 소비하였고 폐기된 플라스틱 2천9백만 톤 중 약 33%만 재활용되었고, 나머지 43%는 소각을 통한 에너지 회수, 매립은 약 25%에 이르고 있다. 플라스틱 소비는 포장재 비중(39.7%)이 가장 높았고, 이어서 건축자재(19.8%), 자동차부품(10.1%), 전기 전자제품(6.2%), 가정 소비재 및 체육용품(4.1%), 농업용(3.4%), 기타류 (16.7%) 등으로 나타났다.

〈그림 2〉 유럽 플라스틱의 소비

(출처 : PlasticsEurope, Plastics-the Facts, 2018)

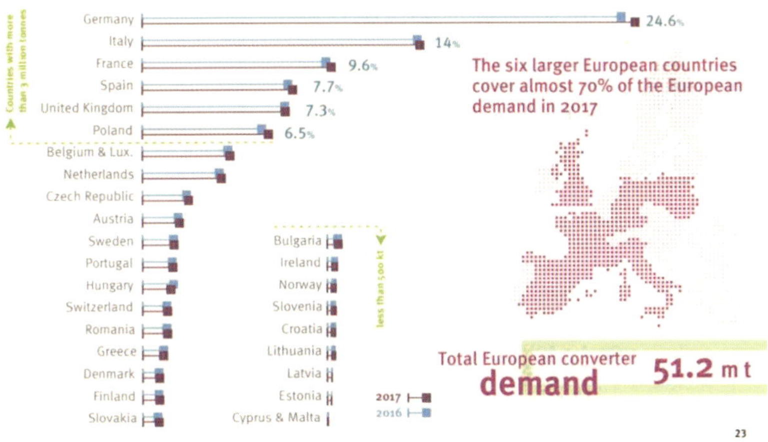

〈그림 3〉 2016년과 2017년 유럽 국가별 플라스틱 수요량

(출처 : PlasticsEurope, Plastics-the Facts, 2018)

EU 및 회원국은 플라스틱 사용 절감과 함께 재활용 및 대체재 개발을 지원함으로써 환경문제를 해결하고 일자리 창출을 도모하고 있으며 EU집행위는 2015년 12월 순환경제 패키지(Circular Economy Package)와 2018년 1월 플라스틱을 위한 전략(European Strategy for Plastics)을 발표하여, 다양한 펀드를 통해 재활용 플라스틱 및 폐기물 관리(waste management) 인프라 구축을 지원하고 있다(PlasticsEurope, Plastics-the Facts, 2018).

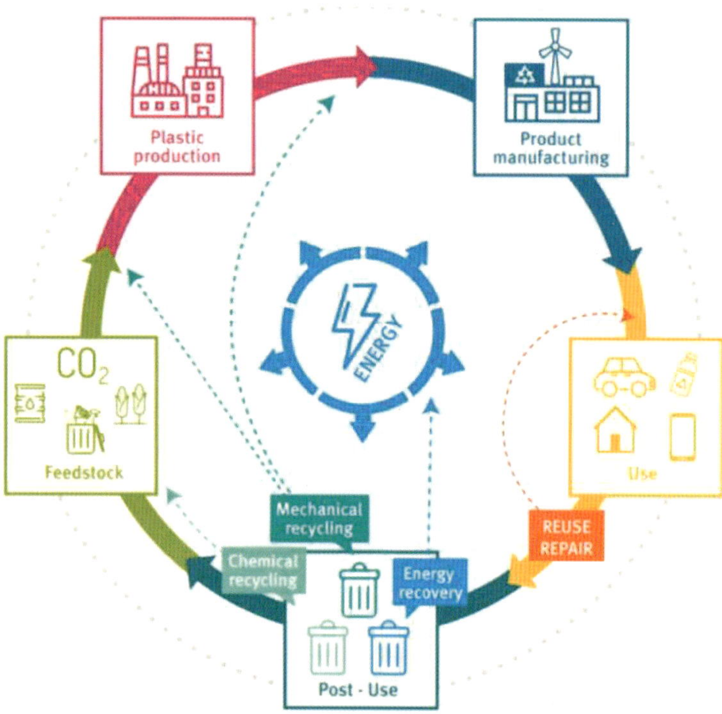

〈그림 4〉 플라스틱 제품의 물질 순환 흐름도
(출처 : PlasticsEurope, Plastics-the Facts, 2018)

〈그림 5〉 유럽의 플라스틱 생산량
(출처 : PlasticsEurope, Plastics-the Facts, 2018)

2.1.3 일본 플라스틱의 생산과 소비

일본의 플라스틱 생산량과 소비량은 2015년 기준 각각 8,776천 톤, 8,467천 톤으로 나타났으며, 2020년에는 약 각각 9,121천 톤, 8,899천 톤으로 해마다 약간씩 증가하는 것으로 예상되었다.

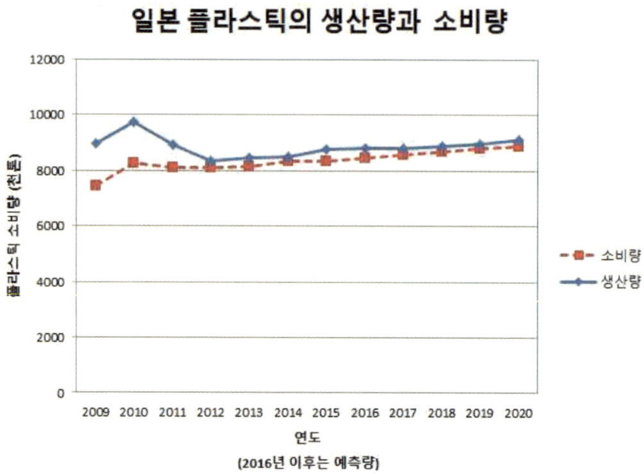

〈그림 6〉 일본의 플라스틱의 생산량과 소비량
(출처: Euromap Preview, 2016)

이중에서 포장재로 소비되는 비율은 2015년 기준 약 46%, 자동차 소재로 약 7.2%, 건설재료로 약 17.1%, 전기 전자 통신 분야 소재로 약 7.0%, 나머지 기타 분야가 약 22.5%로 나타났다.

2.1.4 한국 플라스틱의 생산과 소비

한국의 플라스틱의 생산량과 소비량은 2015년 기준 각각 14,411천 톤, 6,719천 톤으로 나타났으며, 2020년에는 각각 약 15,147천 톤, 7,539천 톤으로 해마다 약간씩 증가하는 것으로 예상되었다. 이 중에서 포장재로 소비되는 비율은 2015년 기준 약 46.7%, 자동차 소재로 약 6.6%, 건설재료로 약 20.2%, 전기 전자 통신 분야 소재로 약 6.6%, 나머지 기타 분야가 약 19.9%로 나타났다(Euromap Preview, 2016).

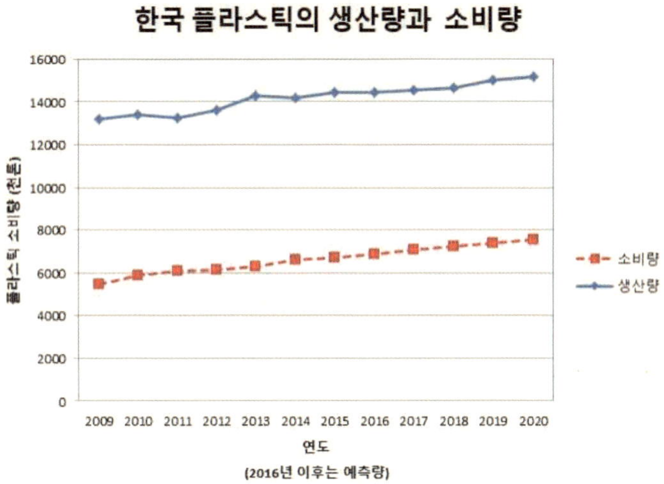

〈그림 7〉 한국의 플라스틱의 생산량과 소비량

(출처: Euromap Preview, 2016)

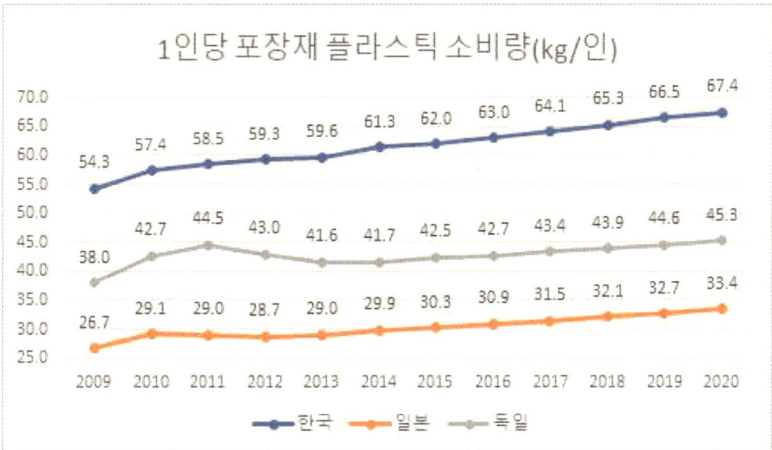

〈그림 8〉 국가별 1인당 포장재 플라스틱 소비량 비교 (kg/인/년)

(출처: Euromap Preview, 2016)

국가별 1인당 포장재 플라스틱의 소비량은 2020년 기준 한국은 약 67.4kg/인·년, 독일은 45.3kg/인·년, 일본은 약 33.4kg/인·년으로 예상되었고, 대체로 지속적으로 점차 증가 추세에 있다(그림 8).

2.2 플라스틱 폐기물의 발생 및 처리

2.2.1 국내 플라스틱 폐기물의 발생

국내에서 플라스틱은 내구성, 가벼움, 부식방지 등의 장점과 가격이 저렴하여 다양한 분야에서 소비가 급증하고 있으며, 이에 따라 플라스틱 폐기물의 발생도 증가하고 있다. 폐기물은 가연성 폐기물과 불연성 폐기물로 분류할 수 있으며, 가연성 폐기물 중 가장 큰 부피를 차지하는 폐기물이 바로 플라스틱 폐기물(또는 폐플라스틱)이다. 국내의 경우 2015년 가연성 폐기물의 발생은 약 2,200만 톤 정도이며, 이 중 폐플라스틱류는 약 690만 톤 정도가 발생하고 있다. 2017년에는 약 790만 톤으로 플라스틱의 폐기물 발생량은 지속적으로 증가하고 있다.

폐플라스틱은 재활용업체에서 수거하여 재활용하거나 주로 중국 등에 수출하였다. 폐플라스틱류는 중국이 가장 많은 수입을 하는 국가였으나, 중국 정부가 2017년 말 폐플라스틱류를 포함한 24종의 폐기물의 수입을 금지시킴에 따라 중국으로의 수출이 어려워졌으며, 국내 미세먼지 발생, 지역주민 반대 등의 문제로 고형연료(SRF) 발전소 건설 및 운영이 어려워진 상태에 처해있다. 이로 인해 2018년 일부 수도권 지역을 중심으로 폐비닐류, 플라스틱류의 재활용품 수거 거부 사태가 발생하기도 하였다.

〈그림 9〉 플라스틱 폐기물의 발생

국내 플라스틱 폐기물 발생량 산정은 매년 환경부에서 발행하는 전국 폐기물 발생 및 처리현황 자료에서 생활계폐기물은 종량제봉투를 통해 배출되는 플라스틱류 배출량, 재활용가능자원 중 합성수지류, 플라스틱류, 발포수지류 배출량의 합계로 나타내었다. 사업장 배출시설계폐기물과 건설폐기물의 경우 폐합성수지의 배출량으로 한정하였다. 〈표 1〉에 2013년도부터 2017년도까지의 플라스틱 폐기물 발생량을 나타냈으며, 매년 증가 추세를 나타내고 있다. 〈그림 10〉은 생활계폐기물 중 플라스틱류의 발생량 추이를 나타내었다. 2017년 발생량은 2013년 발생량 대비 43% 증가하였다.

〈표 1〉 2013년도~2017년도 플라스틱 폐기물 발생량

(단위: 천 톤/년)

		2013년	2014년	2015년	2016년	2017년
생활계 폐기물	종량제[1]	1,141	1,230	1,365	1,574	1,679
	재활용[2]	940	974	969	1,080	1,301
사업장 배출시설계폐기물	폐합성수지	3,342	3,612	3,971	3,975	4,323
건설 폐기물	폐합성수지	619	579	604	518	658
합계		6,042	6,395	6,909	7,147	7,961
전년도 대비 증가율		-	5.8%	8.0%	3.4%	11.4%

1) 가연성 중 플라스틱류

2) 재활용가능자원 중 합성수지류, 플라스틱류, 발포수지류를 합한 수치

(출처: 환경부, 2013년~2017년 전국 폐기물 발생 및 처리현황)

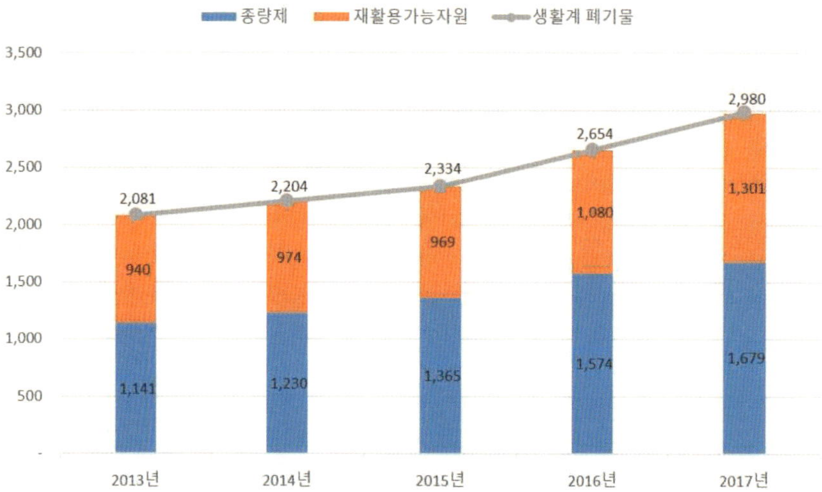

〈그림 10〉 생활계폐기물 중 플라스틱 폐기물 발생량(종량제 봉투 및 재활용품) 추이 (단위: 천 톤)

(출처: 환경부, 2013년~2017년 전국 폐기물 발생 및 처리현황)

다음 〈그림 11〉은 생활계폐기물 중에서 플라스틱이 차지하는 비율을 나타낸 것이다. 종량제 봉투에서 플라스틱류는 전체의 약 19%(약 170만톤, 무게기준)를 차지하였고, 재활용품에서는 플라스틱 용기류, 필름류(합성수지류), 스티로폼(발포수지류)을 합하면 약 28%(약 145만톤, 무게기준)를 차지하는 것으로 나타났다. 이를 부피로 환산하면 플라스틱이 차지하는 비율은 위의 무게 비율보다 높을 것으로 판단된다. 이는 재활용품에 의해 수거되어 재활용되거나 회수되는 양보다 종량제 봉투를 통해 소각되거나 매립되는 플라스틱류가 더 많다는 것을 시사한다.

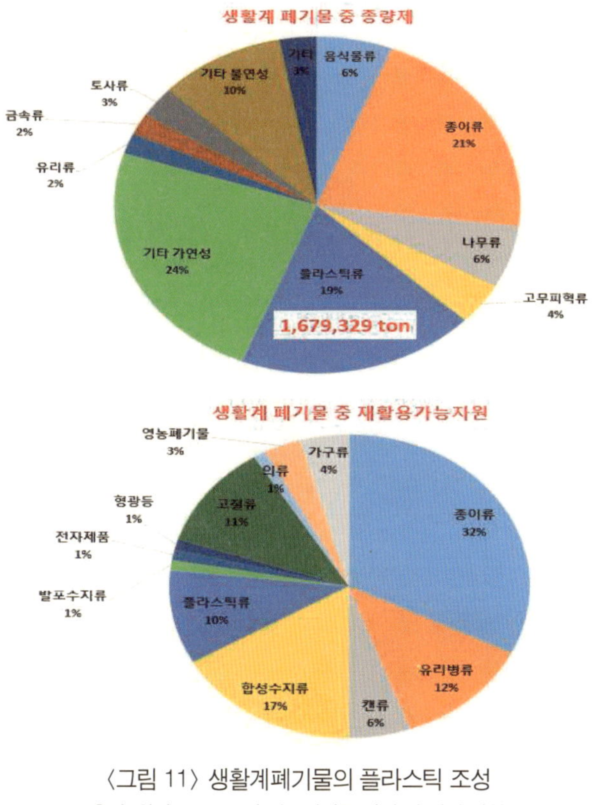

〈그림 11〉 생활계폐기물의 플라스틱 조성
(출처: 환경부, 2017년 전국폐기물 발생 및 처리 현황)

2.2.2 국내 플라스틱 폐기물의 처리 현황

폐기물로 배출된 플라스틱류는 재활용, 소각, 매립 방식으로 처리된다. 〈표 2〉에서는 연도별 플라스틱 폐기물의 처리방법 현황을 나타내었다. 재활용으로 처리되는 양이 가장 많으며, 다음으로 소각되는 양, 마지막으로 매립되는 양이 가장 적다. 하지만 물질재활용이나, 에너지회수 등 세분화된 통계자료, 선별 후 잔재물의 정확한 발생량 등이 미비하여 정확한 통계 파악이 어려운 실정이다. 특히 가정이나 사업장에서 배출되는 플라스틱 폐기물이 재활용을 위해 민간수거업자에 의해 수거되어 처리되는 경우, 물질 흐름이나 통계자료 확보가 정확한 처리 현황 파악이 어렵다. 〈표 3〉은 2017년 기준 생활계폐기물과 사업장배출시설계폐기물 중 플라스틱 폐기물의 처리 현황을 나타낸 것이다. 가정에서 배출되는 생활계폐기물 중 플라스틱 폐기물은 종량제 봉투나 재활용품으로 배출된다.

〈표 2〉 국내 플라스틱 폐기물의 연간 발생량 및 처리 현황

(단위: 천 톤/년)

연도	소각	매립	재활용
2007	2,096	512	1,904
2008	1,856	443	2,176
2009	1,905	410	2,294
2010	1,789	394	2,535
2011	2,065	358	2,641
2012	2,405	337	3,265
2013	2,297	371	3,372
2014	2,242	323	3,829
2015	2,445	346	4,113
2016	2,421	365	4,319
2017	2,658	365	4,939

(출처: 환경부, 전국 폐기물 발생 및 처리 현황)

생활계 폐기물 중 종량제 봉투 폐기물은 대개 소각 또는 매립되고, 일부 종량제 봉투는 기계적 전처리 공정을 거쳐 SRF(고형연료)로 생산되어 에너지회수 시설에서 소각처리된다. 생활폐기물 중 재활용품은 2017년 기준 약 1,301천 톤으로 나타났으며, 이는 물질재활용과 에너지 회수된 양이 포함된 총계이고, 실질 재활용률은 이보다 더 낮을 것으로 예상된다. 사업장 배출시설계폐기물(사업장 비출시설계 폐기물이란 산업공정에서 발생하는 산업폐기물 중에서 유해한 폐기물을 제외한 폐기물을 말한다)의 경우, 2017년 기준 연간 약 4,323천 톤이 발생하고, 이중 약 66%가 재활용되는 것으로 나타났으며, 나머지는 소각되거나 매립되고 있다.

〈표 3〉 국내 플라스틱 폐기물 발생원별 및 처리방법별 현황(2017)

(단위: 천 톤/년)

2017년		총계	매립	소각	재활용
생활계 폐기물	종량제[1]	1,679	328	939	413
	재활용[2]	1,301	-	-	1,301
사업장 배출시설계 폐기물	폐합성수지	4,323	35	1,448	2,840
건설폐기물	폐합성수지	658	2	271	385
합계		7,961	365 (4.6%)	2,658 (33.4%)	4,939 (62%)

[1] 가연성 중 플라스틱류

[2] 재활용가능자원 중 합성수지류, 플라스틱류, 발포합성수지류를 합한 수치

(출처: 환경부, 2018년 전국폐기물 발생 및 처리 현황)

〈표 3〉에 제시된 통계자료에 의하면 전체 플라스틱 폐기물 중 재활용으로 처리되는 양이 약 62%이지만, 이는 소각 처리에 의한 에너지 회수 양도 포함되어 실질적인 물질 재활용량은 훨씬 작다. 최근 선행연구(KEI, 2019)에 따르면 플라스틱 폐기물 중 SRF 발전, 시멘트 킬른 보조 연료 등으로 사용된 에너지 회수량은 약 3,126천 톤이다. 이를 이용하여 전체 플라스

틱 폐기물 양(7,961천 톤)에서 에너지 회수량(3,126천 톤)을 제외하여 물질 재활용량(1,812천 톤)을 산정하면, 플라스틱 폐기물 중 SRF 제조 등 에너지 회수된 비율은 약 39.3%(7,961천 톤 중 3,126천 톤)로 나타났고, 물질재활용 비율(약 22.7%, 7,961천 톤 중 1,812천 톤)의 약 2배를 차지하였다(그림 12).

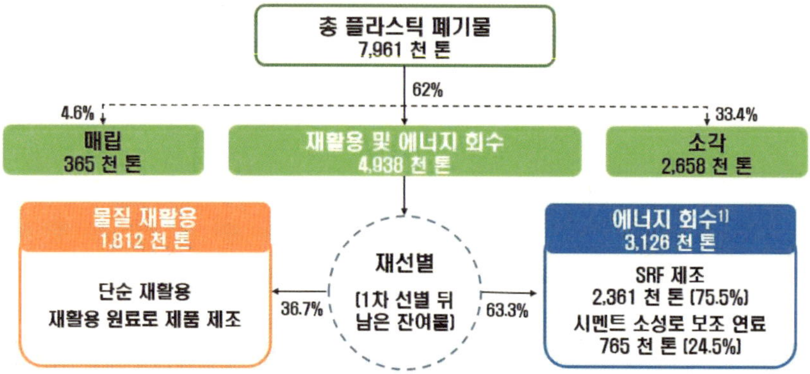

〈그림 12〉 국내 플라스틱 폐기물의 처리 현황 (2017년 기준)
(출처: 이소라 외, 순환경제로의 전환을 위한 플라스틱 관리 전략 연구, KEI, 2019)

플라스틱의 전과정 흐름도를 나타내면 다음 〈그림 13〉과 같다. 사용 후 배출되는 플라스틱 폐기물(7,961천 톤)은 사업장폐기물로부터 폐합성수지로 약 4,323천 톤으로 가장 많고, 종량제 봉투로 약 1,679천 톤, 재활용품으로 1,301천 톤, 건설용으로 658천 톤으로 나타났다. 이중 물질 재활용 비율은 1,813천 톤(22.7%)에 불과하고, 소각되는 비율은 2,658천 톤(33.4%), 고형연료를 활용한 에너지 회수되는 양은 3,126천 톤(39.3%), 매립되는 양은 365천 톤(4.6%)으로 나타났다.

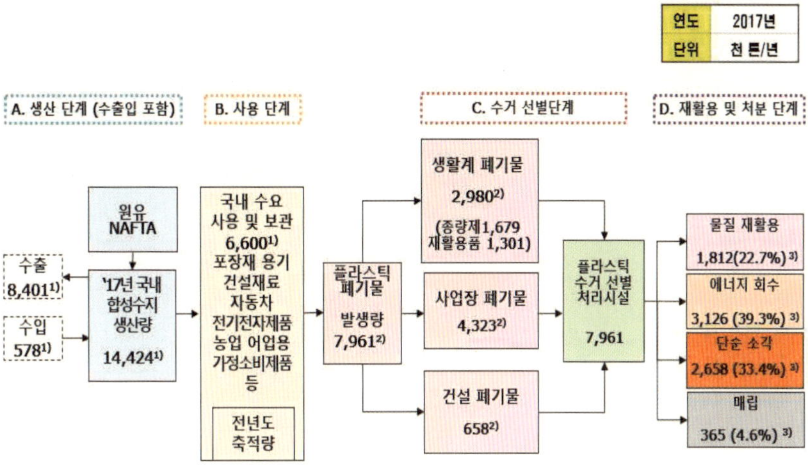

1) 국내 합성수지 수습 현황 2017년 합계
2) 〈표 3〉 2017년 플라스틱 폐기물 발생량 합계
3) 〈표 2〉 국내 플라스틱 폐기물의 처리현황 참고

〈그림 13〉 한국의 플라스틱 물질흐름도 (2017년 기준)

〈그림 14〉에서는 국내 생활폐기물 중 플라스틱류의 배출-수거-처리 흐름도를 나타낸 것이다. 플라스틱 소비 후 가정, 상업시설, 공공기관, 사업장 등으로부터 발생된 폐기물은 주로 종량제 봉투 또는 재활용품(합성수지류)으로 분리 배출된다. 단독주택과 소규모 상업시설의 경우, 주로 지자체 직영 또는 대행업체를 통해 재활용품은 수거 후 선별장을 거쳐 재활용 업체로 인계된다. 반면 공동주택의 재활용품은 주로 민간 위탁처리업체를 통해 재활용품 위탁 처리 계약을 통해 수거된 후 여러 재활용을 거쳐 제품으로 생산되고 있다. 사업장폐기물의 경우는 재활용품 위탁처리업체를 통해 유상 판매하거나 무상 인계하기도 한다. 종량제 봉투의 경우는 직접 매립하거나 소각처리되고, 일부 지자체의 경우는 전처리 선별 시설을 거친 후 고형연료(SRF: Solid Refuse Fuel)로 제조되어 열적처리 시설로 이송된 후 소각 처리되기도 한다. 재활용 중 에너지 회수의 한 방법인 고형연료는 폐플라스틱을 포함한 가연성 폐기물을 전처리 과정을 거쳐 오염물질을 제거하고 일정한

열량을 가질 수 있도록 하여 산업체 등에서 열원으로 사용할 수 있도록 한 것이다.

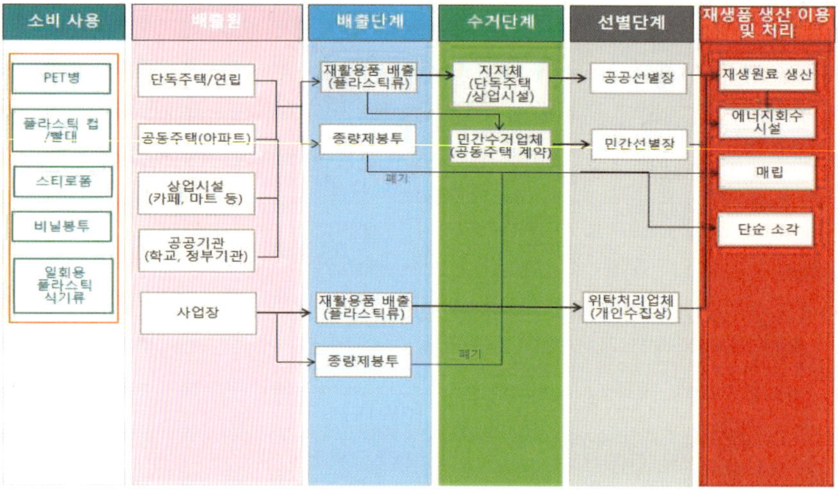

〈그림 14〉 국내 생활폐기물 플라스틱류의 배출-수거-처리 흐름도

2017년 기준 국내에서 발생하는 생활계폐기물 전체 약 1,952만 톤 중 플라스틱 폐기물은 약 298만 톤(14.9%)을 차지하였다. 생활계폐기물에서 플라스틱으로 배출되는 폐기물은 주로 포장재 및 용기류 등 일회용 플라스틱이 많은 부분을 차지할 것이다. 재활용품으로 배출되는 플라스틱류(합성수지류, 플라스틱류, 발포수지류)는 약 130만 톤, 종량제 봉투를 통해 처리되는 플라스틱류는 약 168만 톤으로 재활용품을 통해 배출되는 비율(43.6%)보다 종량제 봉투를 통해 배출되는 플라스틱류 비율(56.4%)이 더 높다(그림 15).

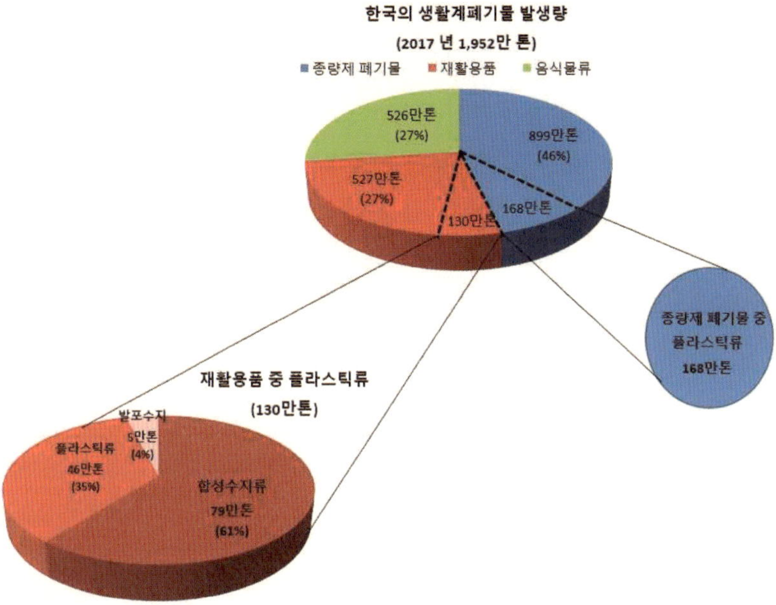

〈그림 15〉 국내 생활계폐기물 중 플라스틱 폐기물의 배출원별 발생량(2017)
(출처: 환경부, 2018년 전국폐기물 발생 및 처리 현황)

생활폐기물 중 재활용품으로 분리 배출된 플라스틱의 실질재활용률은 84%(잔재물 16%로 가정), 그 중 물질재활용 비율 36.7%(401천 톤), 에너지 회수 비율을 63.3%(692천 톤)로 가정 시, 단순 소각량, 물질재활용량, 에너지 회수량을 〈그림 16〉에 나타내었다. 국내에서 생활계폐기물로 발생하는 플라스틱 폐기물(약 2,980천 톤) 중 단순 소각처리되는 양이 1,147천 톤(38%)으로 가장 높고, 고형연료 등 에너지 회수로 처리된 양이 약 1,105천 톤(37%), 물질재활용되는 양은 약 401천 톤(13%), 매립되는 약은 약 328천 톤(11%)으로 산정되었다(그림 17). 따라서 생활계 플라스틱 폐기물 중 다시 경제 영역으로 재투입되는 순환되는 비율은 13%에 불과하고, 대부분 단순 소각되거나 에너지 회수 등으로 처리되고 있다. 또한 유의할 점은 국내에서 생산자책임재활용제도(EPR 제도)를 통해 플라스틱의 일부는 물질 재활용 또는 고형연료 등

에너지 회수를 통해 처리되고 있다. 하지만 EPR 제도를 통해 관리되는 플라스틱 폐기물은 전체 플라스틱 폐기물 중 매우 일부(약 30%)이며, 소각 및 매립 처리되는 플라스틱 폐기물의 양이 훨씬 많다(그림 18).

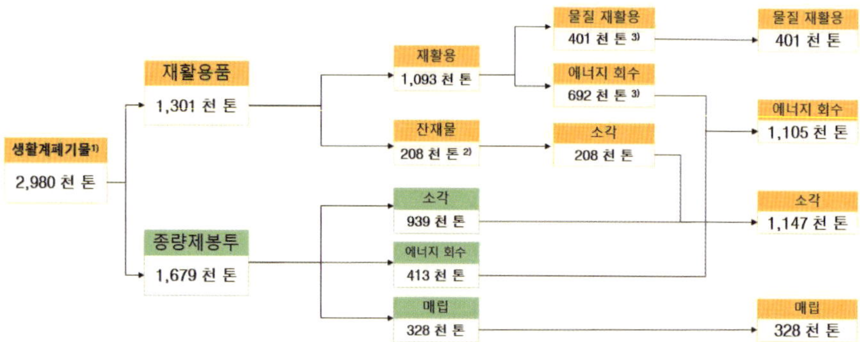

1) 생활계폐기물 중 플라스틱류(재활용품의 경우 발포수지류, 합성수지류 포함)
2) 폐합성수지 재활용 시설에서의 물질흐름분석을 통한 실질 재활용률 산정, 한국폐기물자원순환학회지, Vol.30, No.2, pp 136~143, 2013
3) KEI, 순환경제로의 전환을 위한 플라스틱 관리 전략 연구, 2019

〈그림 16〉 국내 생활계폐기물 중 플라스틱류의 처리방법별 처리량(2017년 기준)

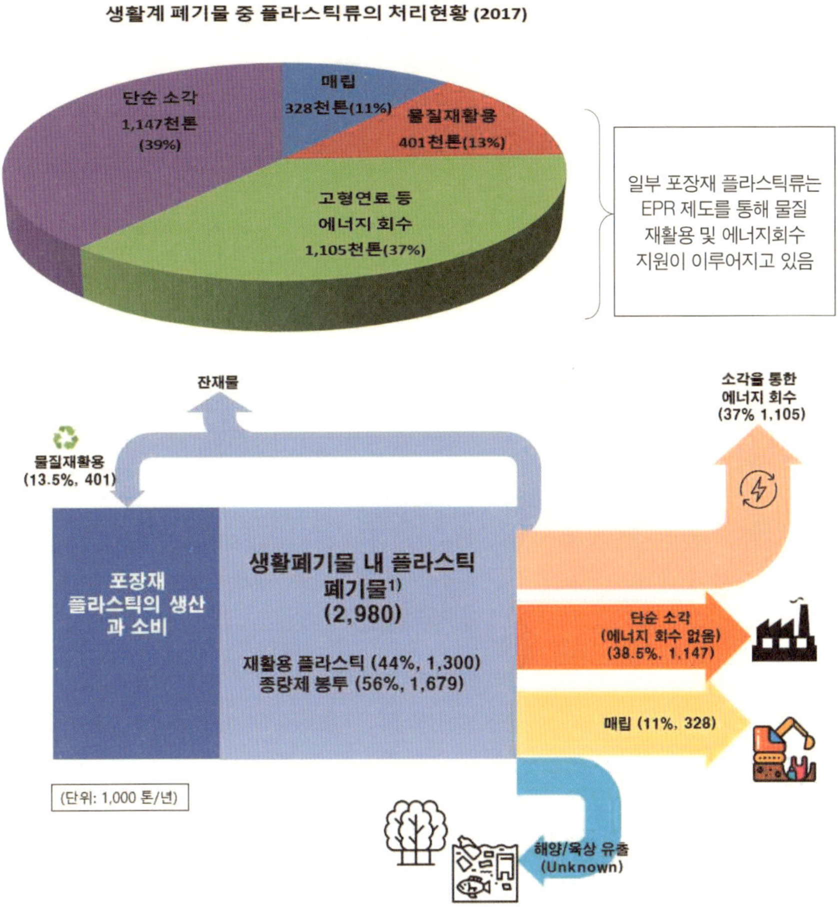

1) 전국 폐기물 발생 및 처리 통계(출처: 환경부, 2018)

〈그림 17〉 생활계폐기물 중 플라스틱류의 처리 현황 (2017년 기준)

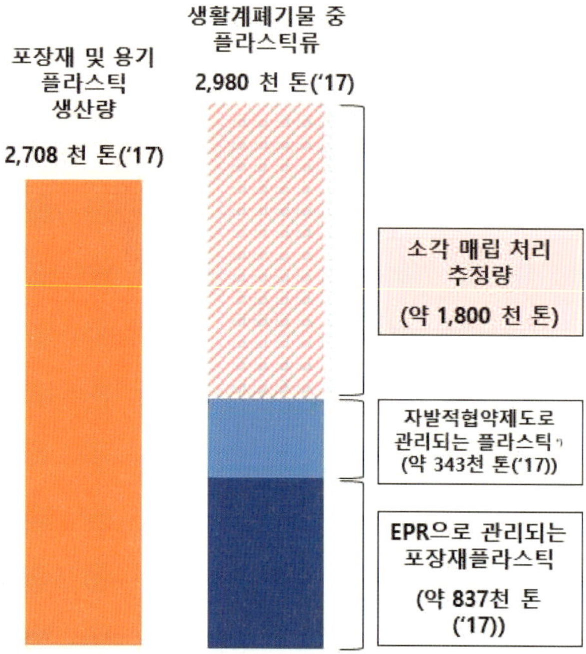

〈그림 18〉 생활계폐기물 중 플라스틱류의 EPR 제도와 소각 매립 처리 추정량(2017년 기준)

2.2.3 EU 플라스틱 폐기물의 처리 추이

2018년 기준 유럽은 플라스틱 폐기물 수거량 29.1백만 톤으로 보고되었고, 이중 42.6%는 에너지 회수로 처리되고, 약 32.5%는 재활용되고, 나머지 24.9%는 매립 처리되고 있다. 지난 2006년에 대비하여 재활용률은 100%, 에너지 회수율은 77%가 증가하였으며 매립률은 -44%가 감소하였다 (그림 19). 〈그림 20〉은 유럽 국가별 플라스틱 포장재 폐기물의 회수 후 재활용, 에너지 회수, 매립 비율을 나타낸 것이다. 스위스, 오스트리아, 네덜란드, 독일, 덴마크, 노르웨이, 벨기에 등의 국가는 폐플라스틱 수거 후 에너지 회수로 처리되거나 재활용되고 있다. 반면, 몰타, 그리스, 사이프러스, 불가리아 크로아티아, 라트비아, 루마니아, 크로아티아 등 국가에서는 매립되는 플라스틱 폐기물의 양이 높은 것으로 나타났다.

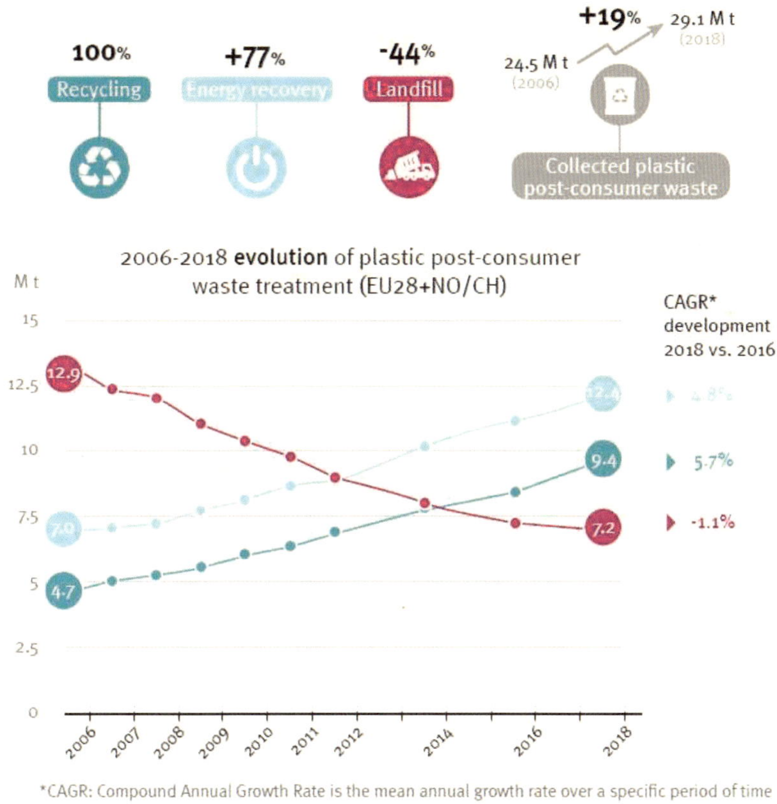

〈그림 19〉 유럽의 플라스틱 처리 추세 (2006-2016)

(출처 : PlasticsEurope, Plastics-the Facts, 2019)

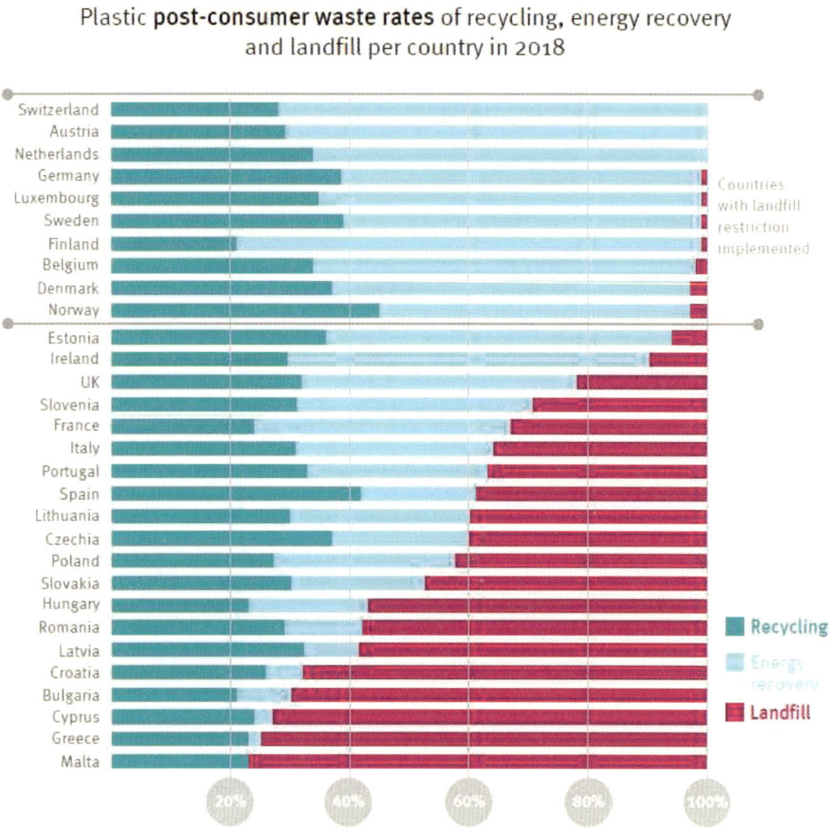

〈그림 20〉 유럽의 국가별 플라스틱 처리 추세 (2018)
(출처 : PlasticsEurope, Plastics-the Facts, 2019)

2.2.4 EU 플라스틱의 회수율과 재활용 추이

EU 회원국의 플라스틱의 회수율(recovery rate)과 재활용률(recycling rate)에 대한 현황을 〈그림 21〉에 나타내었다. 여기서 회수율은 물질재활용과 에너지 회수(소각열, 전기생산 등)를 모두 포함한다. 2015년 기준 플라스틱 회수율이 90% 이상 높은 국가로는 벨기에, 덴마크, 룩셈부르크, 독일, 네덜란드, 오스트리아 등이 있다.

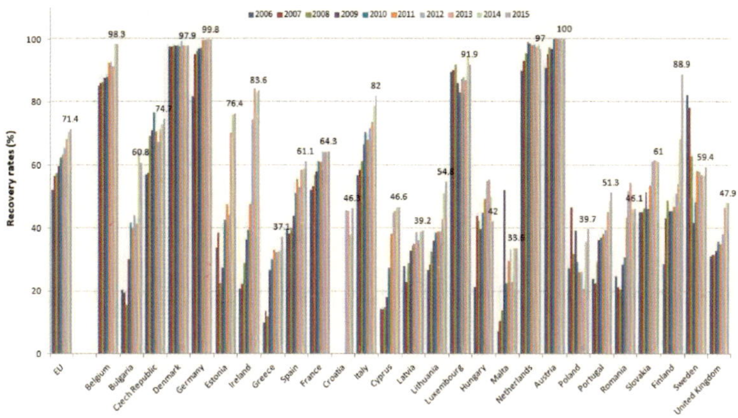

〈그림 21〉 유럽 국가별 플라스틱의 회수율
(출처: Eurostat)

〈그림 22〉는 유럽 국가별 물질 재활용률을 나타내었다. 유럽 전체 평균 플라스틱의 재활용률은 2015년 기준 약 40.3%를 나타냈으며, 국가별 플라스틱 재활용률이 50%를 상회하는 국가로서는 체코, 불가리아, 리투아니아, 네덜란드, 슬로바키아 등이 있다. 〈그림 23〉은 유럽 국가별 에너지 회수와 재활용률을 합하여 나타낸 것으로, 오스트리아, 독일, 덴마크, 벨기에, 네덜란드, 룩셈부르크 등이 90%를 상회하는 것으로 나타났다.

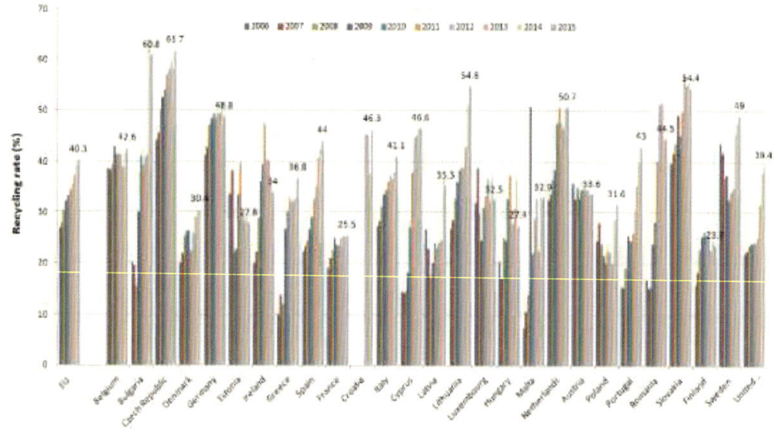

〈그림 22〉 유럽 국가별 플라스틱의 재활용률(물질재활용)

(출처: Eurostat)

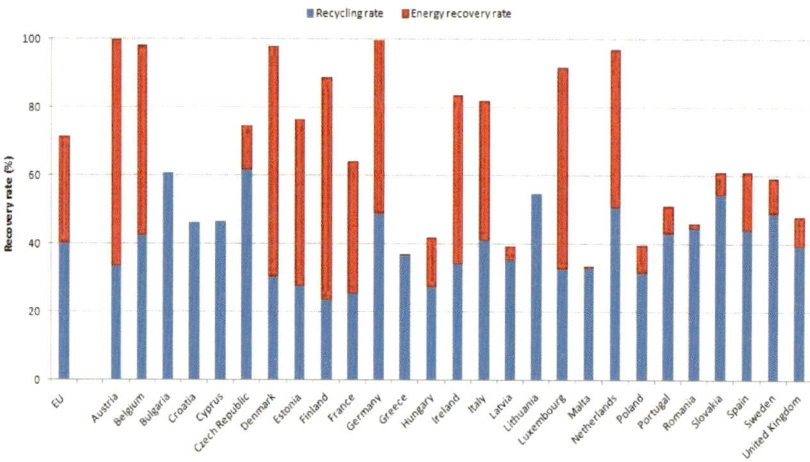

〈그림 23〉 유럽 국가별 플라스틱의 에너지 회수율과 재활용률 (2015년)

(출처: Eurostat)

2.2.5 일본 플라스틱의 물질 흐름도

일본 2018년 플라스틱 수지의 생산은 약 10,670천 톤(약 760천 톤 재생 플라스틱 제외)으로서 다양한 제품에 생산되어 소비되었다. 이 중 플라스틱 폐기물로 발생한 양은 약 8,910천 톤으로서 생활폐기물로 배출된 플라스틱 폐기물의 양은 4,290천 톤, 산업계 폐기물로서 배출된 플라스틱 폐기물의 양은 약 4,620천 톤으로 나타났다. 이 중 물질 재활용은 약 2,080천 톤, 소각처리(발전)를 통한 에너지 회수는 약 2,640천 톤, 고형연료 등 에너지 원료로 약 1,739천 톤 등으로 전체의 약 84%(7,500천 톤)는 재활용 및 에너지 회수가 이루어졌으며, 나머지 약 16%(1,420천 톤)는 매립되거나 단순 소각되었다(그림 24).

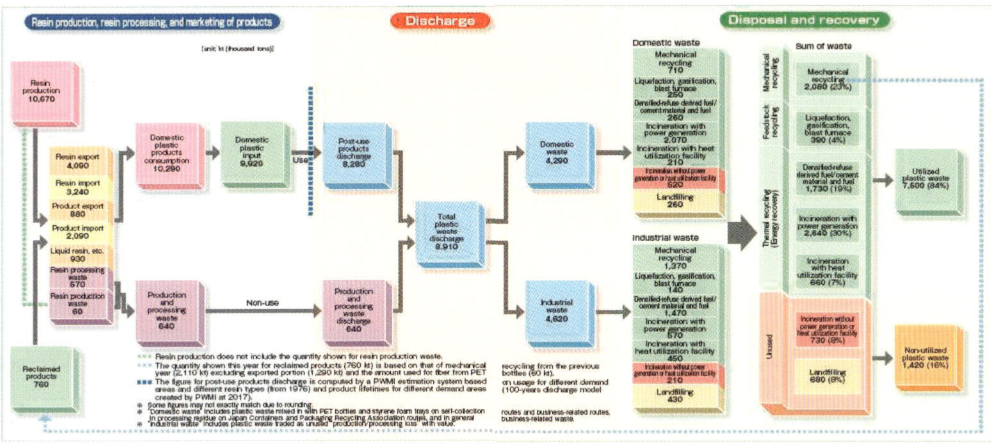

〈그림 24〉 일본 플라스틱의 물질흐름도
(출처: 일본 PWMI, 2019)

다음 〈그림 25〉은 2015년 기준 일본의 PET 플라스틱의 물질흐름도 현황을 나타낸 것이다. 수지 생산 수입량은 약 1,777천 톤으로 주로 PET병 제조, 시트류, 필름류 등에 사용되고 있고, 재생수지의 양은 약 262천 톤으로 나타났다. 이 중에서 PET병 판매된 양은 약 551천 톤이고, 회수된 양은 약 520톤으로 나타났으며, 상당량은 폐PET병(307천 톤)으로 수출된 것으로 조사되었다.

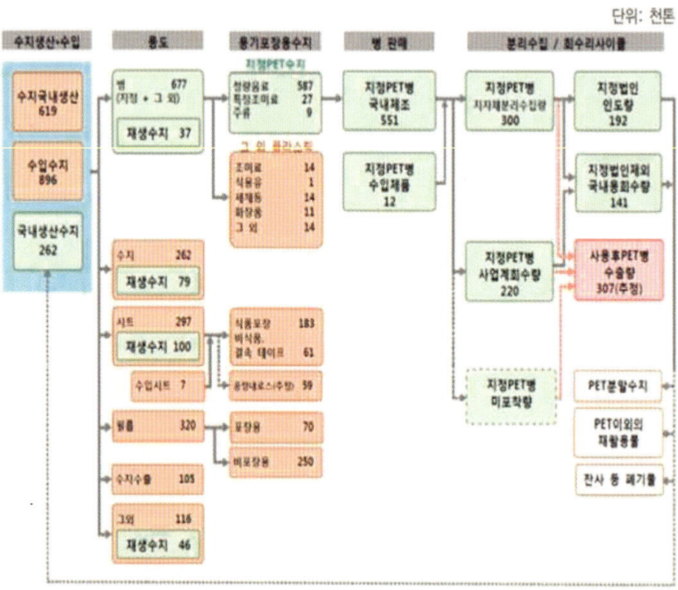

〈그림 25〉 일본의 PET플라스틱 물질흐름도 현황(2015년)
(출처: 일본 PET 리사이클링 연차보고서)

2.3 생산자책임재활용제도와 플라스틱 폐기물

2.3.1 국내 생산자책임재활용 제도의 개요

(1) 개념과 정의

'생산자책임재활용(Extended Producer Responsibility, EPR)제도'란 제품의 생산단계부터 재활용을 고려할 수 있도록 폐기물 배출자(소비자)에게만 적용되던 오염 원인자 부담 원칙(PPP: Polluters Pay Principle)을 생산자에게까지 확대(Extended)하여 포장재·제품 생산자(제조·수입업체)에게 포장재·제품의 소비 후 발생하는 폐기물(유리병, 금속캔, PET병, 발포합성수지류, PVC 등)을 회수 후 재활용하도록 하는 의무를 부여하는 제도이다. 생산자에게는 회수·재활용에 대한 법적 의무가 있으며 의무를 이행하지 않을 시 재활용에 소요되는 비용 이상의 재활용 미이행 부과금을 생산자에게 부과한다. EPR 제도 관련 법령은 아래의 〈표 4〉와 같다.

〈표 4〉「자원의 절약과 재활용촉진에 관한 법률」의 EPR 관련 조항

제16조(제조업자 등의 재활용의무)

① 생산단계 · 유통단계에서 재질 · 구조 또는 회수체계의 개선 등을 통하여 회수 · 재활용을 촉진할 수 있거나 사용 후 발생되는 폐기물의 양이 많은 제품 · 포장재 중 대통령령으로 정하는 제품 · 포장재의 제조업자나 수입업자(포장재는 포장재를 이용한 제품의 판매업자를 포함하되, 대통령령으로 정하는 업종 및 규모의 사업장을 운영하는 자로 한정한다. 이하 "재활용의무생산자"라 한다)는 제조 · 수입하거나 판매한 제품 · 포장재로 인하여 발생한 폐기물을 회수하여 재활용하여야 한다. 〈개정 2013.5.22〉

② 재활용의무생산자(빈용기재사용생산자는 제외한다)는 제1항에 따른 재활용의무를 공동으로 이행하기 위한 분담금(이하 "분담금"이라 한다)을 제27조에 따른 재활용사업공제조합에 내야 한다. 다만, 다음 각 호의 어느 하나에 해당하는 경우에는 환경부장관이 정하여 고시하는 조사방식에 따라 산정한 회수 · 재활용량에 비례한 금액을 그 분담금에서 공제한다. 〈신설 2013.5.22, 2015.1.20〉

- 제조 · 수입하거나 판매한 제품 · 포장재로 인하여 발생한 폐기물을 직접 회수하여 재활용하는 경우
- 제1호에 따른 폐기물을 다음 각 목의 어느 하나에 해당하는 자에게 위탁하여 회수 · 재활용하는 경우
  가. 「폐기물관리법」 제25조제5항제5호부터 제7호까지의 규정에 따른 폐기물 재활용업의 허가를 받은 자
  나. 「폐기물관리법」 제46조에 따른 폐기물처리 신고자
  다. 그 밖에 재활용사업을 효율적으로 수행할 수 있다고 인정되는 자로서 대통령령으로 정하는 자
- 재활용의무생산자나 재활용사업공제조합이 위탁하여 회수 · 재활용하는 경우에는 「대 · 중소기업 상생협력 촉진에 관한 법률」에 따라 보호되는 중소기업의 사업영역을 침해하지 아니하도록 하는 등 대통령령으로 정하는 바에 따라 회수 · 재활용을 위탁받는 자의 권익이 최대한 보호되도록 계약을 체결하고, 계약당사자는 계약을 성실하게 이행하여야 한다. 〈개정 2013.5.22, 2015.1.20〉
- 재활용의무생산자, 재활용사업공제조합 및 그로부터 재활용을 위탁받은 자는 환경부령으로 정하는 제품 · 포장재별 재활용의 방법과 기준에 따라 재활용하여야 한다. 〈개정 2013.5.22., 2015.1.20〉

(2) 대상품목

국내에서 현행 EPR 대상 품목은 「자원의 절약과 재활용촉진에 관한 법률 시행령」(이하 「자원의 절약과 재활용촉진에 관한 법률」, "자원재활용법"이라 한다) 제18조에 따라 4개 포장재군(종이팩, 금속캔, 유리병, 합성수지 재질 포장재)과 8개 제품군(합성수지 재질 필름류, 윤활유, 전지류, 타이어, 형광등, 수산물 양식용 부자, 곤포사일리지용 필름, 합성수지 재질 김 발장) 등을 포함하고 있다. 향후 대상 품목은 지속적으로 확대할 예정이다.

〈표 5〉 재활용 의무 대상 제품・포장재

구분		EPR 대상 제품・포장재
포장재	음식료품류, 농・수・축산물, 세제류, 화장품류, 의약품 및 의약외품, 부탄가스제품, 살충・살균제, 의복류, 종이제품, 고무장갑, 부동액・브레이크액 및 윤활류 등의 포장재	가. 종이팩(합성수지 또는 알루미늄박이 접합, 도포된 종이팩에 한함) 나. 유리병 다. 금속캔 라. **합성수지재질의 포장재(용기류, 필름・시트형 포장재 및 트레이 포함)** ※부동액・브레이크 및 제6호에 따른 윤활유(합성수지재질의 포장재로 한정) ※상기품목 이외의 제품(합성수지재질의 포장재로 한정)
	전기기기류 등의 포장재	필름・시트형 포장재 및 발포합성수지 완충재
	1회용 봉투・쇼핑백	**합성수지 재질의 1회용 봉투·쇼핑백(종량제 봉투 제외)**
제품	**합성수지 재질의 필름류**	**가. 완충 포장이나 단열 효과를 내기 위해 사용하는 공기가 들어가는 필름류** **나. 세탁업(표준산업분류에 따른 세탁업을 말한다)에서 모피제품, 의복 및 그 밖의 직물제품 등을 보호하기 위해 사용하는 필름류** **다. 플라스틱 봉지 · 봉투(폐기물 종량제 봉투는 제외)** **라. 1회용 비닐장갑** **마. 식품 포장용 랩 필름**
	양식용부자	**수산물 양식용 부자(浮子)**
	전지류	가. 수은전지 나. 산화은전지 다. 니켈・카드뮴전지 라. 리튬1차전지 마. 망간전지・알칼리망간전지 바. 니켈수소전지

타이어	가. 자동차관리법 제2조제1호의 규정에 의한 자동차에 사용되는 타이어 나. 군수품관리법에 의한 차량에 사용되는 타이어 다. 건설기계관리법 제2조제1항제1호의 규정에 의한 건설기계에 사용되는 타이어 라. 농업기계화촉진법 제2조제1호의 규정에 의한 농업기계에 사용되는 타이어
윤활유	가. 자동차관리법 제2조제1호에 따른 자동차에 사용되는 윤활유 나. 군수품관리법에 의한 차량에 사용되는 윤활유 다. 건설기계관리법 제2조제1항제1호의 규정에 의한 건설기계에 사용되는 윤활유 라. 농업기계화촉진법 제2조제1호의 규정에 의한 농업기계에 사용되는 윤활유 마. 선박법 제2조의 규정에 의한 한국선박(외항선박을 제외)에 사용되는 윤활유 바. 어선법 제2조제1항의 규정에 의한 어선(원양어선을 제외)에 사용되는 윤활유
형광등	수은이 들어 있는 형광등 제조용 반제품인 램프 포함
곤포 사일리지용 필름	**사료작물, 볏짚 등의 압축·결속을 위하여 사용하는 합성수지재질의 비닐류**
김발장	수산업·어촌 발전 기본법 제3조제7호에 따른 수산물 중 김의 건조를 위하여 사용하는 발장

(3) 재활용 의무 부과방식

재활용의무 생산자(이하 "생산자"라 한다)는 환경부에서 5년 단위의 장기재활용의무율에 기반하여 매년 고시하는 재활용의무율에 해당하는 양을 매년 재활용하여야 하며, 재활용 의무량을 달성하지 못할 경우 미이행량에 대해 부과금을 납부하여야 한다. 단, 분담금을 납부한 뒤 직접 재활용하거나 재활용업자에게 위탁하여 회수·재활용한 자는 그 회수·재활용량에 비례한 금액을 분담금에서 공제받을 수 있다. 생산자들은 공제조합에 가입하거나 자사 제품의 폐기물을 회수하여 재활용하는 방식의 개별의무이행을 통해 재활용의무를 이행할 수 있으며, 대부분 공제조합에 가입하고 있다.

'재활용 분담금'이란 생산자가 재활용의무를 공동으로 이행하기 위해 자원재활용법 제27조에 따라 설립한 재활용사업공제조합(이하 "공제조합"이라고 한다)에 부담하는 금액이다. 국내 현행 EPR 제도에서는 〈표 6〉의 산정식을 통해 분담금을 계산한다. 생산자가 공제조합에 납부하여야 하는 분담금 단가는 공제조합의 정관에 따라 정하지만, 자원재활용법 제28조의2에 따라 설립된 한국순환자원유통지원센터(이하 "유통지원센터"라고 한다) 설립에 참여한 공제조합은 자원재활용법 제29조에 따라 환경부령으로 정하는 바에 따라 구성된 공동운영위원회에서 분담금 단가 등을 정하도록 하고 있다.

〈표 6〉 재활용분담금 산정식

재활용 분담금 = 당해연도 제품 · 포장재별 출고 · 수입 실적량 × 제품 · 포장재별 의무율 × 제품 · 포장재별 분담금 단가

(4) 재활용 의무율

자원재활용법 제17조 및 동법 시행령 제22조에 따라 환경부장관은 생산자가 제품 · 포장재의 생산 · 유통단계에서 회수체계 등을 통하여 회수 · 재활용을 촉진 할 수 있도록 5년마다 장기 재활용목표율을 고시하고 매년 재활용 의무율에 반영한다. 이는 생산자의 출고 · 수입량에 적용되어 재활용의무량을 산정하는 근거가 되는 비율로 재활용의무이행 전년도 12월 중 환경부장관이 고시한다. 주류 및 음료류, 생수제품의 경우에는 생산자들이 빈용기 보증금제도를 선택하여 재활용의무를 이행할 수 있으며, 이 경우 재활용 의무율은 80% 이상을 달성하여야 하며, 보증금의 관리 등의 업무는 유통지원센터에서 하도록 하고 있다. 재활용의무량은 앞서 의무율 산정식을 통해 계산된다. 2019년 재활용 의무율은 아래 〈표 7〉과 같다.

〈표 7〉 2019년 국내 재활용 의무율

<table>
<tr><th colspan="4">품목</th><th>2019년도
재활용 의무율(%)</th></tr>
<tr><td colspan="2" rowspan="2">금속캔</td><td colspan="2">철캔</td><td>0.811</td></tr>
<tr><td colspan="2">알루미늄캔</td><td>0.797</td></tr>
<tr><td colspan="4">유리병</td><td>0.720</td></tr>
<tr><td colspan="4">종이팩</td><td>0.305</td></tr>
<tr><td rowspan="9">합성
수지
포장재</td><td rowspan="3">폴리에틸렌테레
프탈레이트병</td><td rowspan="2">단일재질</td><td>무색</td><td>0.800</td></tr>
<tr><td>유색</td><td>0.802</td></tr>
<tr><td colspan="2">복합재질</td><td>0.803</td></tr>
<tr><td colspan="3">발포합성수지(폴리스티렌페이퍼제외)</td><td>0.807</td></tr>
<tr><td colspan="3">단일재질 폴리스티렌페이퍼</td><td>0.465</td></tr>
<tr><td colspan="3">단일 · 복합재질 폴리비닐클로라이드</td><td>0.300</td></tr>
<tr><td rowspan="2">기타 합성수지</td><td colspan="2">용기류 · 트레이 단일재질</td><td>0.808</td></tr>
<tr><td colspan="2">복합재질 및 필름 · 시트형
단일 · 복합재질</td><td>0.701</td></tr>
<tr><td colspan="3">윤활유용기</td><td>0.783</td></tr>
<tr><td colspan="4">윤활유</td><td>0.745</td></tr>
<tr><td colspan="4">타이어</td><td>0.786</td></tr>
<tr><td colspan="4">형광등</td><td>0.571</td></tr>
<tr><td colspan="4">수산물 양식용부자</td><td>0.291</td></tr>
<tr><td colspan="2" rowspan="6">전지류</td><td colspan="2">수은전지</td><td>0.600</td></tr>
<tr><td colspan="2">산화은전지</td><td>0.715</td></tr>
<tr><td colspan="2">리튬전지</td><td>0.712</td></tr>
<tr><td colspan="2">니켈 · 카드뮴전지</td><td>0.441</td></tr>
<tr><td colspan="2">망간전지 · 알칼리망간전지</td><td>0.250</td></tr>
<tr><td colspan="2">니켈수소전지</td><td>0.200</td></tr>
<tr><td colspan="4">곤포사일리지용 필름</td><td>0.364</td></tr>
<tr><td colspan="4">김발장</td><td>0.804</td></tr>
</table>

(5) EPR 운영 방식

EPR제도는 폐기물 문제에 대하여 모든 이해 당사자들이 역할과 책임을 합리적으로 분담하는 제도이다. 환경부에서 재활용 의무율을 규정하면 생산자들은 재활용 의무를 이행하기 위해 공제조합에 가입하여 분담금을 내거나 개별적으로 재활용의무를 이행한다. 공제조합은 생산자들이 납부한 분담금으로 생산자들의 재활용의무를 대행한다. 공제조합 및 유통지원센터는 회수 · 재활용사업자와 계약을 체결하여 재활용의무를 이행하고 있다. 정확한 표현으로는 공제조합이 생산자의 재활용의무를 대행하고, 공제조합은 유통지원센터에게 회수 · 재활용의무 이행의 실무를 대행하게 하고, 유통지원센터는 회수 · 재활용사업자와 계약을 체결하여 실질적으로 분리 배출된 재활용가능자원을 회수 및 재활용하는 의무를 대행하도록 하고 있다. 한국환경공단에서는 공제조합 혹은 개별생산자가 제출한 재활용 실적을 관리하고 재활용의무를 이행하지 못한 생산자들이나 공제조합에 부담금을 부과하는 등 제도이행에 관한 실무적인 역할을 하고 있다. 재활용되지 않는 폐기물의 처리는 「폐기물관리법」에 따라 지자체가 처리책임을 가지고 있다. 소비자도 회수 · 재활용비용을 부담(생산자가 분담금을 판매가격에 전가할 경우)할 뿐만 아니라 분리배출을 통해 회수 · 재활용 체계가 작동될 수 있는 시발점이 되어야 한다.

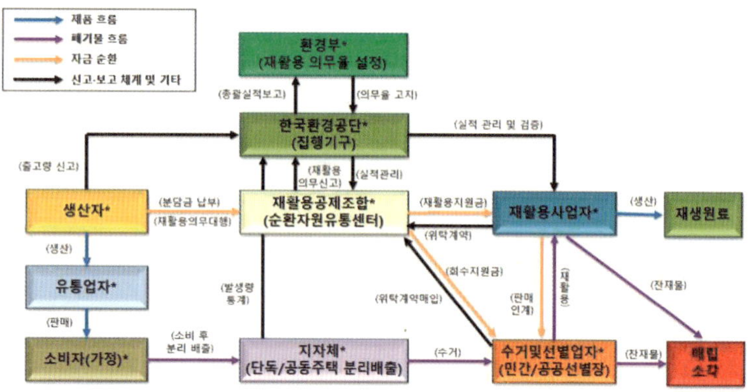

〈그림 26〉 국내 EPR 운영 체계

2.3.2 생산자책임재활용제도와 플라스틱 재활용 실적

EPR 제도 운영에 따른 재활용 의무량과 재활용 실적은 2004년부터 매년 지속적으로 상승하였다. 〈그림 27〉와 같이 의무량 대비 재활용률은 2012년 102%, 2017년 107%로 지속적으로 높게 유지하고 있다. 품목별 재활용 의무율 및 재활용률 추이를 살펴보면, 모든 품목이 EPR 시행 초기와 비교할 때 재활용률이 지속적으로 상승하였다.

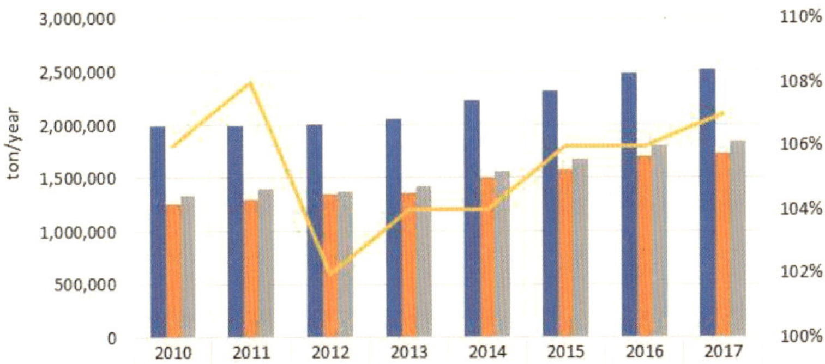

	2010	2011	2012	2013	2014	2015	2016	2017
출고량(A)	1,990,32	1,991,80	2,007,28	2,048,90	2,231,77	2,315,41	2,480,00	2,525,13
의무량(B)	1,260,85	1,295,03	1,346,07	1,363,63	1,497,24	1,573,05	1,698,44	1,723,94
재활용량(C)	1,331,81	1,400,84	1,377,26	1,419,11	1,562,58	1,674,44	1,800,92	1,836,80
재활용율(C/B)	106%	108%	102%	104%	104%	106%	106%	107%

〈그림 27〉 연도별 EPR 대상 품목 출고량, 의무량, 재활용량 및 재활용률 현황

포장재 EPR 제도시행으로 인한 재활용 지원금 지원 및 재활용활성화 사업 시행으로 포장재 재활용의 양적 성장에 기여한 부분이 크며, 포장재 재활용의 양적 성과에 대하여 EPR 제도의 기여가 상당한 것으로 평가할 수 있다. 페트병의 재활용의무율은 지속적으로 상승하였으며, 최근에는 약 82%에 달할 정도로 재활용의무율이 매우 높은 품목이다. 이로 인해 재활용의무달성에 어려움을 겪고 있으며, 단일재질 무색 및 유색의 미달성률

이 높다. 복합재질의 경우 2016년까지는 재활용량이 출고량을 초과할 정도로 높았으나, 2017년부터는 재활용의무 미달성 품목으로 전환되었다.

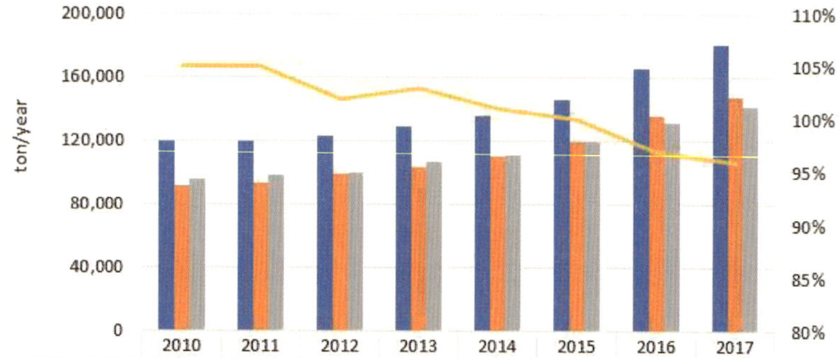

	2010	2011	2012	2013	2014	2015	2016	2017
출고량(A)	119,800	119,451	122,710	128,639	135,930	145,848	165,470	180,427
의무량(B)	91,528	93,530	98,904	103,683	110,375	119,304	135,354	147,589
재활용량(C)	95,737	98,107	100,450	106,874	111,202	119,244	131,487	141,815
재활용율(C/B)	105%	105%	102%	103%	101%	100%	97%	96%

〈그림 28〉 연도별 PET병(무색 단일) 출고량, 의무량, 재활용량 및 재활용률 현황

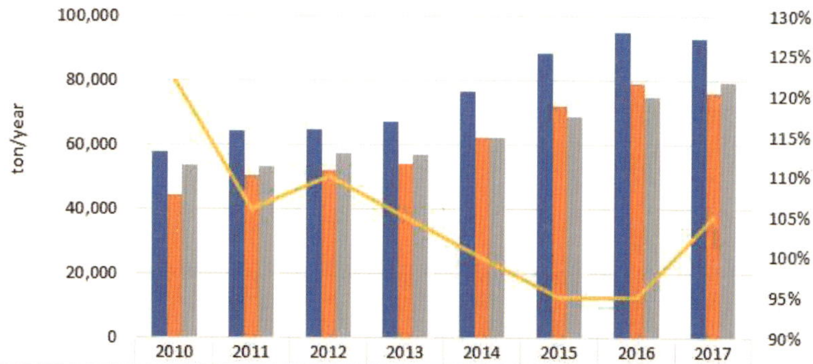

	2010	2011	2012	2013	2014	2015	2016	2017
출고량(A)	57,714	64,326	64,576	67,241	76,704	88,234	95,090	92,956
의무량(B)	44,093	50,367	52,048	54,196	62,284	72,175	78,830	76,038
재활용량(C)	53,733	53,167	57,234	56,803	62,132	68,654	75,091	79,572
재활용율(C/B)	122%	106%	110%	105%	100%	95%	95%	105%

〈그림 29〉 연도별 PET병(유색 단일) 출고량, 의무량, 재활용량 및 재활용률 현황

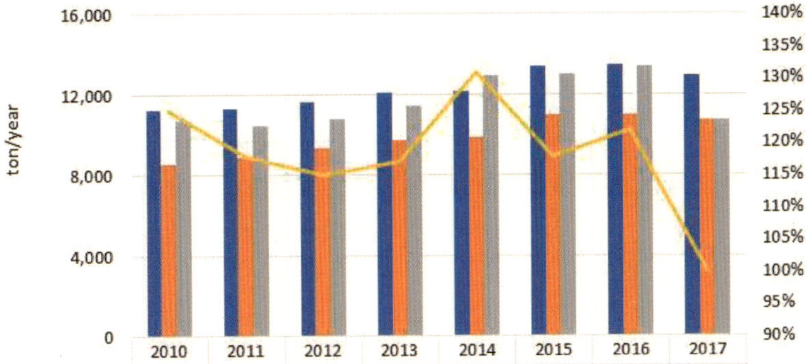

	2010	2011	2012	2013	2014	2015	2016	2017
출고량(A)	11,248	11,322	11,622	12,079	12,120	13,417	13,431	12,942
의무량(B)	8,593	8,865	9,367	9,736	9,842	10,975	10,987	10,742
재활용량(C)	10,719	10,430	10,801	11,402	12,908	12,970	13,369	10,720
재활용율(C/B)	125%	118%	115%	117%	131%	118%	122%	100%

〈그림 30〉 연도별 PET병(복합재질) 출고량, 의무량, 재활용량 및 재활용률 현황

생각해 볼 거리 2

우리나라의 플라스틱 재활용률은 어느 정도인가?

유럽을 중심으로 여러 선진국에서 생산자책임재활용제도를 도입하여 제품(포장재, 전기전자제품, 자동차를 중심으로)의 생산단계부터 재활용을 고려하여 제품을 생산하고 제품 판매 이후에 재활용 의무를 부여하고 있다. 우리나라 역시 2003년부터 EPR 제도를 도입하여 시행해오고 있다. 각종 합성수지 재질의 포장재, 1회용 봉투, 쇼핑백, 완충 포장재 필름류, 수산물 양식용 스티로폼(양식용 부자라고 함) 등이 플라스틱 제품과 비닐류가 포함되어 있다. 이러한 생산자책임재활용제도를 통해 생산자에게 재정적 부담(생산자 분담금을 매년 출고량 대비 납부하고 있음)과 정부가 설정하여 고시한 재활용률 목표를 달성 하도록 요구하고 있다. 매년 설정한 출고량 대비 재활용 의무량은 대체로 목표 대비 달성하고 있으나, 아직도 플라스틱의 실질 재활용량은 매우 미흡한 편이다. 흔히 우리나라 플라스틱의 재활용률은 재활용 의무율과 혼동하여 70~80% 정도 달성하고 있다고 착각하기도 한다.

하지만, 최근 국내 생활계 플라스틱 폐기물 중 단순 소각되는 양은 연간 1.147천 톤(39%)이고, 고형연료 및 소각 등 에너지 회수되는 양은 약 1,105천 톤(37%), 물질재활용은 약 401천 톤(13%), 매립량은 약 328천 톤(11%)으로 나타났다. EPR 제도를 통해 실제로 재활용 처리(에너지 회수되는 양 포함)되는 양은 약 900천 톤으로 나타났다. 즉, 다시 말해 생활폐기물 중 전체 플라스틱류의 약 30%에 해당하는 비율이 EPR 제도를 통해 관리되고 있는 셈이다. 나머지 부분은 미관리되어 단순 소각되거나 생산자의 자발적 협약에 의한 재활용되고 있다. 따라서 보다 강화된 EPR 제도 도입과 함께 아직도 미관리되고 있는 플라스틱을 순환하기 위한 투자, 재활용을 고려한 친환경 제품 설계, 수거 및 재활용을 위한 인센티브 확대 방안, 순환경제와 연동하기 위한 방법 등 다양한 노력이 절실히 필요하다.

2.4 폐기물 부담금 제도와 플라스틱 폐기물

2.4.1 폐기물 부담금 제도

폐기물 부담금 제도는 폐기물의 발생을 억제하고 자원의 낭비를 막고 재활용 촉진하고 폐기물 처리 비용의 확보를 위해 1993년부터 시행되어 오고 있다. 부담금 부과 대상으로는 살충제 및 유독물 제품(유리병, 금속캔, 플라스틱 용기 사용), 부동액, 껌, 기저귀, 담배, 플라스틱을 재료로 사용하는 제품 등을 포함하고 있다.

폐기물 부담금 제도에서 제외되거나 감면되는 제품으로서는 생산자책임재활용제도 대상이 되는 제품, 생분해성수지제품, 회수 및 재활용에 관한 자발적 협약을 체계하고 이행하는 경우, 일정량 이상을 재활용하는 경우(건축용 20%, 일반용 80%), 플라스틱 소량 사업자(연간 매출액 10억 원 미만 또는 사용량 10톤 미만 사업자, 수입업자의 경우 연가 수입액 9만 달러 미만 수입자 등), 연간 매출액 300억 미만 중소기업제조업자 등이 해당된다. 2019년 플라스틱의 부담금 산정 기준은 건축용 플라스틱 제품은 합성수지 투입 kg당 89원, 일반용 플라스틱 제품은 합성수지 투입 kg당 178원으로 제시되어 있다.

2.4.2 자발적 협약을 통한 플라스틱 폐기물의 재활용

국내에서는 폐기물 부담금 제도와 함께 기업의 자발적 협약(voluntary agreement) 제도를 운영하고 있다. 폐기물 부담금 대상이 되는 플라스틱의 제품의 제조 수입업자가 환경부장관과 플라스틱 회수 재활용 자발적 협약을 체계하고, 이를 이행하는 경우 부담금을 면제해주는 제도를 말한다. 폐기물 부담금 대상 플라스틱 제품은 생산자책임재활용제도와 달리 재활용을 이행하여도 폐기물 부담금을 면제받지 못하는 문제점이 제기되었다. 2008년부터 폐기물 부담금 제도에서 EPR 제도로 전환하기 위한 가교로서의 역할을 수행하기 위해 환경부장관과 대상 사업자가 플라스틱 폐기물을 회수 재활용 자발적 협약을 체결하고 이를 이행함으로써 대상 사업자의 부담 경감과 플라스틱 재활용 활성화를 유도하고 있다. 기업은 폐기물 부담금 대상이 되는 플라스틱 폐기물의 회수 및 재활용을 촉진하기 위해 협약 품목의 수거 및 회수 체계를 갖추는 등 필요한 조치를 하고, 재활용 시설을 설치 운영하고 있다. 또한 이를 구비한 재활용 사업자와 계약하여 재활용하거나 또는 협약의무이행단체에 가입하여 분담금 납부를 통해 재활용을 수행하는 경우 폐기물 부담금을 면제하는 혜택을 부여한다.

〈표 8〉 플라스틱 폐기물의 자발적 협약 (2018년 6월 기준)

품목	사업자단체	참여사업자 및 재활용사업자(업체수)			재활용 의무율 (%)	재활용 비용 (원/kg)
		소계	참여 사업자	재활용 사업자		
계		**768**	**344**	**424**		
파렛트	(사)한국파렛트컨테이너협회	64	10	54	15.5	427
컨테이너		74	17	54	17.2	427
프로파일	한국바이닐환경협의회	51	23	28	11.2	607
바닥재		24	11	13	25.4	607
PE관	한국PE관공업협동조합	45	24	21	9.4	527
PVC관(이형 제품 포함)	한국PVC관공업협동조합	63	43	20	8.5	527
전력 및 통신선	한국전선공업현동조합	108	75	33	16.7	685
건설용발포 폴리스티렌	한국발포플라스틱공업협동조합	101	48	53	8.7	645
자동차 AS용 범퍼·몰딩	(사)한국자동차자원순환협회	11	4	7	43.5	527
로프·안전망	(사)한국해양폐기물자원순환협회	46	19	27	27.5	545
망(어망 등)		34	11	23	40.5	545
필터	(사)한국플라스틱환경협회	15	8	7	80.0	424
인조잔디		8	3	5	35.0	527
산업용PE필름	(사)한국농수산재활용사업공제조합	77	37	40	47.4	527
생활용품 20종	(사)한국플라스틱단일재질협회	50	11	39	45.0	527

(출처: 한국환경공단 내부자료)

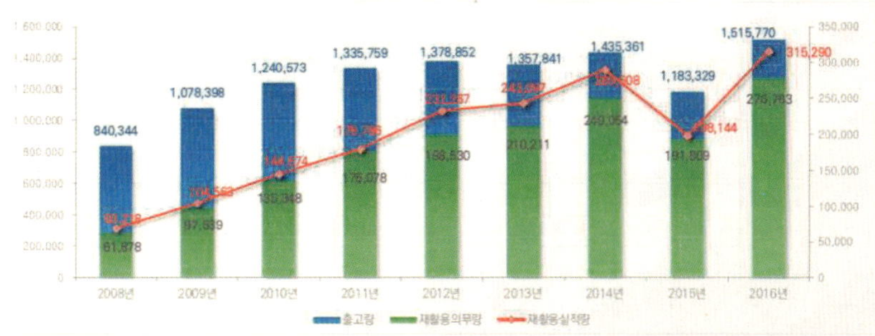

(단위: 톤, %)

구분	계	2008(A)	2009	2010	2011	2012	2013	2014	2015	2016(B)	증감율 (B-A)/A)
출고량	11,366,226	840,344	1,078,398	1,240,573	1,335,759	1,378,852	1,357,841	1,435,361	1,183,329	1,515,770	80.4
의무량	1,596,210	61,878	97,539	135,348	175,078	198,530	210,211	249,054	191,809	276,763	347.3
재활용량	1,776,646	69,218	104,563	144,674	179,786	232,267	243,097	289,608	198,144	315,290	355.5
재활용율	15.6	8.2	9.7	11.7	13.5	16.8	17.9	20.2	16.7	20.8	152.5
달성율	111.3	111.9	107.2	106.9	102.7	117.0	115.6	116.3	103.3	113.9	1.8

〈그림 31〉 연도별 플라스틱 폐기물의 자발적 협약 이행 실적

(출처: 한국환경공단 내부자료)

2.4.3 자발적 협약을 통한 플라스틱 폐기물의 재활용 성과

국내에서는 폐기물 부담금 제도와 함께 기업의 자발적 협약(voluntary agreement) 제도 운영을 통해 다음과 같은 성과를 요약할 수 있다(KEI, 2019).

1. 재활용량의 양적 증가 (2008년 69천 톤에서 2016년 315천 톤으로 증가)
2. 재활용품 경제적 가치 창출 (2008년 570억 원, 2016년 약 2,042억 원)
3. 매립(소각) 처리 비용 절감 (2008년 156억 원, 2016년 716억 원)
4. 폐기물 부담금 면제액 (2008년 약 100억 원, 2016년 1,091억 원)
5. 고용 창출 (2008년 416명, 2016년 1,266명)
6. 온실가스 감축 효과 (2008년 80천 톤 CO_2 절감 , 2016년 343천 톤 CO_2 절감)
7. 자발적 협약 대상 제품의 EPR 품목 전환 (비료사료 포장재, 김발장, 곤포사일리지용 필름, 수산물 양식용 부자, 윤활유 용기, 청소기, 정수기, 공기청정기, 비데, 연수기, 음식물처리기, 전기 밥솥 등)

한편 자발적 협약을 통해 플라스틱 폐기물의 회수 재활용 체계 구축이 이루어졌으며, 품목별 의무율도 상승하고 있다. 하지만 일부 품목(전력 통신선)은 의무율 상승에 한계점에 도달하였고, EPR 제도 제품군보다 의무율이 높은 품목 및 회수 재활용 체계 유사 품목 등은 EPR 제도로 전환 검토가 필요하다. 또한 자발적 협약은 EPR 제도와는 다르게 전체 사업자가 아닌 일부 제조 및 수입업자가 참여하고 있으며, 중소기업 감면제도로 인해 중소기업 참여율이 매우 낮다. 자발적 협약의 부담금이 EPR 제도의 비용 부담률에 비해 현저히 낮아 인센티브 증진을 위해 제도적 보완이 필요하고, 부담금 감면율 조정 등 규제 정비가 필요하다.

2.5 순환이용성 평가 제도와 플라스틱 폐기물

2.5.1 순환이용성 평가 제도

2018년부터 시행된 자원순환기본법에 제시된 제품의 순환이용성 평가 제도는 제품이 폐기되었을 때 재활용 저해요소를 평가하여 개선이 필요한 부분을 제품 설계 단계에서부터 반영되도록 하는 제도이다. 평가는 주로 ① 순환이용 · 적정처분 가능성, ② 폐기물 후 중량 · 부피 · 재질 · 성분, ③ 유해물질의 종류와 양, ④ 내구성의 4개 항목으로 이뤄진다. 2018년 제1차 제품 순환이용성 평가계획(2018~2020년)에서 재질 · 구조 등 설계상 문제로 인해 재활용 문제를 일으킨 제품 중 개선이 시급한 페트병, 멸균 종이팩, 자동차 부품 등의 10개 제품군이 제1차 평가계획의 대상으로 선정되었다. 이러한 순환이용성 평가 제도의 도입은 생산자에게 제품 재질 구조의 순환이용성을 고려한 제품 설계를 유도하여 재활용의 활성화에 기여하는데 목적이 있다.

〈표 9〉 제1차 연도별 순환이용성 평가 대상 제품군

2018년	2019년	2020년
① PET(음료용기 등)	멸균 종이팩	비데
② PET(세정제 등)		자동차 부품
③ 발포합성수지 (식품트레이 등)	냉장고	
④ PVC랩	토너 카트리지	
⑤ PP · PE · PS(음료용기 등)		

(출처: 환경부, 보도자료)

〈표 10〉 순환이용성 평가의 가이드라인과 개선 효과

제품군	사진	순환이용성 평가 가이드라인과 개선효과
PET + 스프링용기	PET 	ㅇ **(가이드라인)** 재질 · 성분, 분리선별 용이성, 색상 등 개선 - **(몸통)** **무색 · 투명 단일재질** 사용하되, 제품 특성상 **복합재질**(나일론, PETG 등) 사용할 경우 **사전선별 용이한 색상** 사용 - **(라벨)** 라벨 분리 후 접착물이 남지 않는 **수용성 접착제** 사용, 몸통과 분리해서 폐기토록 절취선 적용 - **(뚜껑 · 스프링 등)** **몸통과 동일한 재질** 사용 또는 **비중분리 가능**한 플라스틱 사용 ※ 금속재질 등 PET 재질과 같이 비중이 1을 초과하는 경우 비중분리 불가
	스프링 용기 	ㅇ **(개선효과)** PET 자동선별 및 비중분리 효율 증대 - 잡색 혼입 저감에 따른 재활용품질 향상
PP, PE, PS (음료)	PP  PE 	ㅇ **(가이드라인)** 재질 · 성분, 분리선별 용이성 등 개선 - **(리드)** **몸통과 동일한 재질** 사용(알루미늄박 리드 등 대체) - **(라벨)** 라벨 분리 후 접착물이 남지 않는 **수용성 접착제** 사용 - **(뚜껑)** 몸통과 **동일한 재질** 사용 또는 **비중분리 가능**한 재질 사용

	PS 	○ **(개선효과)** 재질별 분리선별 용이성 향상 등에 따른 재활용 질 향상
발포 합성수지 (PSP 등)		○ **(가이드라인)** 재질 · 성분, 색상, 처분시 유해성 등 개선 - **흰색, 無코팅 PSP** 사용 ※ 유색 PSP 혼입시 흰색 PSP 포함 전량 폐기하는 실정 ○ **(개선효과)** 유색 PSP 혼입 감소에 따른 실질 재활용량 증가 및 재활용 질 향상
PVC랩	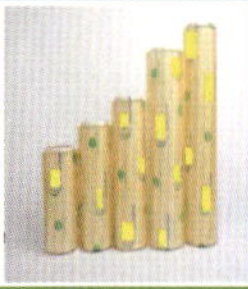	○ **(가이드라인)** 재질 · 성분 대체 - **(재질대체)** 재활용이 용이한 PE 등으로 재질대체 ○ **(개선효과)** 열적재활용 시 염소화합물 발생 방지,

(출처: 환경부, 보도자료)

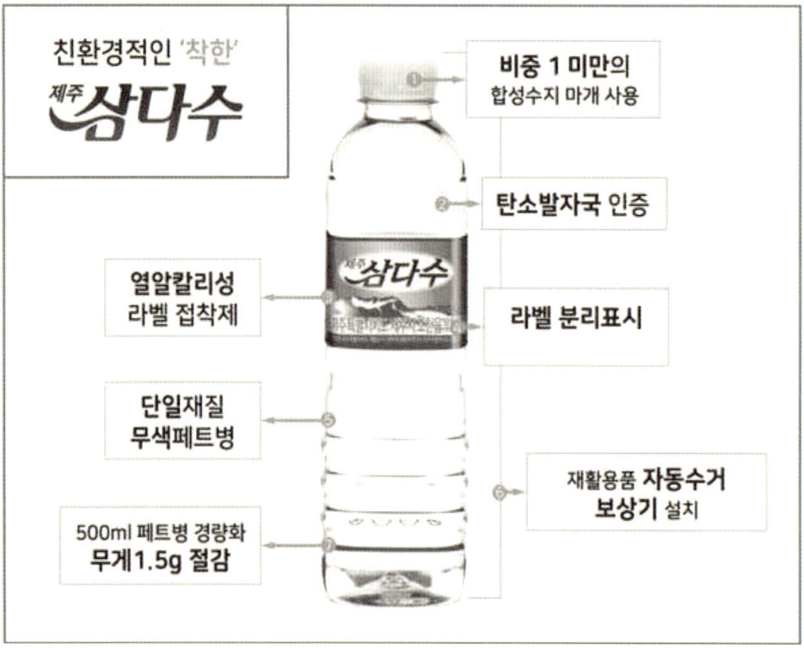

〈그림 32〉 PET 플라스틱의 재질 개선 우수 사례

(출처: 제주개발공사, 내부자료)

2.6 포장재 재질 구조 개선: 포장재 등급제

2.6.1 포장재 등급 평가 제도

포장재 재질 구조 개선 제도를 페트병 등 9개 포장재의 재질 · 구조를 재활용 용이성에 따라 재활용 용이성 최우수 등의 등급으로 구분하고, 업계에 혜택(인센티브)을 제공하는 등 생산 단계부터 재활용이 쉽게 설계되도록 유도하는 제도이다. 2018년 제품 포장재 중 페트병의 경우 대부분의 제품이 재활용이 어려운 2등급과 3등급 판정을 받았다.

〈표 11〉 국내 포장재 등급제의 평가

구분(종, 톤)		금속캔	유리병	종이팩	페트병	계
재활용 쉬움	1등급	2,169 (93,151)	1,083 (203,184)	685 (39,440)	3 (2,744)	3,940 (338,519)
재활용 어려움	2등급	90 (2,432)	409 (38,834	624 (13,397)	2,367 (135,519)	3,490 (190,182)
	3등급	6 (0.3)	16 (915)	-	654 (15,325)	676 (16,240)
제외 대상		19 (18)	110 (2,141)	45 (24)	507 (2,810)	681 (4,993)
계		2,284 (95,601)	1,618 (245,075)	1,354 (52,862)	3,531 (156,401)	8,787 (549,939)

(출처: 환경부 보도자료, 2018)

2019년부터는 재활용 여건과 국외 사례를 바탕으로 포장재 등급 기준(1~3등급)을 최우수, 우수, 보통, 어려움 등으로 다시 분류하였다. 특히 기존 재활용 용이성 1등급을 최우수와 우수로 세분화하고, 2~3등급을 어려움으로 통합했으며, 보통을 새롭게 추가했다.

〈표 12〉 재활용 등급 제도의 변경

<table>
<tr><th>재활용 용이성</th><th>현행</th><th></th><th>개정안</th></tr>
<tr><td rowspan="2">재활용 용이</td><td rowspan="2">1등급</td><td rowspan="2">⇒
(세분화)</td><td>최우수</td></tr>
<tr><td>우수</td></tr>
<tr><td>재활용 보통</td><td>-</td><td>신설</td><td>보통</td></tr>
<tr><td rowspan="2">재활용 어려움</td><td>2등급</td><td rowspan="2">⇒
(통합)</td><td rowspan="2">어려움</td></tr>
<tr><td>3등급</td></tr>
</table>

(출처: 환경부, 보도자료 2019. 4.15)

특히 PET병의 경우, 재활용을 쉽게 하기 위해서는 몸체가 무색이고, 라벨은 재활용 과정에서 쉽게 제거될 수 있는 재질 · 구조로 생산되어야 한다. 페트병 라벨의 우수 이상의 등급을 받기 위해서는 우선 소비자가 분리배출 시 라벨을 손쉽게 제거할 수 있도록 절취선 등을 도입해야 한다. 또한, 소비자가 분리배출하지 않은 라벨은 재활용 세척공정에서 쉽게 제거되도록 물에 뜨는 재질(비중1 미만)을 사용하고, 접착제를 사용할 때 열알칼리성 분리 접착제만 사용하고 바르는(도포) 면적을 최소화하도록 해야 한다.

〈그림 33〉 포장재별 재활용이 어려운 사례

(출처: 환경부, 보도자료 2019. 4.15)

페트병	
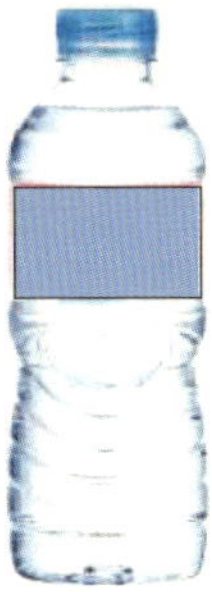 〈무색 몸체〉	 〈절취선 등 소비자 분리가 용이한 합성수지 라벨〉

〈그림 34〉 플라스틱 재활용을 위한 친환경설계 제품 개선 사례
(출처: 환경부 보도자료, 2019. 4.15)

생각해볼거리 3

생산자책임재활용제도를 통해 플라스틱의 자원순환은 잘 작동하고 있는가?

순환경제를 구축하기 위한 중요한 정책과 제도는 오염자원인부담 원칙에 근거한 생산자책임재활용(EPR) 제도라고 할 수 있다. 한국의 EPR 제도는 지난 2003년부터 시행되어 오고 있으며, 비교적 안정적으로 추진되고 있고, 최근 OECD 국가에서도 우리나라 EPR 제도 운영 우수성 사례를 소개한 바 있다. 하지만, 국내 EPR 제도 하에서 폐기물 관리 정책은 주로 양적 재활용에 치중되어 있으며, 실제로 얼마나 경제 영역으로 다시 흘러가서 순환경제를 이루고 있는지는 알 수가 없는 실정이다. 이미 2018년 3월 수도권을 중심으로 플라스틱류 재활용품 수거 거부 사태, 불법 수출 폐기물 문제, 방치 폐기물 문제 등을 통해 폐플라스틱/폐비닐, 포장재폐기물 등이 현재 자원순환이 잘 이루어지고 있지 않다는 것을 반증하고 있다. 자원순환의 질적 전환이 시급하다.

플라스틱의 순환경제를 구축하기 위해서는 제품 생산단계에서부터 친환경 설계가 우선적으로 고려가 되어 여러 가치사슬(value chain)을 거치면서 순환 고리가 연결되어야 하고, 소비 후 발생억제, 재사용, 재제조, 재활용 및 에너지 회수 등으로 순환 흐름이 만들어 질 수 있다. 현행 EPR 제도는 나름 한계점을 갖고 있어, 새로운 EPR 정책, 보다 강화된 EPR 제도와 실행이 되어야 현재 플라스틱의 생산, 공급, 순환 체계를 바꿀 수 있다. 다시 말해, 현행 국내 EPR 제도가 생산자, 소비자, 이해당사자의 행동 양식과 인식 변화, 제품의 친환경 제품 설계에 직접적인 영향을 크게 미치지 못하고 있다. 비용 효율적인 경제적인 유인책과 강화된 법과 제도, 산업계의 변화와 긴밀한 협력 체계 구축이 필요하다. 현재는 주로 플라스틱 폐기물 발생 후 수거된 플라스틱 폐기물을 선별해서 처리하여 저급의 재생 원료로 생산하고 있다고 볼 수 있다. 보다 바람직한 방법은 순환경제로 긴밀하게 연결되어 재생원료가 다시 제품으로 재투입되는 자원 순환성이 높아지고 보장될 수 있도록 EPR 관련 법 제도 설계가 필요하고, 전략과 방안 등이 필요하다. 이러한 순환경제 구축을 위해서 플라스틱 재활용 산업의 혁신과 신기술 적용 등 보다 고도화되고 선진화 된 산업 육성은 새로운 혁신적인 일자리 창출로 이어질 수 있다.

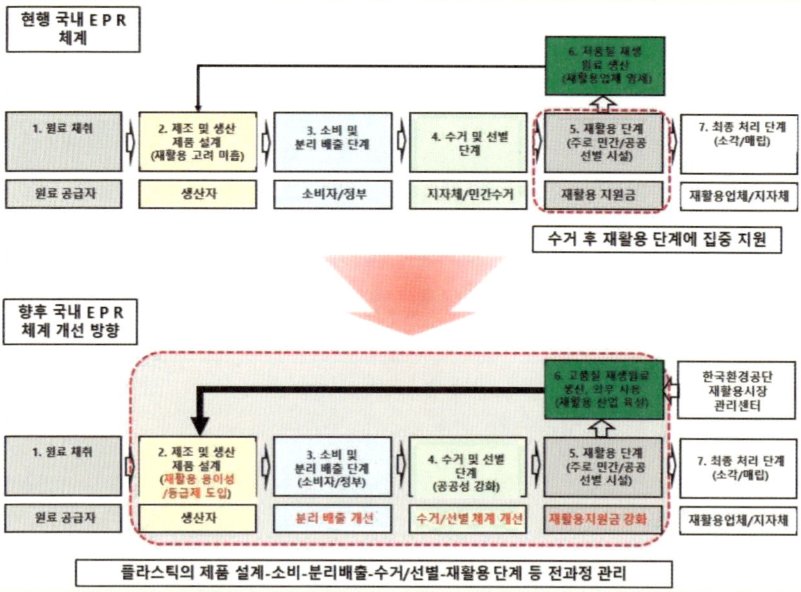

3. 요 약

본 장에서는 플라스틱의 생산과 소비, 플라스틱 폐기물의 발생, 재활용 관련 제도와 최근 동향 등을 중심으로 플라스틱 폐기물의 전과정 관리 측면에서 관리 방안을 다루었고, 이에 대한 내용을 요약하면 다음과 같다.

첫째, 전 세계적으로 플라스틱의 생산량은 1950년 150만 톤에서 2018년 기준 약 3억6천만 톤으로 약 230배 이상 늘어났다. 특히 아시아 지역에서 플라스틱 생산비율이 절반 이상을 차지하고, 다음으로 유럽과 북미 지역에서 생산량의 큰 부분을 차지한다. 생산된 플라스틱의 약 35.9%는 주로 포장재 플라스틱의 용도로 사용되고, 다음으로 건설 및 건축, 섬유 분야, 소비제품, 운송 분야 등으로 사용된다.

둘째, 2018년 기준 유럽은 플라스틱 폐기물 발생량 29.1백만 톤으로 보고되었고, 이중 42.6%는 에너지 회수로 처리되고, 약 32.5%는 재활용되고, 나머지 24.9%는 매립 처리되고 있다. 국내의 경우, 2017년 플라스틱 폐기물발생량은 약 796만 톤으로 사업장배출시설계폐기물이 전체의 약 54.3%를 차지하여 가장 큰 비중을 나타냈으며, 생활계폐기물(가정+사업장)이 약 37.4%, 건설폐기물 약 8.2%인 것으로 나타났다. 2017년 기준 생활폐기물 중 플라스틱 폐기물은 약 38.4%(1,147천 톤)가 단순 소각되었고, 약 37.1%(1,105천 톤)는 에너지 회수를 통한 소각과 고형연료 생산, 약 13.5%(401천 톤)는 물질재활용, 나머지 11%(328천 톤)는 매립의 방법으로 처리되었다.

셋째, 국내에서는 2003년부터 도입된 생산자책임재활용제도를 통해 생산자로 하여금 포장재 플라스틱(합성수지재질의 포장재로서 용기류, 필름 · 시트형 포장재 및 트레이 포함)의 경우 회수 및 재활용 의무를 부과하여 재활용 체계를 갖추고 있다.

넷째, 국내에서는 1993년부터 폐기물 부담금 제도 시행을 통해 폐기물 발생을 억제하고 자원의 낭비를 막고 재활용을 촉진하고 폐기물 처리 비용의 확보를 위해 노력하고 있다. 부담금 부과 대상으로는 살충제 및 유독물 제품(유리병, 금속캔, 플라스틱 용기 사용), 부동액, 껌, 기저귀, 담배, 플라스틱을 재료로 사용하는 제품 등을 포함하고 있다. 폐기물 부담금제도와 함께 기업의 자발적 협약(voluntary agreement) 제도를 운영하고 있다. 이는 폐기물 부담금 대상이 되는 플라스틱의 제품의 제조 수입업자가 환경부장관과 플라스틱 회수 재활용 자발적 협약을 체계하고 이를 이행하는 경우 부담금을 면제해 주는 제도를 말한다.

다섯째, 최근 들어, 포장재 재질구조 개선, 포장재 재활용 등급 제도의 가이드라인 제시를 통해 생산 단계에서부터 재활용을 고려한 친환경 제품 설계를 유도하고 있다.

플라스틱은 소비 후 폐기되어 재활용 및 에너지 회수 등 처리하는 개념이 아닌 플라스틱의 전과정 관리(생산-유통-소비-폐기 단계)를 통해 자원순환 구조를 만드는 것이 매우 중요하다. 이를 통해 환경으로 배출되는 양을 최소화하고 육상과 특히 해양으로 흘러들어가는 것을 예방하는 것이 매우 필수적이라 할 수 있다.

4. 토의 문제

1. 국가별 플라스틱의 생산량과 소비량은 얼마이고, 발생되는 플라스틱의 폐기물은 얼마인가?

2. 국내 생산자책임재활용제도에 해당되는 플라스틱 대상 품목에 대해 설명하고, 운영제도에 대해 간략히 설명하시오.

3. 국내에서 도입된 폐기물 부담금 제도와 자발적 협약에 대해 설명하시오.

4. 국내에서 최근 도입된 플라스틱의 포장재 등급제도에 대해 설명하시오.

5. 참고 문헌

(1) 경기연구원, 폐플라스틱 관리정책의 한계와 시사점, 2019
(2) 세계일보, 플라스틱 쓰레기 수출 막히자. 2019. 6.1
(3) 이소라 외, 순환경제로의 전환을 위한 플라스틱 관리 전략, KEI, 2019
(4) 한국환경공단 내부자료, 2018
(5) 환경부, 보도자료, 2019. 4. 15
(6) 환경부, 전국 폐기물 발생 및 처리 현황, 2006-2018
(7) 제주개발공사, 내부자료
(8) Euromap Preview, Plastics resin production and consumption in 63 countries worldwide 2009-2020
(9) Japan PWMI, An Introduction to Plastic Recycling, 2019
(10) PlasticsEurope, Plastics-the Facts, 2019
(11) Japan PET 리사이클링 연차보고서, 2016

chapter

3

일회용 플라스틱의 소비와 영향

1. 서 론

일회용 플라스틱(single use plastics or disposable plastics)은 흔히 플라스틱 봉투(plastic bags)나 플라스틱 포장재(plastic packaging)를 일컫는 용어로서 대개 한 번 사용 후 폐기되는 플라스틱을 말한다. 일회용 플라스틱의 정의, 종류 및 범위는 국가마다 다르다. 일회용 플라스틱은 보통 전체 또는 부분적으로 플라스틱으로 만들어지고 제품의 수명 주기 동안 여러 차례 재사용 되거나 순환시킬 목적으로 설계되지 않은 것, 즉, 한번 사용 후 버리게 되는 플라스틱을 말한다. 가장 흔히 보이는 일회용 플라스틱은 대형마트나 편의점에서 판매하는 플라스틱 포장재이다. 음식을 담고 있는 용기 포장재, 음료수, 주스, 물 등을 담은 PET용기, 과채류, 채소류 등을 개별 포장한 비닐봉지, 해산물이나 육류 등을 담는 EPS 트레이와 PVC 랩, 플라스틱 빨대, 플라스틱 컵, 택배와 배달 음식 플라스틱 용기 등 그 용도와 범위가 매우 넓고 다양하다. 이처럼 일회용 플라스틱 포장재는 대형마트, 카페, 택배 배달 등 일상생활에서 쉽게 접할 수 있지만, 국내에서 일회용 플라스틱의 범위는 법적으로 정의되지 않고 있으며, 관련 규정도 없어 체계적인 관리 규제가 부족하다. 특히 일회용 플라스틱은 한번 사용 후 폐기되기 때문에 플라스틱 폐기물로서 쉽게 대량 발생되고, 부적절하게 처리하거나 부적정 처리 시 여러 환경 오염 문제를 유발시킬 수 있다.

본 장에서는 일회용 플라스틱의 정의와 종류, 일회용 플라스틱의 생산, 소비와 폐기, 일회용 플라스틱의 소비 발자국, 일회용 플라스틱의 사회 환경 문제와 소비 억제를 위한 규제와 제도, 일회용 플라스틱의 문제 해결 방안 등을 다루고자 한다.

2. 본 론

2.1 일회용 플라스틱의 정의와 종류

2.1.1 일회용 플라스틱의 정의

'일회용 플라스틱(single use plastics)'이란 흔히 한번 사용 후 쉽게 폐기되는 플라스틱(disposable plastics)을 말하고, 재사용을 하지 못하고 한번 소비 후 폐기물이 되는 플라스틱을 말한다. 일회용 플라스틱의 정의와 제품 종류, 범위는 국가 마다 다르며, 일반적으로 일회용 플라스틱에는 흔히 실생활에서 쉽게 한번 사용 후 버리게 되는 일회용 플라스틱 봉투와 플라스틱 포장재(plastic packaging materials)를 포함한다. 〈그림 1〉은 플라스틱의 주요 용도와 일회용 플라스틱의 범위를 나타내었다.

〈그림 1〉 플라스틱의 주요 용도와 일회용 플라스틱의 범위

2.1.2 일회용 플라스틱의 사용과 합성수지 종류

일회용 플라스틱은 주로 한번 사용 후 폐기하는 특성을 갖고 있는 플라스틱으로서 흔히 우리가 사용하는 플라스틱 비닐 봉투, 음료수 PET 병, 식음료 플라스틱 용기(예를 들어, 배달음식 플라스틱 용기, 커피 일회용 플라스틱 용기, 요구르트 용기, 우유 용기병, 택배용 플라스틱 채움재, 제품 포장랩 및 필름류 등)를 들 수 있다. 다음 〈표 1〉은 한국에서 사용하는 플라스틱 포장재의 종류, 용도와 내용물, 합성수지의 종류 등을 예시로 나타낸 것이다. 플라스틱의 종류 중에서 일회용 플라스틱에 해당하는 품목으로는 일회용 플라스틱 봉투, 포장재 필름류, 식음료 플라스틱 용기, 배달용 플라스틱 포장 용기 등을 들 수 있다.

〈그림 2〉 일회용 플라스틱의 사용
(출처: 그린피스, 2019)

〈표 1〉 한국의 플라스틱 포장재 사용 제품(식료품 위주)과 합성수지의 종류(예시)

제품	용도 및 내용물	합성수지의 종류(주로 사용되고 있는 것)
커피, 차, 벌꿀	원두커피	PE, Other(비닐류)
	커피믹스	PE
	벌꿀	PET, HDPE, PP
음료수, 물, 주류	음료수	PET, 뚜껑: PP, HDPE, 라벨: PET, PP
	물	PET, 라벨: PP, PET, 뚜껑: HDPE
	맥주, 막걸리, 소주	PET, 뚜껑: PP, HDPE 라벨: Other(비닐류), OPP, PET, PP
유제품	우유, 두유	용기: PE, PP, PET, 뚜껑: PE, EVA
	푸딩, 요거트, 요구르트	용기: PS, PP, PE, 뚜껑: PE, EVA, PS
조미료	설탕, 소금, 깨, 후추, 다진 마늘	Other(비닐류), PE, PET, PP, PS
	생강가루	Other(비닐류), 내캡: LDPE, 외캡: ABS
	올리고당	용기: PET 뚜껑: PP/HDPE, 라벨: Other(비닐류) 하캡: LDPE, 상캡: PP
	미림, 까나리	용기: PET, 뚜껑: LDPE 라벨: PP/Other(비닐류)
	홍초, 샐러드드레싱	용기: PET, 뚜껑: HDPE, PE 내캡: LDPE, 외캡: PP, 라벨: Other(비닐류)
장류	된장	용기: PET, 뚜껑: PP, 라벨: PP
	고추장	용기: PP, 리드: Other(비닐류)
	간장	용기: PET, 뚜껑: LDPE, 라벨: Other/PP 손잡이: PP
식용유	식용유	용기: PET, 뚜껑: LDPE, 라벨: PP
라면류	라면, 당면	PP, Other(비닐류)
	컵라면	용기; PE, PS, 뚜껑: PE, Other 외장필름: PP
과자류	시리얼	Other(비닐류)
	봉지 과자	Other(비닐류), PP
	젤리, 사탕, 초콜릿	Other(비닐류), PS, PE, PP, PET
가공식품	카레, 짜장, 스프, 즉석식품, 찌개	Other(비닐류), PP
	통조림(햄)	라벨: PP
	김	용기: PET 내면: PP
신선식품	과일, 채소	PET, PE
	생선, 육류, 젓갈	PS, PE, Other(비닐류)
	두부, 순두부	용기: PP, PE 리드: PE, 속포장: PE, PP
	계란	PET
냉동식품	만두, 너겟	PP, PE, 라벨: PET
	아이스크림	용기: PE, PP 리드: EVA

세면용품	바디로션, 바디워시, 샴푸, 린스	용기: PET, HDPE, Other(비닐류) 뚜껑: PP 라벨: PE, PP
세제류	세제, 섬유유연제,	용기: HDPE 뚜껑: PP
위생용품	기저귀, 생리대	LDPE

2.2 일회용 플라스틱의 생산, 소비 및 폐기

2.2.1 일회용 플라스틱의 생산

일회용 플라스틱의 생산은 우선 원유를 통해서 석유계 제품이 생산이 되고, 다음으로 석유화학 제품 원료가 생산이 된다. 이들 석유화학 제품으로부터 플라스틱 원료 물질이 생산된다. 생산된 플라스틱 원료로부터 각종 플라스틱 제품이 만들어진다.

〈그림 3〉 일회용 플라스틱의 음료 제품 예시

2.2.2 일회용 플라스틱의 소비와 플라스틱 발자국(plastic footprint)

플라스틱 제품으로 생산된 각종 용기류 및 포장재 등이 소비되어 판매된다. 이들 일회용 플라스틱은 소비자가 구매한 후 소비된 뒤 짧은 시간 내에 폐기된다. 대체로 플라스틱 포장재가 일회용 플라스틱의 대부분을 차지한다.

1인당 탄소 소비량, 물 소비량, 에너지 소비량을 일반인이 알기 쉽게 표시하기 위하여 흔히 탄소 발자국(carbon footprint), 물 발자국(water footprint), 에너지 발자국(energy footprint) 등으로 표시한다. 이를 통해 탄소, 물, 에너지 소비의 효율성, 환경성 등을 평가한다. 한국인 일회용 플라스틱의 소비를 플라스틱 발자국으로 정리하면 다음 〈표 2〉와 같다.

일회용 플라스틱 중 4가지 품목(먹는 물 생수 PET병, 일회용 플라스틱 컵, 일회용 비닐봉투, 음식배달용 일회용 플라스틱 등)의 소비량을 2018년 기준으로 한국인 일회용 플라스틱 발자국을 표시하면, 연간 325.5억 개가 소비되었고, 1인당 연간 일회용 플라스틱 소비량은 4대 품목 기준 637.7개, 국민 1인당 소비량은 연간 11.8kg, 한국인 전체 일회용 플라스틱 소비량은 약 602,922톤으로 나타났다.

유의할 점은 일회용 플라스틱은 4가지 품목 이외에 추가로 수십 가지 품목(플라스틱 빨대, 일회용 스티로폼 용기, 유색 PET 병, 탄산음료 PET 병, 우유 플라스틱 용기병 등)이 포함될 수 있으며, 이를 포함하여 계산한다면, 한국인의 실제 일회용 플라스틱의 발자국은 계산된 수치보다 훨씬 클 수 있다. 또한 한국인의 플라스틱 발자국 수치는 보수적으로 계산된 값이며 특히 음식 배달용 일회용 플라스틱의 연간 소비량은 매우 보수적으로 계산된 수치이다. 최근에는 중식 배달 시 다회용기가 아닌 일회용 플라스틱 용기에 음식이 오기도 하며 한식뿐만 아니라 배달이 되는 음식들은 모두 일회용 플라스틱이 적어도 한 개 이상 사용된다. 또한 1인 가구가 증가하면서 배달 시장도 성장하고 있고, 코로나바이러스 확산우려로 온라인쇼핑과 일회용제품 소비가 늘어나

앞으로도 증가 추세가 이어질 것을 감안하면 배달 시 사용되는 일회용 플라스틱의 소비는 여기에 제시된 값보다 더욱 클 것으로 예상된다.

〈표 2〉 한국인의 일회용 플라스틱 발자국 요약표 (2018년 기준)

구분	먹는 물 생수 PET 병	일회용 플라스틱 컵	일회용 비닐 봉투	음식 배달용 일회용 플라스틱	합계
1인당 연간 일회용 플라스틱 소비 개수(개)	96 개	65 개	460개	16.7 개	637.7 개
한국인 전체 연간 소비 개수(개)	**49억 개**	**33억 개**	**235억 개**	**8.5억 개**	**325.5 억 개**
1인당 연간 일회용 플라스틱 소비량(kg)	**1.4 kg**[1]	**0.9 kg**[2]	**9.2 kg**[3]	**0.322 kg**	**11.8 kg**
한국인 전체 연간소비량(톤) (인구 수 5,100만 기준)	71,400 톤	45,900 톤	469,200 톤	16,422 톤	602,922 톤

[1]개당 15g 기준, [2]개당 14g 기준, [3]개당 20g 기준

2.2.3 일회용 플라스틱 폐기물의 발생

일회용 플라스틱 폐기물은 육상에서 완전히 수거 처리되지 않아 해양과 해변지역에 도달하여 해양오염을 유발할 수 있다. 유럽에서 해변 해수욕장에서 발견되는 일회용 플라스틱 10가지 제품은 전체 해양폐기물의 49%를 차지하고 있다고 보고되었다(EU, Single-use plastics factsheet, 2018). 2016년에 조사한 17개 유럽 국가 내 276개 해변지역 해수욕장과 4개 지역 해변을 포함하여 약 280개 지역에서 35만개의 제품을 수거 후 순위를 매겨 파악한 결과, 10대 플라스틱이 제시되었다. 유럽에서는 이들 10대 일회용 플라스틱을 점진적으로 감축하거나 규제하는 법을 마련 중에 있다. 유럽 집행위원회(European Commission)에 따르면 플라스틱이 해양 쓰레기의 80~85%를 차지하는 것으로 추정하고 있으며, 일회용 플라스틱은 모든 해양 쓰레기의 약

49% 차지하였다(그림 4)(European commission, JRC Technical Reports_Marine Beach Litter in Europe, 2016). 유럽 해변에서 흔히 발견되는 일회용 플라스틱 10가지 목록에는 일회용 면봉, 음식물 용기, 담배꽁초, 일회용 플라스틱 식기류, 음료용 플라스틱 컵, 일회용 봉투, 풍선과 풍선 막대, 물티슈, 음료 용기 등이 포함되었다(EU, Single-use plastics factsheet, 2018).

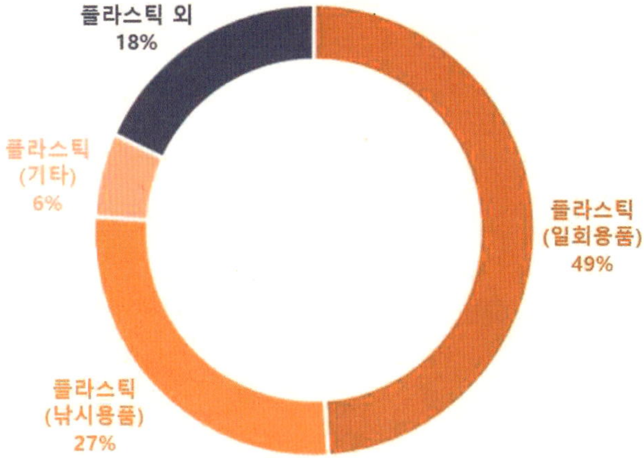

〈그림 4〉 2016년도 유럽 해변의 쓰레기 조사결과
(출처: European Commission, JRC Technical Reports_Marine Beach Litter in Europe, 2016)

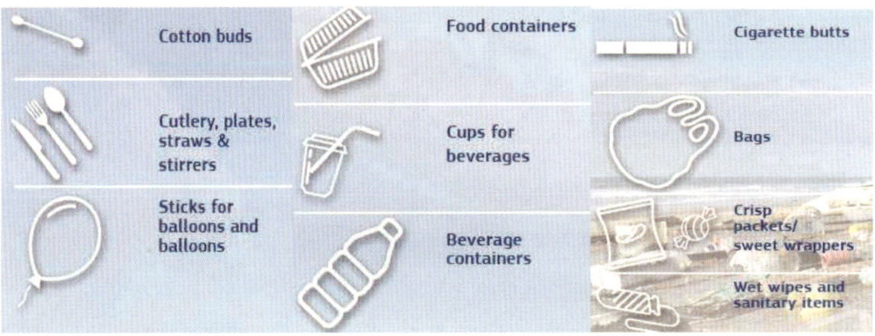

〈그림 5〉 유럽 해변에서 흔히 발견되는 일회용 플라스틱의 발생
(출처: European Commission, JRC Technical Reports_Marine Beach Litter in Europe, 2016)

생각해 볼 거리 4

코로나19 시대와 일회용플라스틱 소비

코로나바이러스 감염 확산은 우리 사회 다양한 분야에서 경제적 및 사회적 영향을 미치고 있다. 예를 들어, 경제 침체 우려와 실업 위기, 국제 무역 감소, 유가하락, 비대면 모임 증가, 온라인 쇼핑과 배달 증가에 따른 일회용 플라스틱 소비 증가와 플라스틱 폐기물 증가, 코로나 진단과 치료에 따른 감염성 의료폐기물 증가, 경기침체 우려와 유가하락으로 인한 플라스틱 재생원료 가격 경쟁력 하락과 재활용 시장의 불안정성 증가 등이 예상된다.

포스트 코로나 시대를 맞이하여 전 세계적으로 감염 전파 우려 확산에 따른 일회용 플라스틱 소비 증가로 인해 막대한 플라스틱 폐기물의 처리 방안 마련이 필요하다. 아울러, 바이러스 감염 확산 예방과 안전을 고려한 최소한의 일회용 플라스틱 사용 규제 완화는 필요하지만, 과도한 일회용 플라스틱 사용과 소비는 경계해야 한다. 왜냐하면 막대한 일회용 플라스틱 생산과 소비로 온실가스를 대량 대기로 배출하게 되고, 결국 기후변화의 재앙을 초래할 수 있으며, 이로 인해 각종 전염병 발병과 감염 확산, 해수면 상승, 병충해 발생, 기상 이변 등을 가져올 수 있기 때문이다.

〈그림 6〉 국내 일회용 플라스틱 포장재 폐기물의 발생

〈표 3〉 EU와 한국의 해변지역 일회용플라스틱 상위 10 품목(TOP 10) 비교

번호	EU 일회용 플라스틱 상위 TOP 10 목록	한국 플라스틱 상위 TOP 10 목록 (해안쓰레기 모니터링 조사 자료)
1	음료용기 및 뚜껑	플라스틱 파편
2	담배꽁초	밧줄
3	면봉	음료수병, 각종 뚜껑
4	과자 및 사탕봉지	스티로폼 부표
5	물티슈 및 생리대	각종 포장지류
6	비닐봉투	끈
7	cutlery · 접시 · 빨대 · stirrer	비닐봉투
8	음료용 일회용 플라스틱 컵	스티로폼 식품용기
9	풍선 및 풍선막대	기타 플라스틱 제품, 상자, 바구니, 방수천막 등
10	식품 용기	담배꽁초

생각해볼거리 5

우리는 과연 일회용 플라스틱을 얼마나 소비하고 있을까? (한국인의 일회용 플라스틱 발자국)

최근 조사에 따르면, 한국인 전체 일회용 플라스틱 중 4가지 품목(먹는물 생수 PET병, 일회용 플라스틱 컵, 일회용 비닐봉투, 음식배달용 일회용 플라스딕 등)은 연간 약 325.5억 개가 소비되었다. 이중 가장 소비 숫자가 높은 것은 일회용 비닐 봉투로서 약 235억 개 연간 소비하고 있는 것이고, 1인당 연간 약 460개, 하루 일회용 봉투 1개 이상을 소비하는 셈이다. 다음으로 먹는 물 생수 PET 병은 약 49억 개가 소비되는 것으로 추정되었다. 국민 1인당 연간 약 100여개 소비하는 셈이다. 만약, 음료수 PET 병을 감안한다면, 이보다 훨씬 많은 양이 매년 소비되는 셈이다. 특히 우리나라와 같이 배달 음식 소비 문화가 발달한 국가에서는 음식용 배달 용기 역시 거의 플라스틱 용기로 이루어져 있어, 막대한 일회용 플라스틱 용기가 소비되고 있다. 최근 급속하게 늘어난 카페에서 사용되는 일회용 플라스틱 컵은 어떤가? 연간 약 33억 개 일회용 플라스틱 컵이 발생하는 것으로 추정되었고, 국민 일인당 연간 약 65개 이상 소비하는 것으로 나타났다. 대한민국은 일회용 플라스틱 과소비 국가라고 해도 과언이 아닌 셈이다. 이러한 일회용 플라스틱 용기는 적절하게 관리되지 않으면, 우리의 강과 하천, 해양을 플라스틱으로 오염시킬 수 있다. 따라서 일회용 소비 문화를 억제하기 위한 다양한 수단과 정책, 인센티브 도입, 강력한 규제가 마련되어야 한다. 매년 한국인의 일회용 플라스틱 발자국(single use plastic footprint) 모니터링을 실시하여 미래 세대를 위해서도 우리의 일회용 발자국 크기를 줄여야 한다.

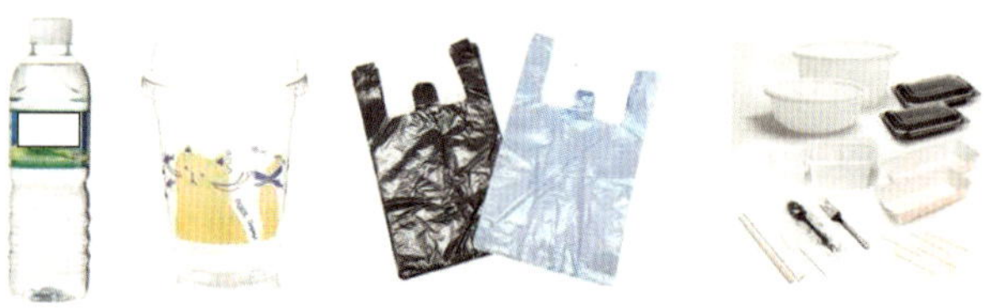

2.3 일회용 플라스틱의 환경적 및 사회적 영향

2.3.1 일회용 플라스틱의 환경적 영향 (environmental impacts)

첫째, 일회용 플라스틱의 경우, 환경에 배출 시 분해가 되지 않아 생태계에 오랫동안 잔류하게 되며, 육상과 해양으로 흘러가서 강, 호수, 산 등 육상오염뿐만 아니라 해양오염을 유발시킬 수 있다. 특히 일회용 플라스틱 봉투는 도로에 방치되는 경우 우수 관로를 막히게 하여 폭우 시 홍수 피해로 이어질 수 있다. 또한 일회용 플라스틱은 모기의 서식처 및 산란을 위한 장소로 활용되어 말라리아와 같은 전염성 병균 전파에 기여할 수 있다. 스티로폼의 경우, 가벼워서 바람에 의해 이동하면서 작은 조각으로 파쇄 되어 미세플라스틱을 발생시키고, 육상과 해양 생태계 야생동물 섭취 시 악영향을 미칠 수 있다.

둘째, 해양에 서식하는 해양 생태계에 영향을 미친다. 일회용 플라스틱 봉투가 소비 후 폐기되어 해양폐기물의 주요 성분 중 하나로 보고되고 있으며, 해양 생태계에 막대한 영향을 주고 있다. 예를 들어, 플라스틱 봉투를 섭취한 상어, 거북이, 고래 등이 질식하여 숨을 거두는 사례가 여러 국가에서 보고되고 있다. 2018년 태국 Song Kra 지역에서 발견된 숨진 고래 내장에서 일회용 플라스틱 봉투가 무려 136개나 발견되었다(그림 7). 일회용 플라스틱 빨대를 코에 흡입하게 된 거북이의 영상이 최근 여러 매체를 통해 이슈화되어 일회용 플라스틱 빨대의 사용 금지가 일부 국가에서 시행되고 있다. 국내의 경우도 폐사된 바다거북(38마리) 중 20마리의 위장에서 플라스틱이 발견되었다고 보고하였다(해수부, 해양 플라스틱 저감 종합대책, 2019).

셋째, 해양생태계 이외에 육상생태계에도 영향을 미쳐 각종 조류가 일회용 플라스틱을 섭취하여 생존 위협을 받고 있다. 알바트로스 새의 체내에서 발견된 많은 외부 물질 가운데 분해되지 않고 남아 있는 플라스틱이 상당량 발견되었다 (그림 9).

넷째, 일회용 플라스틱을 부적절하게 소각하는 경우, 유해물질을 대기로 방출하게 된다. 또한 매립하는 경우에는 플라스틱 특성상 분해되지 않고 장기간에 걸쳐 존재하게 된다.

〈그림 7〉 태국 Song Kra 지역 숨진 고래와 플라스틱 봉투
(출처: Chula Zero Waste litiative, Chulalongkorn University, 2019)

〈그림 8〉 해양생태계 피해를 줄이기 위한 일회용 플라스틱 사용 줄이기 캠페인
(출처: 그린피스, 2018)

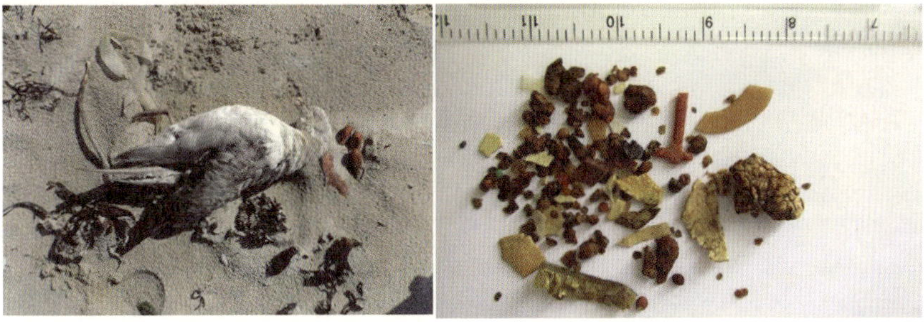

〈그림 9〉 아일랜드 해변가에서 죽어서 발견된 새와
체내에서 발견된 플라스틱 조각과 스티로폼
(출처: Acampora et al., Marine Environmental Research, vol 120, 122-129, 2016)

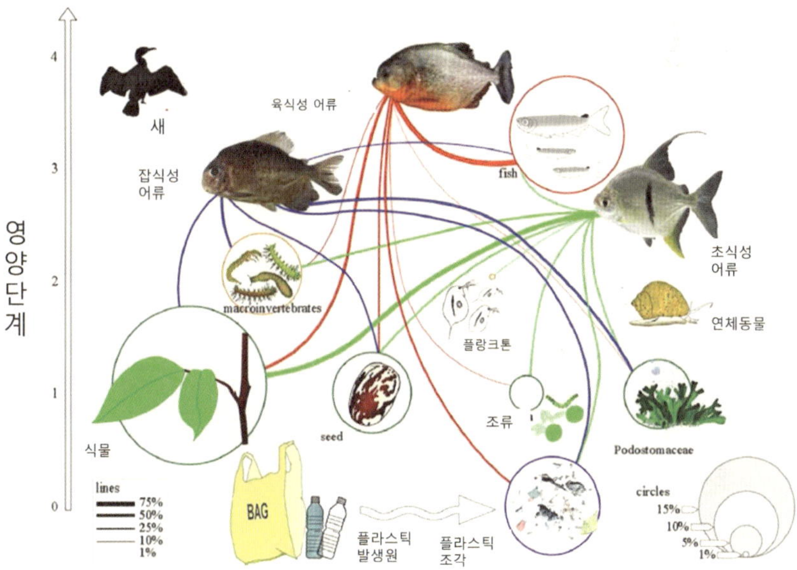

〈그림 10〉 아마존 지역 물고기의 플라스틱 섭취 경로와 영향의 예시
(출처: Andrade et al., Environmental Pollution, vol 244, 766-773, 2019)

이슈

일회용 플라스틱 빨대와 바다거북이

2015년 미국 Texas A&M 대학 연구진이 해양 생물 중 바다거북이를 관찰하던 중 코에 플라스틱 빨대가 깊숙이 박혀들어 간 것을 확인하였다. 연구진이 박혀 있는 플라스틱 빨대를 빼내는 과정에서 바다 거북이가 피를 흘리면서 숨을 제대로 쉬지 못하는 영상이 전 세계적으로 전파되면서 큰 화제를 불어 일으켰다. 이를 계기로 일회용 플라스틱 사용으로 인한 환경오염과 생태계 파괴에 대한 공감대가 형성되면서 일회용 플라스틱 퇴출 운동이 전 세계적으로 일어나고 있다. 스타벅스를 포함한 대형 커피 전문점은 일회용 플라스틱 빨대 대신 종이 빨대, 일체형 뚜껑을 개발하고, 비닐 포장재도 단계적으로 사용을 줄여 나가고 있다. 국내에서 커피 전문점 매장 내 일회용 플라스틱 사용을 제한하고, Take-out만 일회용 제품 사용이 가능하도록 정책을 강화하고 있다. 우리가 무심코 사용하여 버린 일회용 플라스틱이 해양생물과 환경에 얼마나 악영향을 미치는 지 알려주는 사건이었다. 우리가 살고 있는 이 지구에 얼마나 많은 일회용 플라스틱이 생태계에 악영향을 미치는지는 아직도 알려져 있지 않은 것이 많다.

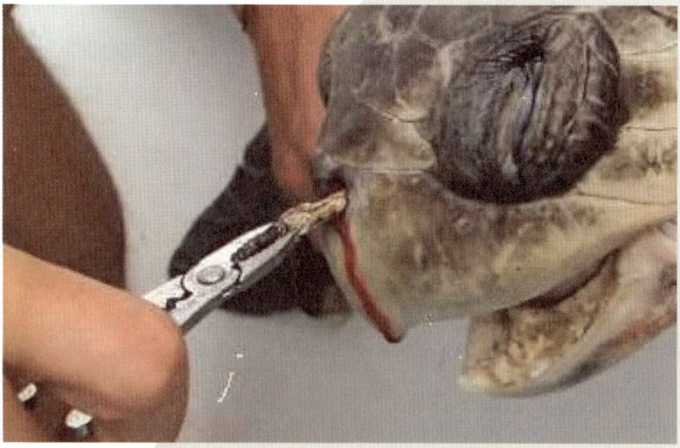

〈그림〉 일회용 플라스틱 빨대와 피 흘리는 바다거북이

(출처: 유튜브 Cost Rican Sea Turtles “No” to plastic straws.
https://www.youtube.com/watch?v=4wH878t78bw , 영상 갈무리,
한겨레신문, 지금 세계가 플라스틱 빨대를 퇴출하고자 하는 이유, 2018.6.6)

2.3.2 일회용 플라스틱의 사회적 영향 (social impacts)

첫째, 일회용 플라스틱 오염이 일어나면 사회적으로 이를 처리하기 위한 간접적인 폐기물 처리 비용이 증가하게 된다. 예를 들어, 강이나 호수, 바다 등이 일회용 플라스틱으로 오염되면 이를 정화하기 위한 폐기물 수거 및 처리 비용이 증가하고, 결국 국가 및 지방 정부의 재정을 투입하여 처리해야 한다. 현재 일회용 플라스틱 오염으로 환경에 축적되면 향후 막대한 사회적 비용을 통해 처리해야 한다.

둘째, 일회용 플라스틱 소비 후 수거되지 않고, 무방비하게 폐기되는 경우 심미적인 경관을 해치게 되고, 사회 경제적 피해를 가져온다. 특히 관광 지역이 일회용 플라스틱으로 오염된 경우에는 지역 관광 산업에 영향을 미쳐 경제적 피해를 유발하게 된다. 아시아-태평양 경제협력체(APEC)에 따르면, 해양 플라스틱 오염에 따른 사회적 피해 영향이 약 130억 달러에 이른다고 보고하였다(APEC, 2009).

셋째, 개발도상국의 경우 플라스틱 폐기물이 도로에 방치되어 하수도관거를 막아 폭우 시 홍수피해를 일으키기도 하며, 모기 및 기타 해충의 산란처를 제공함으로서 전염성 병균들을 전파하는 데에 기여할 수 있다. 실제 홍수가 자주 일어나는 방글라데시에서는 비닐 봉투가 지방 배수로를 막아 침수 피해가 빈번히 발생한다는 것을 밝혀낸 뒤 2002년 전 세계에서 가장 먼저 폴리에틸렌(PE) 비닐봉투 사용을 금지시켰다.

2.3.3 온실가스의 배출 (emissions of greenhouse gases)

플라스틱 폐기물을 소각하면 유해가스 이외에도 각종 온실가스가 발생한다. 또한 플라스틱 원료를 만들고 가공하는 데에도 온실가스가 발생하며 이를 판매하기 위한 유통과정이나 재활용을 위한 과정에서도 온실가스가 발생하게 된다. 플라스틱 생산량이 크게 증가하면서 플라스틱 생산으로 인한 온실가스 발생량도 크게 늘었다. 현재 플라스틱 생산에 쓰이는 석유의 양은 전체의 약 4~8%를 차지하고 있으며, 현재 생산량 증가 추세를 고려했을 때 2050년에는 약 20%에 이를 것으로 예상되고 있으며 이로 인해 발생되는 온실가스는 전체 온실가스 중 15%를 차지할 것으로 예측된다. US EPA WARM(Waste Reduction Model) 모델로 온실가스 발생 및 저감 산정 결과, 국내에서 2017년 소각처리 된 플라스틱 폐기물 2,658천 톤으로부터 약 355만 톤CO_2eq(carbon dioxide equivalent)의 온실가스가 발생하며, 이를 전량 재활용 한다고 가정했을 때, 약 655만 톤CO_2eq만큼의 온실가스를 저감할 수 있다. 이를 온실가스 배출권 거래 단가(한국거래소 배출권시장 시세정보 연평균 단가, 2만 원/톤)를 이용하여 환산해보면 플라스틱 재활용으로 인해 연간 약 1,310억 원의 경제적 이익이 발생할 수 있다. 한편 재활용 대신 플라스틱 생산량 자체를 줄일 경우, 재활용 대비 약 1.5배의 온실가스의 양이 저감 될 수 있으며 연간 약 1,830억 원의 경제적 이익이 발생할 수 있다.

2.4 일회용 플라스틱 관련 규제 동향 및 관리

2.4.1 일회용 플라스틱의 제조, 수입, 사용 또는 무상제공 금지(ban of use of single use plastics)

일회용 플라스틱의 규제 수단의 경우, 일회용 플라스틱 봉투(주로 Polyethylene)와 스티로폼(styrofoam)의 사용 금지를 들 수 있다. 전 세계적으로 일회용 플라스틱 봉투는 매년 약 1~5조 개 만큼 소비되는 것으로 나타났으며, 이를 환산하면 5조 개의 경우는 분당 약 천만 개가 소비되는 셈이다. 스티로폼의 경우는 폴리스티로폼과 폴리우레탄 계열로 구분되며, 폴리스티로폼은 다시 EPS(expanded polystyrenes, EPS, 발포폴리스티렌 또는 발포합성수지)와 XPS(extruded polystyrenes, XPS, 진공압출발포 폴리스티렌)로 구분한다. 이러한 일회용 플라스틱 폐기물의 발생에 따른 환경적 및 사회적 영향으로 인해 최근 들어 일회용 플라스틱 봉투와 일회용 스티로폼의 사용을 금지하는 국가가 증가하고 있다. 이러한 사용 금지 정책과 제도는 가장 강력한 정책 수단이지만, 이로 인한 대안과 사회적 합의가 필요하다. 아래 〈그림 11〉은 UN 보고서에 나타난 일회용 플라스틱 봉투의 제조, 무상 제공, 수입 금지 등에 대한 국가별 현황을 나타낸 것이다. 전체 192개국 중 약 127개국에서 일회용 봉투 관련 무상제공 금지, 수입 금지, 제조 금지 등에 대한 규제를 시행하고 있다.

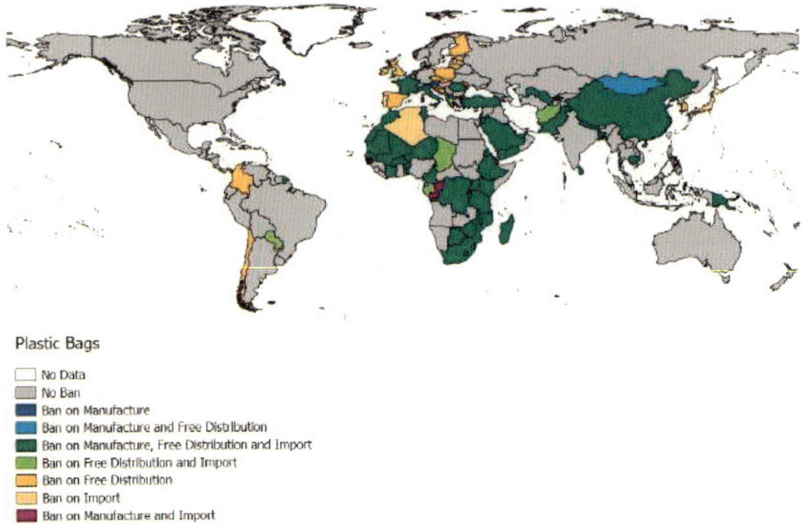

〈그림 11〉 일회용 플라스틱 봉투의 전 세계 규제 동향
(출처: UN, Legal limits of single use plastics, 2018)

2.4.2 일회용 플라스틱의 세금 (taxation for single use plastics)

일회용 플라스틱 제조 및 생산 시 일정 금액의 세금을 부과하거나 소비자에게 일회용 플라스틱 사용에 대한 부과금(charge) 또는 세금(tax)을 부고하기도 한다. 2018년 기준, 약 27개국에서 일회용 플라스틱 봉투 사용에 따른 세금 또는 부과금을 부여하는 것으로 보고되었다. 이러한 세금 또는 부과금을 징수하여 경제적 유인책을 통해 일회용 플라스틱 사용을 억제하거나 처리하는 비용을 충당하기도 한다. 영국의 경우, 2015년 10월 5일부터 일회용 플라스틱의 사용 시 개당 5펜스(5p)를 부과하고 있다.

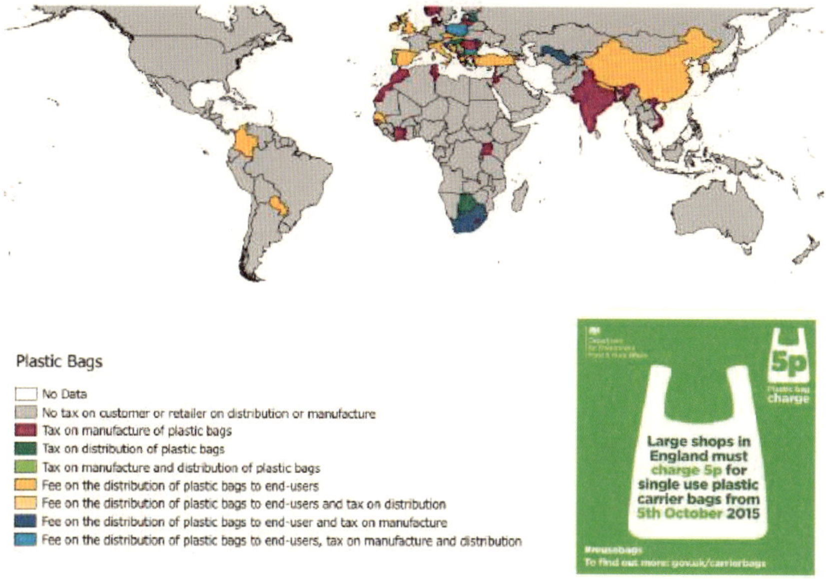

〈그림 12〉 일회용 플라스틱 봉투의 세금 부과 규제 동향
(출처: UN, Legal limits of single use plastics, 2018)

2.4.3 일회용 플라스틱의 재활용을 위한 생산자책임재활용제도 (extended producer responsibility, EPR)

일회용 플라스틱의 사용 후 수거 및 재활용을 위한 정책 수단으로 선진국을 중심으로 생산자책임재활용제도(extended producer responsibility, EPR 제도)를 도입하고 있다. 생산자책임재활용제도는 일회용 플라스틱의 제조자, 생산자, 수입업자 등에 대해 포장재 제품 판매 후 수거 및 재활용에 대한 책임을 부여하는 제도이다. 생산자(수입업자 포함)에 대해 일정량의 수거 및 재활용 의무 비율을 할당하여 재활용에 소요되는 비용과 책임을 부여하게 된다. 일회용 플라스틱 봉투의 경우, 한국을 포함하여 약 43개국이 이러한 제도를 도입하여 시행하고 있다. 유럽의 경우 2030년까지 모든 플라스틱의 재활용 목표를 55%로 설정하였고, 1인당 플라스틱 봉투 사용량을 현재 90개에서 2026년까지 40개로 감축하는 목표를 제시하였다.

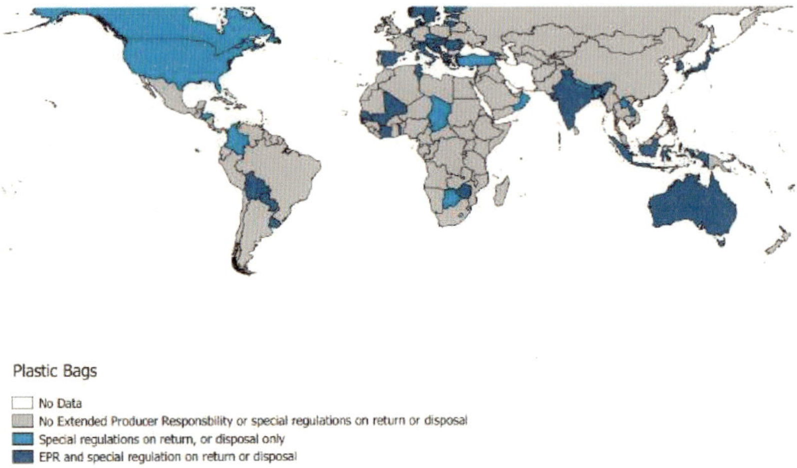

〈그림 13〉 일회용 플라스틱 봉투 재활용을 위한 EPR 제도 규제 동향
(출처: UN, Legal limits of single use plastics, 2018)

2.4.4 유럽의 일회용 플라스틱 규제 요약

유럽의 10대 일회용 플라스틱의 제품별 규제 동향을 요약하여 다음 〈표 4〉에 제시하였다. 생산 및 사용 금지, 소비 감축, 분리 수거, 제품 설계 유도, 생산자책임재활용제도, 라벨링 표시, 소비자 인식 제고 등 일회용 제품별로 규제 방법 및 수단을 제시하고 있다.

〈표 4〉 EU의 일회용 플라스틱 제품별 규제 내용

순위	제품	사용 금지	소비량 감축	분리 수거	제품 설계 제한	생산자 책임 재활용 제도	라벨링	인식 제고
1	음료 용기(페트병)				■	■		■
	음료 용기 뚜껑			■	■	■		■
2	담배 꽁초					■		■
3	면봉	■						
4	과자봉지, 사탕봉지					■		■
5	물티슈					■	■	■
	생리대						■	■
6	비닐봉지					■		■
7	Cutlery[1], 접시, 빨대, stirrer 스터러[2]	■						
8	음료용 일회용 플라스틱 컵		■			■		■
9	풍선					■	■	■
	풍선 막대	■						
10	식품 용기		■			■		■
-	낚시 장비					■		■

용어 설명		
	사용 금지	2022년 이후 사용금지
	제품 설계 제한	캡이나 뚜껑이 제품에 포함된 제품만 출시 인정
	생산자 책임 확대	수집, 폐기물 처리 및 재활용에 소요되는 비용 부담
	라벨링	환경적 영향 및 적절한 처리 방법에 대한 내용 표시
	인식 제고	폐플라스틱 처리 모범사례 홍보, 부적절한 폐플라스틱 처리의 악영향에 대한 경각심 제고

[1] cutlery: 테이블에 쓰이는 식기류의 총칭(나이프세트, 포크, 스푼)
[2] stirrer: 음료를 젓기 위한 얇은 막대

2.4.5 국내 일회용 플라스틱 규제 요약

2018년 중국의 폐기물(플라스틱) 수입금지에 따라 우리나라는 물론 전 세계적으로 플라스틱 대란으로 어려움을 겪고 있으며, 특히 플라스틱 폐기물에 대한 국내외 관심이 고조되고 있다. 이미 2015년부터 플라스틱 오염의 심각성을 인지하게 되면서 플라스틱의 사용을 규제하는 정책을 도입한 국가가 급증하였으며, 지역단위의 규제까지 포함하여 현재 약 64개국이 플라스틱의 사용을 규제하여 플라스틱을 퇴출하고자 하는 움직임을 보이고 있다. 이러한 국제적 추세를 따라 국내에서도 식품접객업(커피전문점) 및 즉석 판매제조 · 가공업 매장 내 일회용 플라스틱 사용 금지, 비닐봉투 무상제공금지 등 일회용 플라스틱의 사용을 억제하는 제도를 운영 중이며, 이를 위반할 시 300만 원 이하의 과태료를 납부하는 등 플라스틱 사용을 단계적으로 규제하고자 노력하고 있다.

환경부에서는 2018년 '재활용 폐기물 관리 종합대책'을 통해 2030년까지 플라스틱 폐기물 발생량을 50% 감축하고 재활용률을 기존 34%에서 70%까지 끌어올리기 위한 종합대책을 마련했다. 재활용 폐기물에 대한 공공관리 강화와 함께 재활용 시장 안정화 방안을 중점적으로 검토하여 제품 생산부터 폐기물의 재활용까지 각 순환단계별로 개선하겠다는 목표를 가지고 있다.

재활용 폐기물 관리 종합대책의 주요 내용으로는 2020년까지 모든 생수 및 음료용 페트병을 무색으로 전환하는 등 재활용이 어려운 제품은 생산 단계부터 점차 퇴출시키고 포장재 등급평가 개정 및 표시 의무화(2019.12.25.시행)를 시행하여 주요 선진국처럼 재활용이 어려운 제품에 대해 사용을 제한하고 재질을 개선하는 등의 실질적인 효과를 기대하고 있다. 또한 기존 재활용 의무가 없던 비닐 · 플라스틱류 등을 재활용 의무대상으로 점차 편입하여 현 43종에서 2022년까지 63종으로 늘려나갈 계획이다. 유통 · 소비 단계에서는 2022년까지 1회용 컵 및 비닐봉투 사용량을 35% 저감 하고 과대포장 관리를 강화하여 제품출시 이전부터 과대포장 검사를 의무화하도록 법령 개정을 추진할 예정이다. 다음 〈표 5〉는 국내 일회용 플라스틱의 항목별 규제 내용을 요약해서 나타낸 것이다.

〈표 5〉 국내 일회용 플라스틱 항목별 규제 내용

항목 \ 규제방식	사용량 감축[1]	시장 출시 금지	분리배출 (라벨)표시	생산자책임 재활용	인식 제고 조치
식품용기	○		○	○	
음료용 컵	○		○	○	○
식기류(포크, 나이프, 숟가락, 접시) 및 비닐 식탁보	○				
포장지			○	○	○
각종용기 및 뚜껑			○	○	
비닐봉투 및 쇼핑백	○		○	○	○
면도기, 칫솔, 치약 등 일회용 세면용품	○				
응원용품	○				
광고물 및 선전물 (합성수지 코팅)	○				

[1] 매장 내 사용금지, 무상제공 금지 등 포함

2.5 일회용 플라스틱의 재활용과 해결 방안

2.5.1 일회용 플라스틱의 재활용

일회용 플라스틱은 폐기 후 플라스틱 폐기물로 발생되고, 그 종류와 성상이 다양하여 재활용이 제한적이다. 이는 다양한 플라스틱 폐기물이 폐기되어 혼합되어 배출되기도 하지만, 재활용 시 경제적 가치가 떨어지기 때문이다. 일회용 플라스틱의 종류별로 재활용되는 방법과 기술이 다르다. 일회용 플라스틱 봉투의 경우는 주로 물질재활용이 아닌 열적 회수를 위한 고형연료로 제조하거나 단순 소각하는 경우가 많다. 반면, 일회용 플라스틱 중 PET의 경우는 선별 후 압축되어 플라스틱 플레이크(flake)나 펠렛(pellet) 형태로 생산되어 섬유나 토목용 플라스틱 재료 등으로 활용된다. 일회용 플라스틱의 수거 및 재활용 처리 수준은 국가 또는 지역마다 다르고, 미수거 시 해양오염의 주요 발생원으로 보고되고 있다. 전 세계적으로 플라스틱 폐기물의 79%는 매립되거나 단순 투기되고, 재활용률 9%, 소각율 12%에 불과하다.

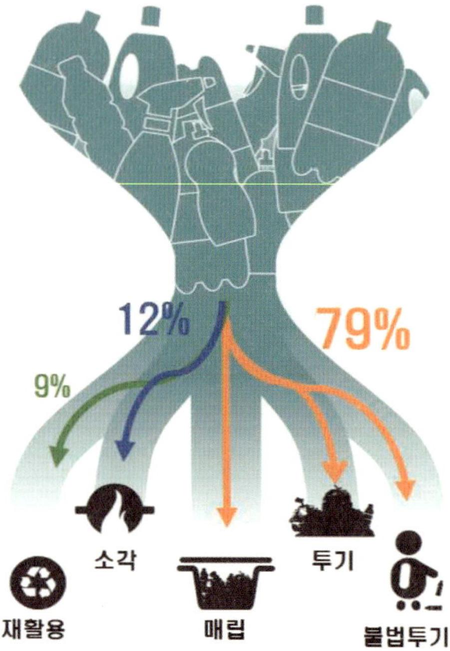

〈그림 14〉 전 세계 플라스틱 폐기물의 처리 현황
(출처: UN, Single-Use Plastics_A roadmap for sustainability, 2018)

2.5.2 일회용 플라스틱 폐기물의 처리를 위한 해결 방안

일회용 플라스틱 폐기물의 처리를 위한 다양한 노력과 해결 방안은 정치적, 사회적, 경제적, 산업 구조 혁신을 통해 제시되어야 한다.

첫째, 일회용 플라스틱의 대체품이 이미 존재하는 경우에는 일회용 플라스틱의 사용을 금지해야 한다. 예를 들어, 플라스틱 면봉(cotton buds), 일회용 플라스틱 포크와 수저, 플라스틱 빨대, 음료용 stirrers, 풍선 막대 등은 사용을 금지해야 한다.

둘째, 플라스틱 음식 용기와 음료용 컵의 사용을 줄여나가야 한다. 국가별 감축 목표를 정하여 다회용 컵의 사용이나 대체품을 사용하도록 노력해야 한다. 특히 일회용 플라스틱 제품이나 봉투를 무상으로 소비자에게 배부하는 것을 금지해야 한다. 예를 들어, 우리나라에서 시행 중인 마트의 비닐봉투 무상 제공 금지, 택배용 플라스틱 포장재의 감축 또는 유상 제공, 일회용 도시락 배달 시 플라스틱 포장재 사용 감축 및 유상 제공 등을 들 수 있다.

셋째, 플라스틱 제품 생산자에게 책임과 부담을 강화하여 폐기물 발생에 따른 사회적 비용을 세금에 의한 지원이 아닌 생산자로 하여금 수거 및 처리 비용을 부담하도록 해야 한다. 또한 생산자가 재활용이 용이한 제품을 설계하여 재활용을 통해 수거 및 재생 원료로 사용할 수 있도록 정책적 지원과 책임을 강화해야 한다. 재활용이 어려운 플라스틱 제품의 경우는 시장에서 점진적으로 퇴출하도록 적극적인 규제와 법적 조치가 있어야 한다.

넷째, 일회용 플라스틱 폐기물의 해양 유출을 최대한 방지할 수 있도록 모든 조치를 강구해야 하며, 육상에서 일회용 플라스틱의 발생 특성을 파악하여 수거 목표율을 설정하고 적절한 처리 시스템을 구축해야 한다.

다섯째, 일회용 플라스틱의 사용 감축을 위해서 일회용 플라스틱 폐기물로 인한 환경적 및 사회적 영향을 적극적으로 홍보하여 소비자의 참여를 유도해야 한다. 또한 소비자가 일회용 플라스틱 사용으로 인한 부정적 영향을 충분히 알 수 있도록 제품의 표시(라벨링) 제도를 강화하여 친환경 제품이 경쟁력을 갖도록 정책적 유도가 필요하다.

이슈

Plastic Attack 캠페인

영국에서 처음 시작된 "Plastic Attack 캠페인은 2018년 소비자를 중심으로 슈퍼마켓에서 제품이 일회용 포장재 플라스틱을 벗긴 후 다시 슈퍼마켓에 되돌려 주는 항의 시위를 일컫는 말이다. 이후 이러한 운동은 전 세계로 확산되어 생산자, 유통업자, 소비자에게 일회용플라스틱 사용억제에 대한 큰 경각심을 일으켰다. 최근 한국에서도 플라스틱 어텍 운동이 환경단체를 중심으로 활발하게 전개되어 일회용 플라스틱의 사용 억제와 금지에 경각심을 일으켰다.

〈그림〉 플라스틱 attack 운동 (출처: CNN.com, NEWS1.kr)

생각해 볼 거리 6

플라스틱 없는 삶은 과연 가능할까?

과연 플라스틱 없는 우리 삶은 가능할까? 우리 각자의 대답은 '예' 또는 '아니오'로 다를 수 있을 것이다. 이미 우리 사회는 건축 및 건설 재료, 자동차 제품, 전기전자 제품, 소비 생활용품 등 전 산업 분야에서 플라스틱을 사용하고 있기 때문에 플라스틱이 없는 사회로 돌아가는 가는 것은 현재 불가능하다. 왜냐하면 자동차의 차량 부품과 성분도 플라스틱으로 구성되어 있고, 전기전자제품도 플라스틱을 상당 부분 차지하고 있기 때문에 기존 플라스틱을 다른 대체품으로 전환하는 것은 불가능하기 때문이다. 플라스틱은 단단한 물리적 특성, 유연성, 부식하지 않은 특성, 원하는 형태로 만들 수 있는 성형의 용이성 등 여러 장점을 가지고 있다. 오히려 위의 질문을 수정해서, "일회용 플라스틱 없는 삶은 가능할까?" 로 바꾸어야 한다. 일회용 플라스틱이 없는 사회(또는 일회용 플라스틱 제로 사회) 또는 일회용 플라스틱 없는 삶은 충분히 도전해 볼만한 사회적 운동(social movement)이다. 최근 들어 유럽 일부 국가나 사회에서는 일회용 플라스틱 없는 사회를 만들기 위해 각종 규제 (생산 제조 금지, 사용 규제, 회수 및 재활용 목표 등), 플라스틱 소비 반대 운동을 시행하고 있다. 편리한 플라스틱의 소비로 우리는 불편한 진실을 자주 경험하고 있다. 예를 들어, 음식 배달용 용기는 대개 일회용 플라스틱으로 만들어져 있고, 먹고 난 후 모두 쓰레기로 쉽게 버려지고 있다. 택배 배달 시 제품에 포장된 플라스틱 비닐과 용기도 대개 플라스틱으로 구성되어 있어 한번 쓰고 버리게 된다. 기업(생산자/유통업자)은 전혀 사후 처리 계획 없이 한번 쓰고 버려질 플라스틱 포장재를 과도하게 생산하여 사용하고 있다. 플라스틱 폐기에 따른 문제와 책임을 정부와 지자체, 소비자의 역할과 문제라고 치부하기 쉽다. 정부는 기업에 대해 충분한 책임과 규제를 하지 않고 있다. 소비자는 무책임한 기업에 대해 압력을 행사해야 하고 책임 있는 선택과 소비, 착한 소비, 친환경 소비를 해야 한다.

일회용 플라스틱 없는 삶, 일회용 플라스틱 제로 사회를 위해 우리 각자 할 수 있는 것은 과연 무엇일까? 개인의 노력은 물론 중요하지만, 사회 모든 분야의 관련 이해당사자가 각자 책임과 역할을 다해야 한다.

첫째, 정부는 일회용 플라스틱 없는 사회를 만들기 위한 구체적인 방향과 목표, 비전을 제시해야 한다. 아직도 일회용 플라스틱의 정의, 목록, 규제가 너무 미흡하고, 구체적인 로드맵이 없다. 기업에 대한 광범위한 책임과 협력을 유도해야 한다. 예를 들어, 플라스틱 제품의 폐기 후 회수 및 재활용 책임뿐만 아니라 우선 제품의 친환경 설계 의무, 재생원료 의무 사용, 폐기 후 환경오염의 사회적 비용에 대한 부담 등이 포함되어야 한다.

둘째, 산업계는 일회용 플라스틱의 재활용 기술 개발과 혁신에 대한 투자가 필요하다. 일회용 플라스틱의 생산 및 소비 속도가 증가하면서 현재 재활용 시설과 처리 시설 용량이 부족하여 해외 불법 수출 또는 불법 방치 폐기물로 버려지고 있다. 따라서 충분한 폐기물 재활용 처리 시설의 확보가 되어야 환경오염 유발을 막을 수 있다. 특히 석유화학업계는 일회용 플라스틱의 회수 및 처리에 대한 기술 개발 투자와 다시 석유로 환원하는 방법을 구축해야 한다. 왜냐하면 플라스틱은 석유로 만들었기 때문에 다시 석유 원료로 재순환하여 순환경제를 구축할 수 있기 때문이다.

셋째, 소비자는 일회용 플라스틱을 덜 사용하고 일회용 플라스틱 없애는 운동과 캠페인에 적극 참여할 수 있다. 가급적 리필제품을 가급적 구매하고, 에코백과 텀블러를 갖고 다니고, 포장용 일회용 플라스틱을 줄이기 위해 물품 구매 시 플라스틱 사용 유무를 확인하는 것이다. 마을 단위에서 일회용 플라스틱을 사용하지 않은 지역 축제를 만들기 위해 노력할 수 있다. 실제로 집에서 일주일 동안 일회용 플라스틱 없는 삶을 한번 도전해보는 것도 좋은 방법이다. 예를 들어, '일회용 플라스틱 제로 동아리' 등을 만들어 일회용 플라스틱 없는 삶을 서로 공유하고, 소셜 미디어에 여러 대안과 활동을 소개하는 것도 좋을 것이다. 시민단체 참여를 통해 정부와 기업에게 구체적 규제 마련과 행동을 요구할 수 있다.

3. 요 약

본 장에서는 일회용 플라스틱의 정의와 종류, 일회용 플라스틱의 생산, 소비와 폐기, 일회용 플라스틱의 사용 억제를 위한 규제와 제도, 일회용 플라스틱의 재활용과 해결 방안 등을 다루었고, 주요 내용을 요약하면 다음과 같다.

첫째, 일회용 플라스틱의 공식적인 정의는 없지만, 주로 한번 사용 후 쉽게 폐기되는 플라스틱을 말하고, 포장재 플라스틱이 대부분을 차지한다. 이러한 포장재 플라스틱의 경우는 우리가 자주 사용하는 플라스틱 비닐 봉투, 음료수 PET 병, 식음료 플라스틱 용기(예를 들어, 배달음식 플라스틱 용기, 커피 일회용 플라스틱 용기, 요구르트 플라스틱 용기, 우유 플라스틱 용기병, 택배용 플라스틱 채움재, 제품 포장랩 및 필름류 등) 등이 포함된다.

둘째, 일회용 플라스틱의 정의, 범위, 종류 등이 국가별로 매우 다양하여 생산, 소비, 폐기 등의 통계자료는 아직까지 확보되지 않고 있으며, 일부 일회용 플라스틱 제품(PET 등)에 한하여 기초 통계자료 확보가 이루어지고 있다.

셋째, 일회용 플라스틱의 소비에 따른 환경적 영향으로는 해양오염, 해양 생태계 영향과 서식지 파괴, 먹이연쇄(food chain)를 통한 플라스틱 섭취에 따른 생존 위협 등을 들 수 있다. 사회적 영향으로는 경관의 훼손에 따른 관광산업의 위축, 사회적 및 경제적 처리 비용 증가 등이 있다.

넷째, 일회용 플라스틱 관련 규제 동향으로는 최근 들어 일회용 플라스틱의 제조, 수입, 사용 또는 무상 제공 금지 국가가 증가하고 있다.

특히 일회용 플라스틱 비닐봉투의 경우 많은 국가가 사용을 금지시키거나 규제를 강화하고 있다. 일부 국가의 경우 일회용 플라스틱 제조 및 생산 시 일정 금액의 세금을 부과하거나 부과금을 매기기도 한다. 일회용 플라스틱의 생산자에게 수거 및 재활용 책임을 강화하는 생산자책임재활용제도가 많은 국가에서 도입되어 시행되고 있다.

다섯째, 일회용 플라스틱의 문제를 해결하기 위해서는 제품의 사용 금지 및 생산 감축, 친환경 제품으로 전환, 재활용 용이한 제품으로 설계, 소비자 인식 제고 및 일회용 플라스틱 사용 줄이기 참여 유도, 법적 제도적 강화 등이 필요하다.

4. 토의 문제

1. 일회용 플라스틱의 정의와 종류에 대해 서술하시오.

2. 원유로부터 기원한 플라스틱의 제품 생산 과정과 그 용도와 주요 종류에 대해 설명하시오.

3. 일회용 플라스틱의 주요 규제에 대한 정책 수단에 대해 설명하시오.

4. 일회용 플라스틱의 전과정 관리를 위한 해결 방안에 대해 설명하시오.

5. 국내 일회용 플라스틱 발자국에 대해 설명하시오.

5. 참고 문헌

〈국문〉

(1) 그린피스, 플라스틱 대한민국-일회용의 유혹, 2019

(2) 해수부, 해양 플라스틱 저감 종합대책, 2019

〈영문〉

(1) 일본 PWMI, Basic survey on municipal solid waste, 2016

(2) European Commission - Fact Sheet, Single-use plastics: New EU rules to reduce marine litter, 2018

(3) National Geography, 2018

(4) UN, Legal limits of single use plastics, 2018.

(5) UN, Single use plastics-a roadmap for sustainability, 2018

(6) Acampora et al., The use of beached bird surveys for marine plastic litter monitoring in Ireland, Marine Environmental Research, vol 120, 122-129, 2016

(7) Andrade et al., First account of plastic pollution impacting freshwater fishes in the Amazon: Ingestion of plastic debris by piranhas and other serrasalmids with diverse feeding habits Environmental Pollution, vol 244, 766-773, 2019

(8) Chula Zero Waste Initiative, Chulalongkorn University, 2019

chapter

4

플라스틱 폐기물과 해양오염

1. 서 론

해양오염원으로서 플라스틱 폐기물 문제가 과거부터 꾸준히 문제가 제기되어 왔으나, 최근 들어 환경오염 피해와 생태계 영향이 언론과 학계를 통해 자주 보고되면서 전 세계적으로 해결해야 할 주요 환경오염 의제로 부각되고 있다. 특히 UN을 중심으로 플라스틱 폐기물로부터 해양오염 확산을 막기 위한 다양한 노력과 국가별 협력을 유도하고 있다. 해양에서 발견되는 폐기물 중 한번 사용 후 버리는 일회용 플라스틱 폐기물은 해양오염을 일으키는 주요 성분으로서 국제적 관심 사항이다. 이러한 플라스틱 폐기물은 해양환경에 유출되면 오랜 기간 동안 분해되지 않고 장기간 존재하고, 해류를 통해 장거리 이동하는 특징을 갖고 있으며, 일부 해양생물은 이를 먹이로 오인하여 섭취하기도 하며, 해양 생태계에 축적된다. 따라서 해양 환경으로 배출되는 폐기물을 최대한 억제해야 하고, 해양으로 배출 시 적절하게 수거 및 처리되어야 한다.

본 장에서는 해양폐기물의 정의와 종류, 해양오염으로서 플라스틱 폐기물의 특성과 이동, 국가별 해양 플라스틱 폐기물의 발생, 해양폐기물 관련 관리 제도, 해양 플라스틱 폐기물의 수거와 처리, 해양 플라스틱 폐기물의 관리 방안 등을 다루고자 한다.

2. 본 론

2.1 플라스틱 폐기물의 해양오염

2.1.1 해양오염과 플라스틱 폐기물

'해양폐기물 또는 해양쓰레기(marine litter, marine debris, marine solid waste)'란 '해양에 유입되거나 해양으로 배출된 고형폐기물로서 더 이상 쓸모 없어 버려진 물질을 말하고, 해양환경에 해로운 영향을 미치거나 미칠 우려가 있는 물질'을 말한다. 한국의 경우, 법령상 해양폐기물과 해양쓰레기의 개념에 대해 명시적으로 정의되어 있지는 않지만, 국토해양부의 제1차 해양쓰레기 관리 기본계획에서 "해양쓰레기는 고의 또는 부주의로 해안에 방치되거나 해양으로 유입·배출되어 해양환경에 악영향을 미치는 고형물로서 종이류, 금속, 목재, 유리, 도자기류 기타 유사 재질의 폐기물, 음료수병, 합성로프, 합성어망, 어구, 스티로폼 등 재질과 종류, 기존 용도를 불문한 것"이라고 정의하고 있다. 특히 해양폐기물 중 플라스틱 폐기물이 종류나 양적인 면에서 가장 많은 부분을 차지하고 있다.

2.1.2 해양폐기물의 발생원: 육상기인과 해상기인

해양폐기물의 발생 원인은 유입 원천인 육상기인(육상에서 발생한) 쓰레기와 해상기인(해양에서 발생한) 쓰레기로 나눌 수 있다(표 1). 육상으로부터 발생한 폐기물(육상기인 폐기물)은 주로 해양 휴양지 및 주변 지역의 불법 투기와 하천을 통해 내려오는 쓰레기를 말한다. 특히 집중호우, 홍수, 태풍 시 하천과 강을 통해 유입되거나, 해변에 출입하는 관광객이나 연안 지역 주민의 폐기물 투기나 방치로 인해 해양폐기물이 발생할 수 있다. 반면 해상으로부터 발생한 폐기물(해상기인 폐기물)은 어업 활동 중에 발생한 어구, 어망 등이 해양에 방치되거나 폐기되는 경우를 말하거나, 선박으로부터 조업 중 선원 등이 생활 중에 발생한 폐기물과 운항과정에서 배출된 기름, 플라스틱류 등을 포함한다(표 2).

〈표 1〉 분류기준에 따른 해양쓰레기의 종류

분류 기준	해양쓰레기의 종류
유입 원천	(1) 육상기인 쓰레기와 해상기인 쓰레기 (2) 해변 및 레크리에이션 활동, 해양 및 연안 활동, 흡연 관련 활동, 투기 활동, 의료 및 개인 위생활동에서 발생한 쓰레기
물질의 종류	섬유, 유리와 도기, 스티로폼류, 딱딱한 플라스틱, 부드러운 플라스틱, 금속, 고무, 종이, 목재, 기타
크기	대형 쓰레기(2.5cm 이상) 중형 쓰레기(5mm~2.5cm) 마이크로플라스틱 쓰레기(5mm 이하)
존재 장소	해변 쓰레기, 해저 침적쓰레기, 수면 및 수중 부유 쓰레기

(출처 : 장용창, 2012)

〈표 2〉 발생 원인별 주요 해양쓰레기

구분	발생원별 주요 쓰레기
육상기인	- 집중호우, 홍수, 태풍 시 하천, 강을 통해 유입되는 생활쓰레기 - 해변에 출입하는 관광객이나 연안거주자의 방치 또는 투기로 인한 폐기물
해양기인	- 어업활동 중 유실 또는 투기되는 어구, 어망 등 - 정치망 또는 양식어장에서 태풍 등으로 유실되거나 사용할 수 없어 버려지는 어구, 어망, 스티로폼 등 - 선박 운항, 해양시설 이용 또는 해난사고로 발생하는 폐기물

〈그림 1〉 해양폐기물 발생 경로
(출처 : MOF, KIMST, KIOST, 2013)

2.1.3 해양폐기물의 조성: 해양 플라스틱 폐기물

국내에서는 해양오염에 대응하기 위해 해양쓰레기 대응센터를 중심으로 전국 40여 곳 지점에서 해양쓰레기 발생을 모니터링하고 있으며, 이를 통해 해양쓰레기의 발생 원인별 비율 변화, 전국 및 지역별 해안쓰레기의 양과 종류 파악 등에 활용하고 있다(그림 2). 모니터링을 통해 조사된 전국 해양쓰레기는 2018년 기준 총 31,931개, 무게 총 4,399kg로 조사되었다. 〈표 3〉에서는 해양쓰레기 중 흔히 발견되는 플라스틱 상위 10 품목의 종류와 수를 나타낸 것이다. 최근 모니터링 조사에 따르면, 플라스틱류는 26,060개(81.6%), 유리 1,486개(4.6%), 금속류 1,374개(4.3%), 목재 1,112개(3.5%) 등으로 나타났다. 성상별 무게로 보면, 플라스틱류 2,586kg(58.8%), 목재 1,141kg(25.9%) 등으로 나타났다. 〈그림 3〉에 제시되었듯이, 해양폐기물 조성 중 플라스틱류가 개수 기준으로 전체의 82%, 중량 기준으로 전체의 58.8%를 차지하고 있다.

〈표 3〉 2018년 국내 해안쓰레기 중 플라스틱류 Top 10

번호	종류	개수(개)
1	플라스틱 파편	4,650
2	밧줄(꼬인 것, 어업용)	4,020
3	음료수병, 각종 뚜껑	3,656
4	스티로폼 부표	2,302
5	포장지(라면봉지, 과자봉지 등)	1,694
6	끈(노끈, 포장용끈)	1,455
7	비닐봉지	1,448
8	스티로폼 식품용기(음식물포장용, 컵라면, 도시락, 과일포장 등)	888
9	기타 플라스틱 제품, 상자, 바구니, 방수천막 등	768
10	담배꽁초	569

(출처 : 해양쓰레기 대응센터, 2018)

〈그림 2〉 국가 해안쓰레기 모니터링사업 조사지역

(출처 : 해양쓰레기 통합정보시스템)

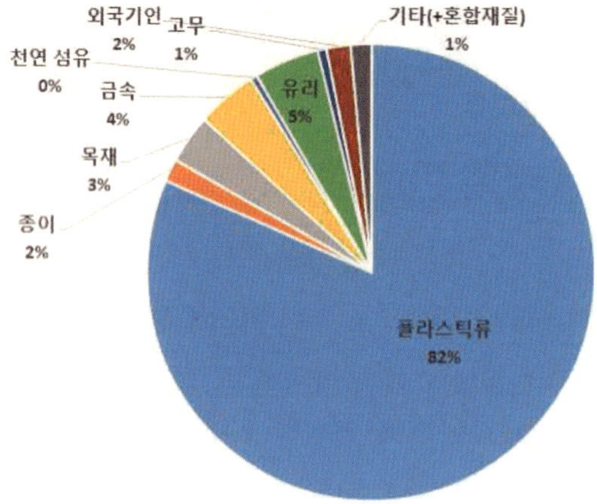

〈그림 3〉 2018년 국가 해안쓰레기 모니터링 조사 결과
(출처: 해양쓰레기 통합정보시스템)

〈그림 4〉 해양에서 주로 발견되는 해양폐기물

2.2 해양오염과 플라스틱 폐기물의 발생량

2.2.1 국내 해양 플라스틱 폐기물의 발생량

해양폐기물 또는 해양쓰레기는 발생 경로, 발생량이 매우 다양하고 범위가 범지구적이기 때문에 해양쓰레기의 총량적인 통계 및 연구가 부족하고, 현재까지 여러 방법으로 산정이 시도되고 있다. 선행연구에서는 해양쓰레기의 발생량과 현존량을 구분하였고, 발생량은 유입량으로서 일정 기간 동안 유량(Flow)의 개념이며, 현존량은 시점에서 측정되는 축적양(Stock)의 개념이다. 분해되는 양, 수거되는 양과 같이 유출량도 있지만 미미하기 때문에 현존량은 발생량의 누적치로 볼 수 있다(장용창, 2012; 2014). 또한 선행연구에서는 거의 분해가 되지 않는 플라스틱이 해양쓰레기의 약 80% 수준이라고 가정하여, 플라스틱 해양쓰레기의 양을 추정하면 해양쓰레기의 전체적인 모습을 그릴 수 있다. 전 세계 생산된 모든 플라스틱 중 최소 6%에서 최대 10%까지 해양으로 유입된다는 가정(Thompson, 2006)에 따라 해양 플라스틱의 현존량을 추정하였다(그림 5). 위의 연구 추정 결과, 생산된 모든 플라스틱 중 10%가 해양으로 유입된다고 가정했을 때, 2010년 연간 플라스틱 해양쓰레기 발생량은 약 26백만 톤, 현존량은 약 5억 톤으로 나타났다. 플라스틱 해양쓰레기 현존량이 해양쓰레기 전체의 80%라고 한다고 가정하면 해양쓰레기 현존량은 약 6.25억 톤으로 예상되었다.

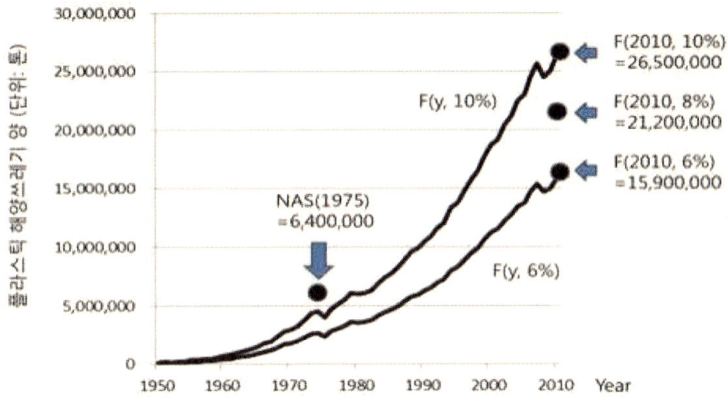

〈그림 5〉 해양으로 배출된 플라스틱 폐기물의 발생량 예측
(출처: 장용창, 해양쓰레기 정책결정의 합리성에 관한 연구, 2014)

2.2.2 국가별 해양 플라스틱 폐기물의 발생량

2015년 사이언스 논문 연구보고에 따르면, 해양으로 배출된 플라스틱 폐기물의 양은 중국이 132만 톤~353만 톤, 인도네시아 48만 톤~129만 톤, 필리핀 28만~75만 톤, 베트남 28만 톤~73만 톤, 스리랑카 24만 톤~64만 톤으로 나타났다(Jambeck et al., 2015, Science).

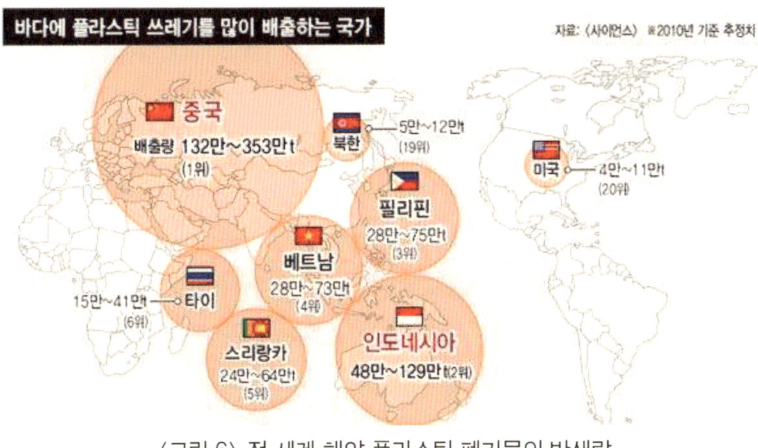

〈그림 6〉 전 세계 해양 플라스틱 폐기물의 발생량
(출처: Jambeck et al., 2015, Science; 한겨레신문, 2015)

2.2.3 한국의 해양폐기물 발생과 플라스틱 폐기물의 발생 추정

국토해양부의 2008년에 발표한 "제1차 해양쓰레기 관리 기본계획"에서 해양쓰레기 추정량 보고에 따르면, 육상기인 해양쓰레기 109,400톤(68.5%), 해상기인 해양쓰레기 50,400톤(31.5%)으로 총 해양쓰레기 추정량을 159,800톤으로 추정했다. 구체적으로 산정한 근거는 육상기인의 경우, ① 한강에서 인천 앞바다로 유입되는 해양쓰레기양을 한강 유역인구로 인한 결과로 보고 한강 유역인구를 한국 수계 전체 유역인구로 환산해서 전체 강·하천 유입 쓰레기의 양을 추정(34,644톤), ② 해안가에서 유입되는 쓰레기의 양은 강·하천 유입 쓰레기 발생량의 30%로 추정 ③ 태풍 '매미'시 해양쓰레기 수거량(85,000톤)이 발생량의 30%로 추정하고 대형 태풍이 4.4년에 한 번 발생한다는 조건하에 집중 호우 시 해양쓰레기 발생량을 추정(64,394톤)하였고, 이들 모두를 합산한 ①+②+③의 결과로 육상기인 해양쓰레기 발생량을 109,440톤으로 추정하였다. 해상기인의 경우, 전체 폐어망 발생량 중 육상처리가 되지 않는 양이 해양에 유입되는 것으로 추정하고 그 폐어망 해양쓰레기가 전체 해양쓰레기의 90%를 차지한다고 가정해서 전체 해양쓰레기의 양(50,400톤)을 추정하였다. 이를 토대로 한국 해양쓰레기 총 발생량 추정값은 159,800톤으로 산정하였으며, 이는 역시 현존량이 아닌 유입량을 대상으로 추정하였다.

최근 연구에 따르면, 유입량과 함께 축적량을 고려하여 해양폐기물의 발생량을 추정하였다(Jang et al., Estimation of the annual flow and stock of marine debris in South Korea for management purposes', 2014). 그 결과, 총 유입되는 발생량은 약 91,195톤으로 앞서 국토해양부의 연구결과보다는 적은 것으로 나타났다. 반면 해양기인 해양쓰레기의 양은 앞선 국토해양부 연구에 비해 약 1.7배 더 높았다. 〈그림 7〉은 한국의 해양쓰레기의 전체 발생량을 추정한 것이다. 연간 약 42,595톤 수거되어 처리되는 것으로 나타났다. 해양으로 수거되어 배출되는 해양폐기물 중 플라스틱의 비율을 60~80%로 가정한 경우, 연간 해양 플라스틱 폐기물의 약은 약 25,600톤에서 약 34,080톤으로 추정된다.

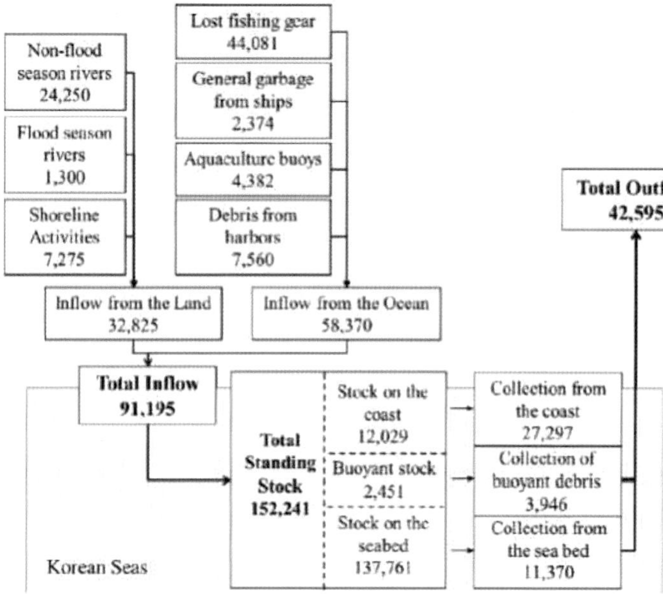

〈그림 7〉 한국 해양폐기물의 발생량 추정
(출처 : Jang et al., Estimation of the annual flow and stock of marine debris in South Korea for management purposes, 2014)

2.3 해양 플라스틱 폐기물의 환경적 및 사회적 영향

2.3.1 해양 플라스틱의 환경적 및 사회적 영향

다양한 발생 기원과 종류를 갖는 해양폐기물은 장거리 이동과 부유시간 동안 해양 생태계와 환경에 많은 피해를 줄 수 있다. 해양생물은 버려진 어망과 밧줄로 인해 피해를 입을 수 있다. 또한 해양폐기물이 해저에 침적하는 경우, 해양 서식 기능을 파괴하여 해양생태계에 영향을 미칠 수 있으며, 해양오염물질의 유입은 유해한 화학물질의 이동 매개체 역할을 함으로써 해양생태계에 악영향을 미칠 수 있다. 또한 폐기된 폐어망과 폐어구 등으로 인해 선박 등이 좌초되거나 엔진 이상으로 해양사고를 유발할 수 있다. 해양폐기물로 인한 해양 환경오염과 경관 훼손, 해양 관광산업의 피해가 나타나 지역 경제에 악영향을 미칠 수 있다. 다음 〈표 4〉는 해양폐기물에 의한 해양 생태계 영향을 요약하여 정리한 것이다.

〈표 4〉 해양쓰레기로 인한 해양 생태계 및 사회적 피해

구분	피해 내용
수산자원과 해양생물 피해	- 해양생물이 버려진 어망과 로프에 걸려죽는 유령어업 (Ghost fishing) - 해양쓰레기를 먹이로 착각하여 섭취
생태계 및 서식 기반 훼손	- 해양쓰레기가 저층으로 침적한 경우, 산소교환을 방해하여 서식기능에 영향
해양안전 저해	- 폐어망, 폐어구와 같은 해양쓰레기로 인한 해양사고 유발
해양환경 오염 및 경관훼손	- 해역의 경관을 훼손하여 관광 및 지역 사회에 영향
외래생물종 유입	- 해양쓰레기의 이동성으로 인한 외래생물종 유입통로 기능으로 생태계 교란
오염물질 이동매체로 기능	- 지속성유기오염물(PCBs, DDE 등)과 같은 유해화학물질의 이동매체 기능

(출처 : 국립공원연구원, 해양쓰레기가 해양생태계에 미치는 영향연구, 2011)

2.3.2 해양 플라스틱 폐기물과 미세플라스틱

Laist(1996) 연구에 따르면 해양쓰레기로 인해 전 세계적으로 생물종 총 267종이 피해를 입었다고 보고하였다. 그 이후 2012년에 생물다양성협약(Convention on Biodiversity)의 보고서에서 해양쓰레기의 생물체 영향이 약 663종으로 확대되었고, 피해를 일으킨 해양폐기물 중 80% 이상이 플라스틱 폐기물에 의한 것이라고 보고하였다. 특히 미세플라스틱(보통 크기가 1um~5mm 이하를 말함)에 의한 해양생물의 피해가 높은 것으로 나타났다. 최근 해양생물의 미세플라스틱 섭취로 인한 피해 영향이 많이 보고되고 있다. 해양생물의 섭취에 관한 연구 중 Boerger et al. (2010)는 어류 표본을 채취하여 그 내장 속의 플라스틱을 조사하였고, 시료 물고기 중 약 35%에서 플라스

틱이 발견되었다. 평균적으로 발견된 플라스틱의 양은 1마리당 2.1g로 나타났다. 2012년에 Engler의 논문에 따르면 플라스틱 해양쓰레기가 독성 오염물의 저장소 역할을 하고, 특히 '잔류성유기오염물질(PBT)'이 물에 녹지 않고 해수면에 집중되어 있다가 플라스틱을 만나 흡착된다고 보고하였다. 대표적으로 폴리염화비닐(PCBs), DDT, 수은 등이 있고 이런 잔류성유기오염물질이 여러 인자에 따라 생물 체내에 축적되는 정도가 불확실하고 복잡하다고 알려져 있다. 하지만, Engler(2012)는 플라스틱이 먹이사슬을 통해 고등생물에게 잔류 축적성 독성물질(persistent bioaccumulation toxic substances, PBTs)을 운반하는 매개체로 이용되는 것은 분명하다고 평가하였다. 해양생물 체내 미세플라스틱과 같은 물질은 해양생물마다 직접 측정을 하지 않으면, 알기 힘들고 그로 인해 미세플라스틱 해양쓰레기의 흐름 파악이 어려운 것으로 알려져 있다. 먹이사슬을 통해 이동하는 미세플라스틱 해양쓰레기와 그로 인한 잔류성이 강한 독성화학물질이 더욱 위험하고 관리하기 힘든 것으로 보고되고 있다.

이슈

필리핀 보라카이 관광지 폐쇄와 휴양 국가 몰디브의 플라스틱 오염

필리핀 정부는 2018년 3월에 대표적인 휴양지로 꼽히는 보라카이 섬을 일시적으로 폐쇄하는 조치를 내렸다. 그 주된 이유는 보라카이 섬이 쓰레기 등으로 크게 오염되어 있기 때문이다. 환경 개선과 시설보수를 위해 2개월간 관광객을 받지 않고 섬을 폐쇄하기로 결정하였다. 그 결과 약 2만 명에 달하는 현지 관광업계 종사자들이 생계 위협을 받고, 해양 생태계가 위협을 받고 있다. 이러한 해양 쓰레기로 인한 해양 생태계 위협은 비단 필리핀 보라카이 뿐만 아니라, 대표적인 휴양 국가, 몰디브(약 3,000개의 섬으로 구성되어 있음), 인도네시아 발리 섬 등으로 이어지고 있다. 해양 쓰레기(주로 플라스틱류)는 결국 관광업계 경제적 손실과 함께 자연 환경 훼손, 해양 생태계의 위협 요인으로 작용하고 있다.

〈그림〉 필리핀 보라카이(위 해변)와 몰디브 해변 지역 쓰레기(아래)
(출처: KOICA, 몰디브 환경담당국)

2.4 해양 플라스틱 폐기물의 관련 규제 동향 및 관리

2.4.1 해양 플라스틱 폐기물의 국제적 규제: 런던협약

국제협약의 대표적인 것은 〈폐기물 및 그 밖의 물질의 투기에 의한 해양오염 방지에 관한 런던협약〉(IMO, 1996)이 있다. 런던협약/의정서는 해양투기로 인한 해양오염을 방지하기 위한 국제협약으로 런던협약은 1975년에 발효되었으며, 런던의정서는 단순 해양투기 통제뿐만 아니라 모든 오염원으로부터의 해양환경 보호를 목적으로 런던협약을 대체하여 2006년에 발효되었다. 우리나라는 1993년 및 2009년에 각각 런던협약과 런던의정서에 가입하여 폐기물 해양 투기 금지 등 국제적 책무를 이행하고 있다.

전 세계적으로 플라스틱 해양쓰레기 및 미세플라스틱에 대한 해양 생태계 영향 증가에 따라 G7, G20 및 주요 국가에서는 이를 효과적으로 대응하기 위한 논의에 착수하였다. 특히 유엔환경총회(UNEA)에서는 2014년과 2016년 두 차례에 걸쳐 '해양 플라스틱 쓰레기와 미세플라스틱' 문제를 공론화, 제2차 UNEA(2016년)에서는 이를 해결하기 위한 대응 방안을 2017년 12월 제3차 UNEA에 UNEP가 보고하도록 결의하였다. 최근 UNEP에서는 해양 플라스틱과 미세플라스틱 대응을 위해 "Combating marine plastic litter and microplastics: an assessment of the effectiveness of relevant international, regional and subregional governance strategies and approaches"보고서(UNEP, 2017)를 발간하였다. 또한 2017년 12월 제3차 UNEA에서는 2025년까지 모든 종류의 해양쓰레기를 예방하고 저감하기 위한 행동 촉구, 국제적으로 구속력 있는 조치 등 마련을 위한 전문가 그룹(Open-ended ad hoc expert group) 설치 등 11개 사항을 결의(UNEP/EA.3/Res.7)하였다.

런던협약에서 규제하고 있는 물질은 〈표 5〉와 같다. 플라스틱이 해양쓰레기의 대부분을 차지한다는 점을 고려할 때, 부속서 1의 플라스틱류가 기재되어 있는 점이 곧 해양쓰레기에 대한 규제로 볼 수 있다(국토해양부, 2012).

〈표 5〉 런던협약(IMO, 1996)에 의한 해양 투기 규제 대상 물질의 구분

구분	부속서 1	부속서 2	부속서 3
금지 내용	투기금지	특별허가에 의한 투기 가능	일반허가에 의한 투기 가능
오염 물질	- 유기할로겐화합물 - 수은과 수은화합물 - 카드뮴, 카드뮴화합물 - **플라스틱류** - 원유 등 - 고준위 방사성 폐기물 - 생물학전/화학전무기	- 납 등 다량 함유폐기물 - 크롬 등 함유 폐기물 - 컨테이너 등 대형폐기물 - 중저준위 방사성 폐기물 - 대량일 경우 문제가 심각한 모든 물질	- 독성 등 물질 특성 - 투기장소와 처분방법 - 생태계 영향 등을 고려하여 일반 허가에 대한 기준을 제정함

2.4.2 한국의 해양폐기물 관리 관련 제도

한국에서는 1991년 본격적으로 해양오염방지법을 시행하여 해양의 환경보전이 필요한 사항을 규정하기 위한 해상 오염물질 규제를 시작하였다. 이후 해양환경관리법으로 변경되며 구체화되기 시작했으며, 1999년부터 해양쓰레기 문제에 대한 많은 노력의 일환으로 해안 정화사업과 해양쓰레기 수거와 처리 사업, 관련 연구, 해양쓰레기 모니터링 실시 등을 시작하였다. 한국에서는 해양환경관리법(2008)에서 해양쓰레기 관리 기본계획을 수립하고 있으며, 항만 정화, 조업 중 인양된 해양쓰레기 수매, 수중침적 폐기물 수거처리 사업, 예방 · 수거 · 처리 장비의 기술개발 연구, 민간단체 모니터링 지원 등 다양한 관련 사업을 수행하고 있다. 정부는 해안 지역 주민들과 함께 해양쓰레기 수거작업을 지속적으로 벌이고 있으며, 폐어구, 폐어망 등 해양부유 · 침적쓰레기를 수거, 처리하는 사업을 민간에 맡겨 관리하고 있다. 그리고 해양쓰레기에 관한 시 · 도별 관리 세부사항을 자체적으로 수립하게 하는 것과 동시에 지자체간 비용 부담과 관련한 처리 비용을 국가 지원 등의 체계로 하구쓰레기 처리방안을 마련하고 있다. 또한 각종 시민단체 지원 및 교육 프로그램 개발, 홍보 등을 활용하고 있고, 2011년도부터 해양쓰레기 대응센터를 구축하여 해양쓰레기 모니터링과 수거 및 처리를 위

한 인프라를 구축 운영하고 있다.

2.5 해양 플라스틱 폐기물의 처리

2.5.1 해양폐기물의 수거 방법과 수거량

해양쓰레기 수거사업은 중앙정부에서 수행하는 사업과 지방자치단체에서 수행하는 사업으로 분류할 수 있으며, 성격에 따라 해양폐기물 정화사업, 연근해 침적폐기물 수거사업, 낚시터 환경개선사업 등으로 구분할 수 있다. 해양폐기물 정화사업을 위해 해양 환경정화선을 운영하여 부유 중인 수중 폐기물을 수거 후 처리하고 있으며, 각종 다양한 해양폐기물 수거사업과 수매 사업, 연안 대청소, 양식장 정화사업, 무인도 해양쓰레기 수거 처리 사업 등을 수행하고 있다. 연도별 해양쓰레기 수거 사업결과, 수거량은 다음 〈그림 8〉과 같다. 2019년 기준 약 94,704톤으로 나타났고, 2013년 49,080톤에 비해 거의 2배 가량 증가하였다.

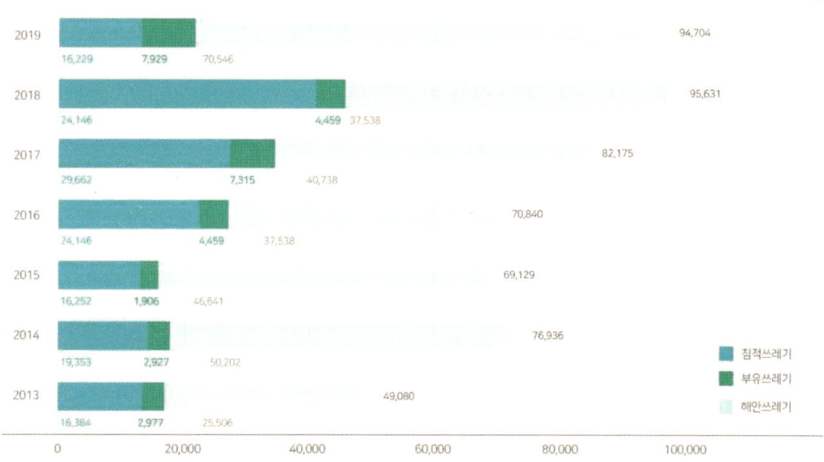

〈그림 8〉 국내 해양쓰레기의 수거량
(출처 : 해양환경공단, www.koem.or.kr)

다음 〈표 6〉은 해양폐기물의 수거 사업과 방법을 예로 제시한 것이다.

〈표 6〉 해양쓰레기 수거 방법

수거사업	수거사업 세부 방법
해양 환경정화선 운영	청항선 (부유/수중)
	다기능수거선 (부유/수중)
	어항청소선 (부유/수중)
	지방자치단체 어장관리선 (부유/수중)
	기타 운항선박 해양쓰레기 수거
수거사업	해양폐기물정화사업
	해양쓰레기정화사업 (침체어망인양사업)
	연근해침적폐기물수거사업
	불법어구철거사업
	유류피해지역지원사업
	어초쓰레기사업
	스티로폼류 수거사업
	기타해양쓰레기수거처리사업
	낚시터환경개선사업
수매사업	해양폐기물정화사업 (조업 중 인양쓰레기)
	지방자치단체수매사업
	기타수매사업
연안습지, 갯벌	정부지원 연안습지, 갯벌사업
	자치단체 연안습지, 갯벌사업
	기타 연안습지, 갯벌사업
연안대청소 (행사쓰레기)	바닷가청결운동등의 행사, 국제연안행사(ICC), 1사1연안가꾸기
항 포구 및 연안부착	항 포구 육상쓰레기, 항 포구 수중쓰레기, 해안가 및 해수욕장 쓰레기
재해쓰레기	항 포구 및 해안가 쓰레기, 항 포구 및 해안가 쓰레기 외 기타지역, 도서쓰레기
양식장정화사업	폐각류, 폐지주, 바닥갈이(ha), 기타
무인도서해양쓰레기수거처리사업	정부지원도서쓰레기, 자치단체 도서쓰레기, 기타단체 도서쓰레기
기타	공공근로사업

(출처 : 해양쓰레기 대응센터, 2015)

다음 〈표 7〉은 한국 정부와 민간단체의 해양쓰레기 대응에 대한 방법과 역할을 나타낸 것이다.

〈표 7〉 해양쓰레기의 수거 및 처리를 위한 정부와 민간단체 역할과 내용

구분	소속	내용
국토해양부	정부기관	해양쓰레기선상 집하장 설치 · 운영 해양폐기물 정화사업 연안 대청소행사 활성화 해양쓰레기 자원화기술 개발 및 도입 해양쓰레기 분포 현황 실태조사 해양쓰레기 통합정보시스템 구축 국가해양쓰레기 모니터링 실시 해양쓰레기 대응센터 설치
농림수산식품부	정부기관	어구관리시스템 구축 친환경 생분해성 어구 사용 활성화 어장관리해역 어장정화 사업
환경부	정부기관	하구쓰레기 수거처리를 위한 상 · 하류간 비용분담 체계 마련 하구 · 해안 쓰레기 정화사업
해양경찰청	정부기관	어선 생활쓰레기 되가져오기 활성화 청소년 해양환경보전 프로그램 운영
연안보전네트워크	민간단체	연안조사 정책개발, 지식 정보화망 사업, 해양환경 보전기금 조성 등의 사업실시
바다사랑시민연대	민간단체	2000년부터 해양폐기물 모니터링 활동 2002년 10월 국제해변전화 행사의 일환으로 추진되어 (Ocean conservancy 주관) 전국적으로 약 1,500여명이 참가한 제2회 국제연안정화의 날 행사수행
바다살리기국민본부	민간단체	해양오염 방지활동 (해양오염 감시초소 운영, 불법어구 제작판매 감시활동, 폐기물 바다투기 감시활동) 바다청소(청소년 동원 바다속 청소, 회원들 항포구 바다청소) 이동식 폐스티로폼 감용기 운용 (외부 전력의 공급없이 차량 자체 동력으로 가동)
동아시아바다공동체오션	민간단체	해양환경을 보호하기 위한 조사와 연구, 교육홍보, 정책 개발, 국제협력 등을 위해 설립된 시민단체, 해양환경 중 특히 해양쓰레기 문제해결에 집중 국제연안정화 전국바다대청소 행사 주관 국가해양쓰레기 모니터링 사업수행

출처 : 고재일, 해양쓰레기의 발생현황 및 국제적 개선방안, 2013

2.5.2 해양 플라스틱 폐기물의 처리 문제점

국내 해양쓰레기의 처리절차는 일반적으로 공공근로자나 사회단체, 봉사활동과 같은 과정을 통해 수거 후 행정적으로 수거량을 확인하여 처리업체나 지자체에서 컨테이너나 임시장소에 보관한다. 그리고 일정기간이 지나거나 일정량이 쌓이게 되면 그때 지자체가 선정한 폐기물 처리업체에 위탁하여 처리하게 된다. 다음은 해양 플라스틱 및 폐기물 관련 문제점을 요약해서 정리한 것이다.

가. 발생, 수거, 처리 등의 전과정 관리에 대한 국가적 대응 체계 미흡

- ○ 해양쓰레기를 해안에서 조사 시 해안 특성상 지형지물에 대한 어려움과 광범위한 조사가 실시되어야 하며, 조사가 어려운 지역이 많아 실태조사의 어려움과 비용이 과대 발생함
- ○ 아직까지 정확하고 신뢰할 만한 통계적 발생량 추정량이 미흡하고, 국내 및 국외 기인 성상에 대한 원인 분석이 미흡함
- ○ 또한 해양쓰레기를 처리하는 것에 있어서, 다양한 어려움이 있음. 해양쓰레기는 생활쓰레기에 비해 처리비용이 5배 수준임. 이는 해양쓰레기를 수거할 때 비용이 많이 들고, 젖은 쓰레기이기 때문에 처리과정에서 탈수과정이 필수로 요구되기 때문임.

나. 관리부서의 이원화와 처리 체계 미흡

- ○ 책임자가 비교적 명확한 일반적인 폐기물에 비해 해양쓰레기는 생산자나 배출자가 불분명해진 상태인 경우가 많기 때문에 책임자가 명확하지 않음. 결국 처리주체는 국가 및 지자체가 담당해야 함. 하지만 해안쓰레기의 관리는 '해양환경관리법'을 적용하여 국토해양부에서 총괄하고, 수거 및 처리의 경우 폐기물관리법을 적용하고 있기 때문에 관리 부서의 혼선과 비효율을 야기할 수 있음

다. 국제적 협력 및 대응 체계 미흡

○ 근래에 해양쓰레기에 관해 많은 주목이 몰리고 있지만, 아직 해양쓰레기 관련 연구가 부족함. 그 이유 중 하나는 해양폐기물 관한 연구에 있어 해양쓰레기의 수역이 겹치고 이동성이 있으며, 범지구적 피해를 가져오기 때문으로 국가 간의 긴밀한 협력과 공동 대처와 노력이 필요한 분야임

2.6 해양오염을 막기 위한 플라스틱 폐기물의 관리 방안

플라스틱 폐기물로부터 해양오염을 막기 위한 다양한 정책과 조사 연구가 필요하다. 특히 해양쓰레기의 60~80%를 차지하고 있는 플라스틱 폐기물의 발생 및 처리를 위해서는 다양한 노력과 투자가 요구된다.

가. 사후처리에서 플라스틱 폐기물의 발생 억제 및 예방 대책 필요

○ 육상쓰레기 처리에 비해 해양쓰레기의 수거와 처리는 발생 예측이 어렵고 상시 관리가 불가능함. 하지만 양에 비해 생태계와 환경에 대한 영향력은 매우 크다고 할 수 있음. 특히 해양쓰레기의 처리비용은 육상쓰레기에 비해 비싸기 때문에 처리보다 플라스틱 소비 및 감축 등 예방차원의 플라스틱 관리정책이 필요함

나. 다양한 수거 대책 마련 필요

○ 대부분 국내 해양쓰레기 수거사업은 해안 지자체가 수행하고 국비보조에 의존하고 있음. 이런 방식은 해당 해안 및 해양, 지역의 특성을 고려하지 못하는 경우가 많음. 이에 해양쓰레기의 수거 및 처리는 수거처리의 시급성과 사회적 비용을 고려해서 우선순위를 두어야 함. 어업, 환경에 대해 피해가 큰 해양쓰레기의 처리가 우선적으로 필요함. 이를 위해 지역에 따른 해양쓰레기의 연구와 해양쓰레기 위해성 평가

연구가 필요함. 이런 연구를 기반으로 종합적인 대응책을 마련해야 함 (경남발전연구원, 2011)

다. 효율적 역할 분담 필요

○ 현재 해양쓰레기의 역할분담이 소극적으로 진행되고 있지만, 더 적극적인 역할 분담이 필요함. 일단 환경부 및 국토해양부 등 관련 부처의 적극적 협력이 필수적이고 중앙정부는 건설적인 침적쓰레기 인양사업, 해양 모니터링사업 등을 수행해야 함. 지자체는 폐기물 수거체계를 확립하고 예방 및 홍보, 교육의 역할이 중요함. 시민, NGO 등을 통한 정기적 모니터링과 회수체계를 구축하고 활동해야 함. 이런 체계가 유연한 대처와 연계가 확립하는 것이 중요한 요소임(경기개발연구원, 2012).

라. 관리 매뉴얼 제작 보급

○ 국내 어업 종사자는 대체로 50대 이상으로 고령 인구로 구성되고 교육수준이 낮은 경우가 많음. 따라서 해양환경의 중요성과 해양쓰레기의 영향을 이해하기 힘들고 경각심을 느끼지 못하고 있음. 따라서 조업 중 발생한 어업쓰레기, 어구가 고의 또는 과실로 유실되는 일을 예방하기 위해 해양쓰레기 예방, 관리 매뉴얼을 제작, 보급할 필요가 있음. 이와 같은 교육으로 인해 해양쓰레기를 자발적으로 방지할 수 있음

마. 국제적 공조 노력 필요

○ 국내 해양쓰레기의 실태 파악을 넘어서서 외국 기인 해양쓰레기 관리가 필요함. 해양 쓰레기의 발생 특성 상 국가간 장거리 이동성이 있어 단일 국가의 노력으로는 적정관리가 불가능하며, 이에 대처하기 위한 국가간 정보 공유와 공동 처리 노력이 필요함. 특히 해양쓰레기의 발생 특성을 구체적으로 규명하기 위해서는 국제적인 협력을 통해 해수 표층 흐름, 조류, 해상풍 등 해양 환경 변화의 지속적인 모니터링을 수행하여 장기간 데이터 축적이 필요함

생각해볼거리 7

플라스틱 쓰레기로 인한 해양오염과 해양 생태계 영향은?

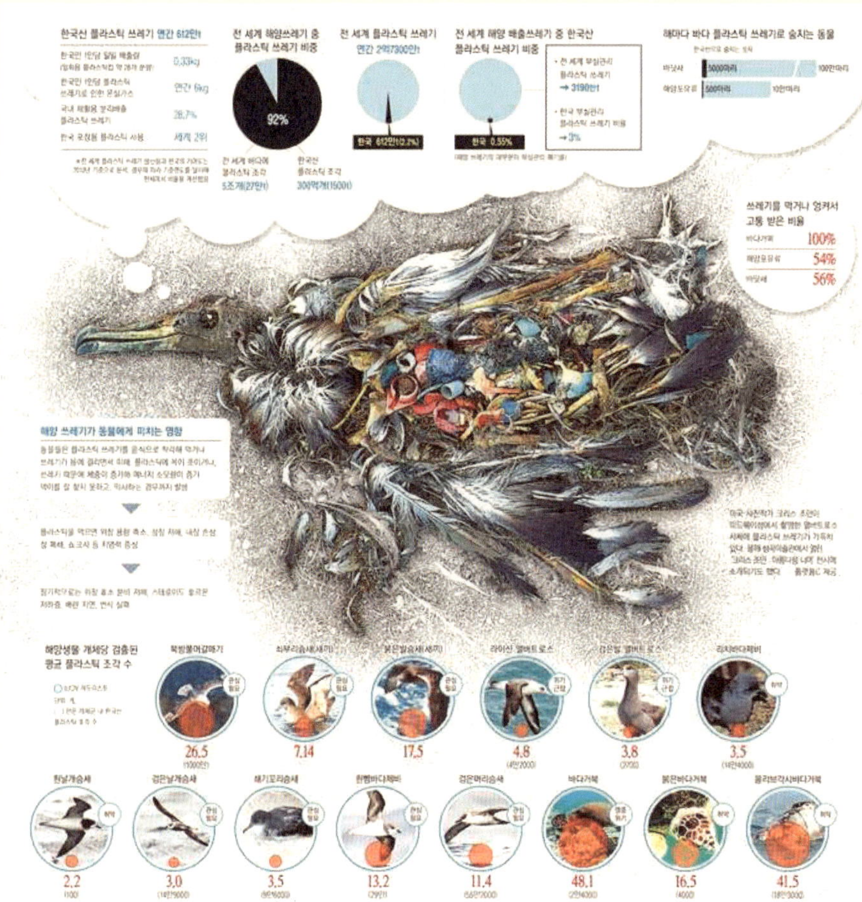

(출처: 한경, 2019. 7.19 일자)

한국의 플라스틱 폐기물 발생으로 각종 해양 생물이 플라스틱을 먹이로 오인하여 섭취하여 내장 손상, 쇼크사하거나 플라스틱 밧줄에 엉켜 목숨을 잃기도 한다. 이미 매년 국내에서도 바다 거북이가 폐사하거나 조류(갈매기, 바닷새, 알바트로스 등), 해양 포유류가 플라스틱 섭취 후 폐사하는 경우가 많이 발생하고 있다. 이러한 해양 생태계 악영향은 결국 부메랑이 되어 우리 인간에게 위협을 줄 것이다.

3. 요 약

본 장에서는 플라스틱과 해양오염에 대해 주로 다루었다. 플라스틱 폐기물이 주요 해양오염 폐기물 성분 중 큰 부분을 차지하고 있으며, 이에 대한 적절한 관리가 필요하다. 특히 우리나라의 경우, 삼면이 바다를 이루고 있어서 해양오염 시 해양생태계 파괴는 물론이고 궁극적으로 인간에게 영향을 미칠 수 있어 플라스틱 폐기물 관리가 매우 중요하다. 본 장에서 다루었던 플라스틱 폐기물과 해양오염에 대한 내용을 요약하면 다음과 같다.

첫째, 해양폐기물은 주로 육상기인과 해상기인으로 나눌 수 있고, 육상기인 쓰레기는 주로 해양 휴양지, 주변 지역의 불법 투기, 하천을 통해 내려오는 폐기물을 말한다. 해상기인 폐기물은 어업 활동 중에 발생한 어구, 어망, 선박 조업 중에 발생한 폐기물을 말한다.

둘째, 해양에서 주로 발견되는 폐기물은 주로 플라스틱류(스티로폼 포함)가 큰 부분을 차지하고, 목재, 금속, 유리, 담배꽁초 등이 나머지를 차지한다. 2015년 SCIENCE에 따르면 해양으로 배출되는 전체 플라스틱 중 아시아국가로부터 배출되는 양이 가장 큰 부분으로 차지하고 있다. 중국의 경우 연간 약 132만 톤 ~ 353만 톤을 차지하고, 인도네시아, 필리핀, 베트남, 스리랑카 등이 수십만 톤에서 백만 톤에 이르기까지 막대한 양을 배출하고 있다. 국내의 경우 약 91천 톤이 유입되고, 약 43천 톤 정도가 수거 후 처리되고 있다. 현재 약 15만 톤 정도가 해양에 축적되어 있다고 보고되었다.

셋째, 플라스틱으로 인한 해양 생태계와 사회적 피해는 수산자원과 해양 생물의 피해, 해양 생태계와 서식 기반 훼손, 해양 안전사고 위험 유발, 해양 경관 훼손과 관광 자원 피해, 오염물질의 이동 확산 영향 등을 들 수 있다. 특히 해양에 배출된 플라스틱의 경우 분해되지 않고 장기간 축적되어 해양 생태계의 먹이 연쇄 과정을 통해 상위 동물에게 영향을 미칠 수 있다.

넷째, 해양에 배출된 플라스틱(예를 들어, 스티로폼 부표)의 경우 미세플라스틱의 지속적인 발생원으로 해양 생태계에 장기적인 영향을 미칠 수 있다. 어류 체내에 미세플라스틱의 축적, 해양 조류의 미세플라스틱 섭취 등을 유발할 수 있다. 특히 해양 거북이나 고래, 상어 등의 각종 플라스틱과 미세플라스틱의 축적에 따른 피해가 종종 보고되고 있다.

다섯째, 플라스틱 폐기물로 인한 해양오염을 막기 위해 국내외 규제와 다양한 노력이 이루어지고 있으나, 광범위한 지역에 걸쳐 해양오염이 진행되고 있으며, 구체적인 기초 자료 미흡, 플라스틱 오염을 막기 위한 대응책 미흡으로 보다 적극적인 대안과 정책 마련이 필요하다.

4. 토의 문제

1. 해양오염을 일으키는 플라스틱 폐기물의 종류와 발생원에 대해 서술하시오.

2. 국가별 해양 플라스틱 폐기물의 발생량과 특징을 설명하시오.

3. 국내와 유럽 해변에서 발견되는 플라스틱의 종류와 특징을 설명하시오.

4. 플라스틱으로부터 해양오염을 막기 위한 해결 방안을 논의하시오.

5. 참고 문헌

〈국 문〉

(1) 고재일, 해양쓰레기 발생 현황 및 국제적 개선 방향, 한경대학교, 석사학위논문 (2013)

(2) 국립공원연구원, 해양쓰레기가 해양생태계에 미치는 영향 연구 (2011)

(3) 국토해양부, 제1차 해양쓰레기 관리 기본계획 (2008)

(4) 국토해양부, 외국기인 해양쓰레기 분석 정밀 모니터링 연구 최종보고서 (2012)

(5) 김광수, 해양오염방지를 위한 각종 국제협약의 국내 수용 현황 (2006)

(6) 이정임, 경기도 연안의 해양쓰레기 관리 방안, 경기개발연구원 (2012)

(7) 이종명, 해변 플라스틱 쓰레기의 크기 그룹간 관계를 이용한 미세플라스틱 오염평가 부경대학교, 공학박사학위 논문 (2013)

(8) 장선웅 외, 서해안 일대 외국기인 해양쓰레기의 유입과 계절적 특성 연구, 한국해양환경공학회지 15(2), 89-100 (2012)

(9) 장용창 외, 스티로폼 부자 해양쓰레기 대응 정책 개발과 우선순위 평가, 한국해양환경에너지학회지 16(3) 171-180 (2013)

(10) 장용창, 해양쓰레기 정책결정의 합리성에 관한 연구 (2012)

(11) 정노택, 해양쓰레기의 전 지구적 관심과 실행 (2009)

(12) 제주발전연구원, 해양폐기물 실태 분석 및 관리 방안 (2013)

(13) 채동렬, 경남의 해양쓰레기 피해 저감 방안, 경남발전연구원 (2011)

(14) 채동렬, 해양쓰레기로 인한 어업자원관리의 문제와 피해 저감 방안 (2011)

(15) 해양쓰레기 대응센터 (2015)

(16) 한해광 외, 유부도 해안쓰레기와 해양생물 피해 특성, 한국해양환경에너지학회 추계학술대회 (2014)

(17) 해양쓰레기 통합정보시스템

〈영 문〉

(1) Boerger et al., Plastic ingestion by planktivorous fish in the North Pacific Central Gyre. (2010)

(2) Engler, The Complexes Interaction between Marine Cevris and Toxic Chemicals in the Ocean. (2012)

(3) Jambeck et al., Plastic waste inputs from land into ocean, Science 311, 1123-1127, 2015

(4) Jang YC et al., Estimation of the annual flow and stock of marine debris in South Korea for management purposes, Marine Pollution Bulletin, 86, 505-511, (2014)

(5) IMO, International Convention for the Prevention of Marine Pollution from ships (1997)

(6) IMO, Convention on prevention of Marine Pollution by Dumping of Wastes and Other Matter (1996)

(7) Laist, D. W, Impacts of marine debris: entanglement of marine life in marine debris including a comprehensive list of species with entanglement and ingestion records (1997)

(8) Thompson, R. C, Plastic debris in the marine environment: consequences and solution. (2006)

(9) Whiting, Scott D, Types and Sources of Marine Debris in Fog bay (1998)

(10) UNEP, Combating marine plastic litter and microplastics: an assessment of the effectiveness of relevant international, regional and subregional governance strategies and approaches, 2017

chapter 5

미세플라스틱의 오염과 영향

1. 서 론

1970년부터 해양환경에서 플라스틱 오염 문제가 처음 제기되었고, 최근에는 미세플라스틱(microplastics, 미세한 크기의 1μm~5mm 미만의 플라스틱을 말함)에 의한 해양오염과 생태계 위협이 전 세계적으로 관심을 일으키며 주요 이슈로 부각되었다. 또한 해양 생태계를 넘어서서 육상 생태계와 궁극적으로 인간 건강에 악영향을 미칠 수 있다는 우려가 높다. 생활화학제품에 포함된 미세플라스틱이 제품 사용 중 또는 사용 후 하수관로를 통해 유입되어 처리장을 거친 후 하천이나 강으로 유출될 수 있다. 이 후 주변 육상 생태계 및 해양 생태계에 존재하는 생물이 미세플라스틱 섭취 후 먹이사슬을 통해 상위 단계로 전이시킬 수 있고, 결국 인체에 유입되어 인간에게 악영향을 미칠 수 있다. 국내 바닷물과 수산물, 식용 소금 등에서 미세플라스틱이 검출되고 있으며, 수산물 소비가 높은 우리 국민들에게 식품에 대한 안전성과 불안 요소로 작용할 수 있다. 생활화학제품 내 미세플라스틱의 무분별한 사용을 예방하기 위한 각종 규제가 전 세계적으로 증가하고 있으며, 미세플라스틱 제조 사용을 금지시키는 법과 규제가 점차 강화되고 있다.

국내에서는 이러한 생활화학제품 이외에도 해양에서 수산업을 위해 사용되는 발포스티로폼(expanded polystyrene, EPS)으로부터 미세플라스틱이 생성되어 해양오염을 일으키는 주요 발생원으로 대두되고 있다. 이러한 미세플라스틱은 각종 어류와 해양 생물에 축적이 되어 분해되지 않아 궁극적으로 인간이 섭취를 하게 되어 건강에 악영향을 미칠 수 있다.

본 장에서는 미세플라스틱의 정의와 종류, 미세플라스틱의 생산, 소비와 폐기, 미세플라스틱의 사용 억제를 위한 국가별 규제와 관리, 미세플라스틱 배출에 따른 처리 문제점 등을 다루고자 한다.

2. 본 론

2.1 미세플라스틱의 정의와 종류

2.1.1 미세플라스틱의 정의

'미세플라스틱(microplastics, MP)'이란 플라스틱 중에서 크기가 일반적으로 직경 1㎛~5 mm 미만인 고체상 물질로서 합성 고분자화합물을 지칭한다. 2004년 영국의 Thompson 박사에 의해 현미경 수준에서 식별되는 미세플라스틱의 양이 해양에서 급격하게 증가하고 있다는 보고가 시작되면서 미세플라스틱의 용어가 사용되기 시작하였다(Thompson et al., 2004). 미세플라스틱의 발생 형태에 따라 1차 미세플라스틱(primary microplastics)과 2차 미세플라스틱(secondary microplastics)으로 구분한다. '1차 미세플라스틱'이란 인위적으로 제조 가공된 미세플라스틱을 말하고, 주로 생활화학제품에 첨가된 작은 크기의 플라스틱(microbeads, 마이크로비즈), 플라스틱 수지 펠렛 원료, 공업용 연마제 등이 사용 후 환경으로 배출되는 것을 말한다. 또한 미세플라스틱의 한 종류로서 다양한 성분과 크기를 가진 마이크로비즈(microbeads)는 생활용품의 원료로서 생산 당시 작게 만들어져 1차 미세플라스틱의 발생 원인이 되고, 치약, 세안용 스크럽, 바디워시 등 생활용품과 화장품에 널리 사용된다.

반면 2차 미세플라스틱은 플라스틱 물질이 사용 과정이나 폐기된 후 광분해와 풍화 등의 작용을 거치면서 파분쇄 과정을 거쳐 미세화되면서 발생하는 물질을 말한다. 예를 들어, 육상과 해양에서 사용되는 발포스티로폼의 경우 햇빛과 열, 바람, 해수 등에 오랜 기간 노출되면 일부 플라스틱 알갱이가 이탈되어 환경 중으로 배출된다. 또한 하수 처리 과정을 거치면서 미세플라스틱이 하수슬러지에 배출되어 환경 중으로 배출되기도 한다.

2015년 이후에는 미세플라스틱의 크기보다 더 작은 나노 플라스틱(nanoplastics)의 용어도 등장하여 그 크기가 1μm이하인 작은 입자의 알갱이, 고분자화합물에 대한 연구도 수행되고 있다. 주로 이들 나노플라스틱은 입자가 큰 플라스틱 물질이 미세화 과정(fragmentation process)을 거치면서 발생하게 된다. 최근 들어 나노플라스틱에 의한 인체 및 환경적 영향에 대한 연구가 시도되고 있다.

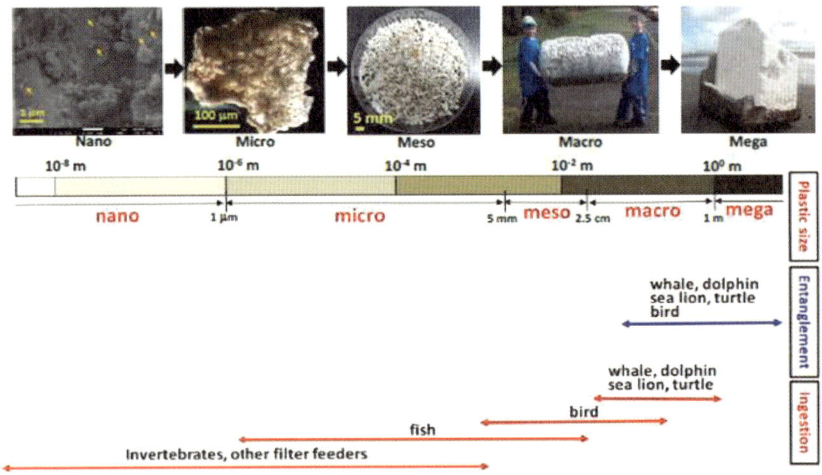

〈그림 1〉 플라스틱의 크기와 종류
(출처: 홍상희, 한국폐기물자원순환학회 춘계학술대회 발표자료, 2018)

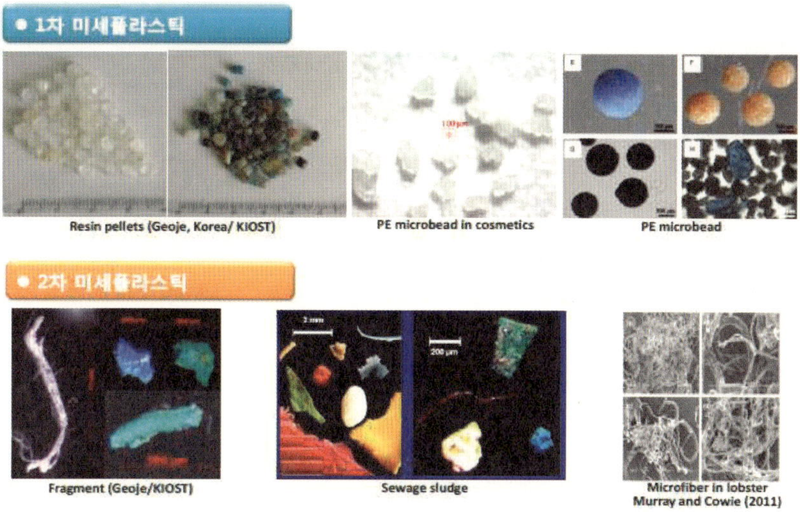

〈그림 2〉 미세플라스틱의 종류
(출처: 홍상희, 한국폐기물자원순환학회 춘계학술대회 발표자료, 2018)

2.1.2 미세플라스틱의 종류

미세플라스틱은 흔히 스크럽(scrub), 세정, 점도 조절, 안정성 등의 기능을 위해 제조된 후 생활화학제품에 의도적으로 첨가된다. 미세플라스틱의 사용 제품과 종류는 크기와 첨가제에 따라 다르다. 주로 흔히 사용되는 미세플라스틱의 제품으로는 치약, 세정제, 바디워시 등 생활용품에 함유된 미세플라스틱(마이크로비즈, mcirobeads)이 있다. 2차 미세플라스틱의 종류는 플라스틱이 풍화, 미세화 과정을 거치면서 잘게 부서진 플라스틱으로 대표적인 것으로는 스티로폼(양식용 부자) 등이 햇빛에 의한 광분해, 바람, 해수 등에 의해 마찰되어 생성된 플라스틱 조각 등이 포함된다.

〈표 1〉 미세플라스틱의 종류

구분	미세플라스틱의 종류
1차 미세플라스틱	치약, 세정제, 바디워시 등 생활용품 등에 함유된 마이크로비즈, 화장품
2차 미세플라스틱	1차 미세플라스틱에 의해 생성된 미세플라스틱, 플라스틱(스티로폼)의 미세화 과정을 거쳐 생선된 것

〈그림 3〉 미세플라스틱의 발생
(출처: 그린피스, 2016)

2.2 미세플라스틱의 분석 방법

전 세계적으로 미세플라스틱의 표준화된 분석 방법은 아직까지 없다. 다만, 연구자마다 정립된 분석 방법을 활용하여 미세플라스틱의 개수와 중량 등을 단위로 표현하여 나타내고 있다. 예를 들어, 액상시료의 경우 '개수/단위면적'과 '개수/단위부피'의 형태로 나타내고, 고체 시료의 경우 개수/

단위질량' 과 '개수/단위면적' 또는 '질량/단위면적'의 형태로 나타내고 있다.

미세플라스틱을 식별해 내는 방법으로 신뢰성 있는 물리적 성질과 화학적 성질을 동시에 이용하여 식별하는 방법이 추천되고 있다. 이때 식별할 입자의 최소 크기는 분석 방법의 선택에 있어서 중요한 요소이다. 현미경은 입자의 물리적 성질을 측정하는 기본 도구이다. 대형 미세플라스틱이 목표라면 현미경만으로도 물리적 성질을 분석할 수 있다. 입자가 1 mm이하라면 spectroscopy나 열 분석법과 같은 화학적 분석이 병행되어야 한다. 분석 시간과 폴리머수를 고려할 때 현재로서는 FTIR spectroscopy가 보통의 환경 시료분석에서 추천되는 방법이다. Raman Spectroscopy는 입자의 크기가 20㎛ 이하인 경우 사용되어야 한다. 열분석법과 FPA-FTIR 등은 폴리머 형태를 알고 있는 시료에 적합하다(이혜성 외, 2017, 이재호 외, 2017).

2.2.1 미세플라스틱의 분석법의 종류

(1) 육안 식별법

'미세플라스틱'이라는 용어가 흔히 쓰이기 이전에는 대형 미세플라스틱(1-5mm)의 분포가 해변이나 표층수에서 흔히 발견되었다. 이것들은 크기가 비교적 크기 때문에 핀셋을 사용하여 육안으로 식별하였다. 이러한 방법으로는 해변에서 채취한 시료의 경우 유기물과 무기물이 혼합되어 있어서 크기가 작은 1mm 정도의 미세플라스틱들은 식별되지 않을 가능성이 높다. 하지만 비교적 큰 미세플라스틱의 육안 식별은 쉽고 간단하며 빨라서 전문가뿐만 아니라 간단한 훈련을 받은 비전문가들을 위한 좋은 방법이다.

(2) 입체경학(Stereoscopy) 분석법

입체경학(Stereoscopy) 방법은 입자의 크기가 수백 마이크로범위에 해당하는 미세플라스틱의 식별에 널리 사용되고 있다. 현미경을 통해 확대된 이미지는 관찰대상의 자세한 표면 질감과 구조에 대한 정보를 제공한다.

이 방법의 장점은 간단하고 빠르며 쉽다는 것이다. 반면 단점으로는 과대평가(예를 들어, 플라스틱이 아닌 물질을 플라스틱으로 간주함)할 가능성과 작고 투명한 플라스틱 입자들을 놓칠 가능성(과소평가)이 있다는 것이다. 이 방법은 입체경학(Spectroscopy)을 통한 구조 분석에 사용된다.

가. FTIR(Fourier Transform Infrared Spectroscopy) 분석법

FTIR(Fourier transform infrared Spectroscopy) 분석 방법은 입자들의 특별한 결합구조를 알게 해주어 다른 유기물이나 무기물로부터 플라스틱을 구분해 준다. 이 방법의 장점은 입자들을 과대평가나 과소평가할 가능성이 없으며, 시료를 손상시킬 가능성이 없다. FPA(focal plane analysis)를 장착하면 입자의 이미지를 자동으로 그려준다. 이 방법으로는 크기가 10㎛인 입자까지 분석할 수 있다. 단점으로는 장비가 비싸며, 시료의 전부를 식별해 내는데 상당한 시간과 노동력이 많이 소요된다는 것이다.

나. Raman Spectroscopy 분석법

Raman Spectroscopy 분석법은 FTIR 분석법과 마찬가지로 입자들의 구조를 알게 해주어 시료를 과대평가하거나 과소평가할 가능성이 없다. 크기가 10㎛인 입자까지 분석할 수 있으며, 시료를 손상시키지 않는 방법이다. 단점으로는 장비가 비싸며 시간과 노동력이 많이 소요되며 분석 시 플라스틱에 혼합된 색소의 간섭을 받는다는 것이다.

(3) 열 분석법

이 방법은 열에 대한 안정성에 따라 시료의 물리적 화학적 성질이 변하는 것에 기초한다. 이 방법으로는 DSC(Differential Scanning Calorimetry), Pyro-GC-MS 등이 있다. 폴리머와 첨가제를 동시에 분석할 수 있다는 장점이 있으며 단점으로는 시료를 파괴시키며 몇 가지 폴리머만 분석할 수 있다는 것이다.

2.3 미세플라스틱의 발생과 오염 현황

2.3.1 미세플라스틱의 소비와 발생

미세플라스틱은 마이크로비즈가 포함된 생활소비제품(치약, 세정제 등)을 사용한 후 하수를 통해 배출되어 하수처리장을 거쳐 지표수와 하천으로 흘러가고 바다에 이를 수 있다. 또한 일부 플라스틱 제품(예를 들어, 양식용 부자 또는 부표 등)이 풍화와 광화학 반응을 통해 분해가 일어나면서 하천과 바다로 흘러갈 수 있다. 다음 〈그림 4〉는 미세플라스틱의 생성과 거동을 나타낸 것이다.

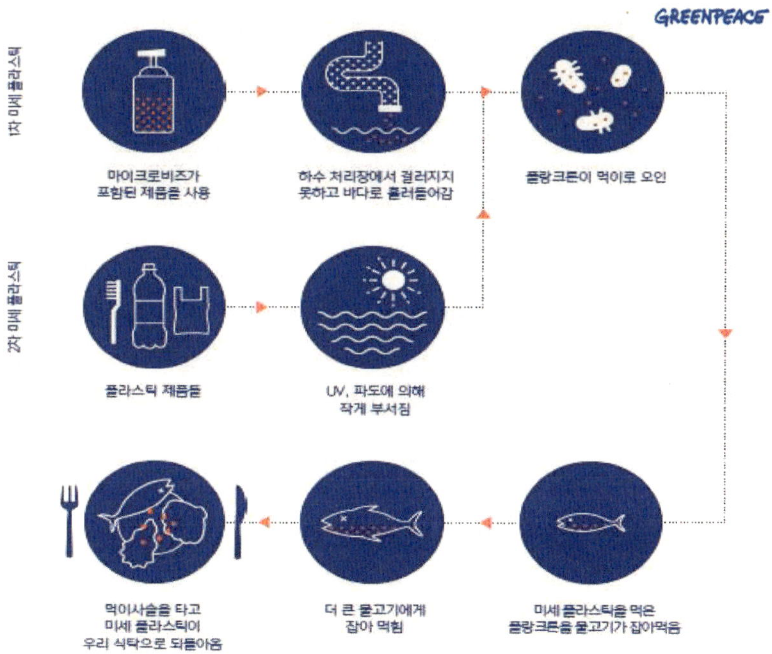

〈그림 4〉 미세플라스틱의 발생과 이동

(출처: 그린피스, 2016)

특히 국내에서 미역, 다시마, 굴, 멍게 양식에 널리 사용되는 양식용 부자(또는 부표, 양식장에서 물 위에 띄어 표지로 삼거나 수산물을 생산하는 데 부력을 유지하는 도구를 말함. 영어로는 buoy라고 일컬음)는 햇빛이나 물살에도 잘 부서져 미세플라스틱의 주요 발생원이 되고 있다.

〈그림 5〉 미세플라스틱의 발생원으로서 양식용 부자

2.3.2 미세플라스틱의 오염 현황

최근 국내외 퇴적물 내 미세플라스틱 농도와 표층수(지표면과 가까운 높이의 물)의 미세플라스틱의 농도를 나타낸 결과, 인천, 경기 해안, 낙동강 하구 등이 전 세계적으로 높은 농도 수준을 나타내었다.

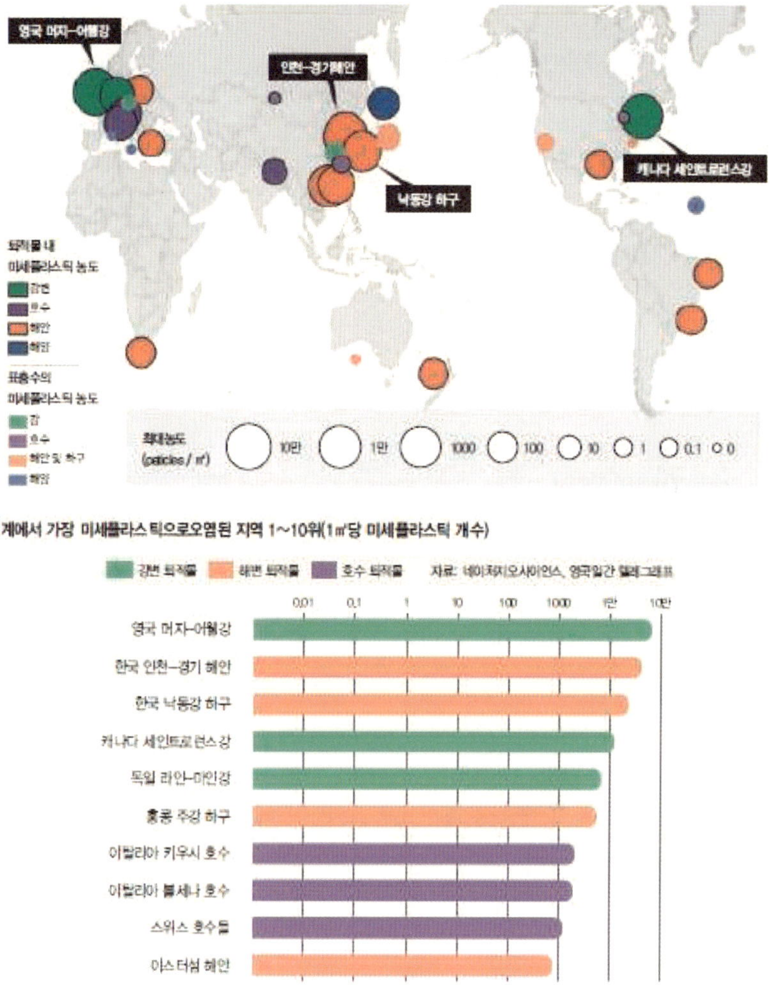

〈그림 6〉 미세플라스틱의 오염 현황
(출처: 경향신문, 2018. 4.28 일자)

최근 연구에 따르면, 식용 소금 4.4kg 중 약 43개의 미세플라스틱이 검출되었고, 약 9.8개/kg 존재하는 것으로 보고되었다. 또한 전 세계 소금 제품 중 약 94%에서 미세플라스틱이 검출된 것으로 나타났다. 이러한 소금 내 포함된 미세플라스틱은 궁극적으로 음식물 섭취 과정을 통해 수백여 개 인체에 유입될 수 있다고 보고되었다(Lee et al., Microplastic contamination of table salts from Taiwan, including a global review, 2019).

〈표 2〉 대만의 식용 소금 내 미세플라스틱 오염 현황

Salt ID	No. tested	Only size	Non-plastic	Plastic particles			Total no. plastics	No.particles /kg
				Fibers	Fragments	Pellets		
1	38	2	35	1(1 PET)	0	0	1	2.5
2	30	0	28	0	2(2 PP)	0	2	5.0
3	20	0	19	1(1 PES)	0	0	1	2.5
4	79	0	71	0	8(4PP 1PEI, 3PP)	0	8	20.0
5	23	0	21	0	2(2 PP)	0	2	5.0
6	52	0	45	0	7(3 PE, 4 PP)	0	7	17.5
7	141	0	138	0	3(1 PE, 1 PES, 1 PP)	0	3	7.5
8	48	0	43	1(1 PE)	4(3 PE, 1 PP)	0	5	12.5
9	48	0	43	0	5(5 PS)	0	5	12.5
10	131	12	115	0	4(2 PE, 1 PAC, 1PS)	0	4	10.0
11	57	6	46	0	5(1 PE, 4 PP)	0	5	12.5
Total	667	20	604	3	40	0	43	-

(출처: Lee et al., Microplastic contamination of table salts from Taiwan, including a global review, Scientific Reports, 2019)

또한 국내 조개류(굴, 홍합, 조개, 가리비 등) 내 미세플라스틱 분석 결과, 평균 농도는 0.15 ± 0.20 n/g and 0.97 ± 0.74 n/individual로 나타났다. 주로 Polyethylene(PE), polypropylene(PP), polystyrene(PS), polyester 등 주요 고분자화합물이 검출되었다. 이러한 국내 조개류 소비 식습관을 고려하면, 연간 약 212개 미세플라스틱을 섭취하는 것으로 추정되었다. 이러한 미세플라스틱의 오염은 조개류에서 흔히 관찰되기 때문에 향후 미세플라스틱의 인체 섭취 노출로 인한 독성 영향과 위해성 연구가 필요하다(Cho et al., 2019).

2.4 미세플라스틱의 해양 생태계와 인체 영향

2.4.1 미세플라스틱의 환경적 영향 (environmental impacts)

미세플라스틱에 의해 해양오염이 심각해지면서, 여러 경로를 통해 해양생물과 해양생태계는 미세플라스틱의 축적과 섭취가 일어나 먹이연쇄 과정을 거치면서 악영향을 받게 된다. 미세플라스틱을 섭취한 해양 생물은 주로 알의 부화에 영향을 받게 되고, 미세플라스틱의 독성물질 흡착에 따른 악영향을 받게 된다. 특히 미세플라스틱은 소수성 유기오염물질의 간접적 전달 매체로서 어류와 해양 생물에게 영향을 미칠 수 있다. 최근 들어 미세플라스틱과 화학물질 사이의 상관관계와 거동 규명에 대한 연구가 시도되고 있다.

플랑크톤: 아직까지 미세플라스틱이 광합성을 하는 식물성플랑크톤에 악영향을 미친다는 연구결과가 많지는 않다. 이는 주로 식물성 플랑크톤이 빛 에너지를 활용하여 무기 탄소를 고정하여 성장하고, 별도의 유기물질을 필요로 하지 않기 때문이다. 하지만 미세플라스틱에 의해 유해물질 노출에 따른 식물성 플랑크톤 서식지의 영향, 광합성 저해가 유발되며, 미세플라스틱보다 입자가 작은 나노 플라스틱의 경우는 세포벽에 침투하여 개체군 성장에 영향을 미칠 수 있다. 동물성 플랑크톤의 경우 섭식율 저하와 생식율 저하 등이 보고되고 있다.

저서 생물: 해양 퇴적물은 미세플라스틱의 저장고 역할을 하게 되고, 해양 저서생물(굴, 홍합, 따개비, 바닷가재, 지렁이 등)이 해저에 서식하며 미세플라스틱의 섭취에 노출이 일어난다. 이러한 미세플라스틱 섭취에 따라 해양 생물의 부화 능력이 감퇴하고, 궁극적으로는 어류와 인간에게 영향을 미칠 수 있다. 갯지렁이의 체중 감소와 저장 에너지 감소, 홍합의 염증면역 반응, 굴의 난모세포 개수와 크기, 유생 발생률 감소 등이 보고되었다.

어패류: 어류는 미세플라스틱을 먹이로 오인하여 섭취하는 경우가 많다. 이러한 미세플라스틱은 분해되지 않고 아가미나 내장에 축적되어 폐사가 될 수 있으며, 먹이연쇄 과정을 거치면서 궁극적으로 큰 어류와 인간에게 영향을 미칠 수 있다. 이미 대구, 아귀, 노래미, 도다리, 청어, 멸치 등 국내 어류에서 미세플라스틱이 종종 검출되고 있다. 또한 굴, 가리비, 바지락, 진주담치 등 패류 등에서 미세 플라스틱의 검출되고 있어, 이를 식용으로 섭취하는 인간에게도 영향을 미칠 수 있다.

조류: 미세플라스틱에 의한 해양 생물의 영향이 가장 큰 것은 해양에 서식하는 조류(sea birds)를 들 수 있다. 플라스틱을 의도적으로 또는 우연히 섭취한 조류는 알의 부화 장애를 일으키고, 플라스틱에 함유된 오염물질로 인해 악영향을 받게 되어 죽게 된다.

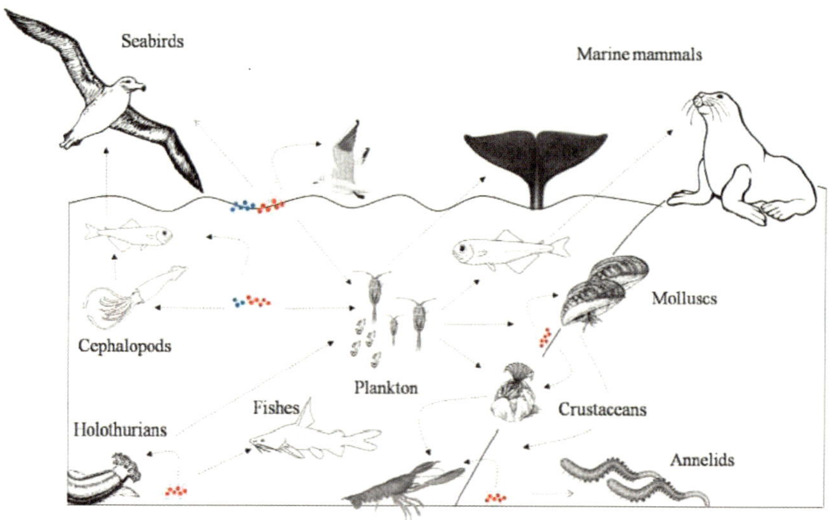

〈그림 7〉 먹이사슬을 통한 미세플라스틱의 이동과 거동 개념 모델

(출처: Juliana et al., 2014)

2.4.2 미세플라스틱에 의한 인체 영향

미세플라스틱이 인간의 건강에 미치는 영향은 아직까지 많이 알려져 있지 않다. 미세플라스틱으로 오염된 해산물을 섭취한 경우, 인체에 축적이 일어날 수 있고, 특히 미세플라스틱이 유해 화학물질을 함유한 경우에는 인체에 악영향을 미칠 수 있다. 최근 오스트리아 환경청과 빈 의과대학 연구팀이 유럽, 러시아, 일본 등 8개 국가의 지원자 8명을 대상으로 대변을 채취하여 미세플라스틱을 조사한 결과, 모든 사람에게서 미세플라스틱이 검출되었다고 보고하였다.

이슈

미세 플라스틱은 인체에 얼마나 위험한가?

국내에서 최근 들어 대기 중 미세먼지와 초미세먼지에 대한 건강 피해 우려가 높다. 이제는 더 나아가 작은 플라스틱 알갱이, 미세 플라스틱의 습격이 우리 생활 속에서 시작되고 있고 볼 수 있다. 우리 생활 주변에는 미세플라스틱의 배출원이 존재한다. 합성섬유로부터 먼지를 제거하거나 털거나 할 때 공기 중으로 미세한 플라스틱 섬유가 부유해서 인체로 흡입될 수 있다. 우리가 쉽게 먹고 마시는 생수병을 개봉하여 마실 때 플라스틱 조각이 먹는 샘물에 침투할 수 있다. 우리가 먹는 소금이나 수돗물에서 미세 플라스틱이 존재할 수 있다. 미세플라스틱에 의한 인체 건강 영향은 아직까지 많이 알려져 있지 않고 있으며, 인체로 유입 섭취되는 추정량과 체내 거동, 독성 영향, 인체 및 생태위해성 관련 연구가 최근 들어 활발히 이루어지고 있다. 인체의 노출 경로는 주로 대기 중 흡입에 의한 노출이고, 다른 하나는 미세플라스틱 함유 음식물 섭취에 의한 노출이다. 섭취된 미세플라스틱은 인체 대사작용과 신체 기관을 거치면서 일부 축적이 될 수 있고, 분변, 뇨로 배출되기도 한다. 이러한 인체 내 거동은 미세플라스틱의 종류, 크기, 기관 내 흡수 정도에 따라 매우 다양하다.

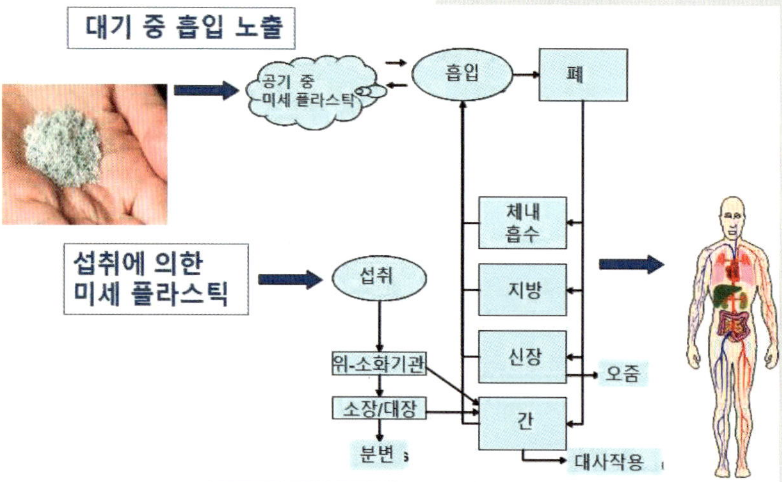

〈그림〉 미세 플라스틱의 잠재적 인체 위해성

2.5 미세플라스틱 관련 규제 동향 및 관리

미세플라스틱 관련 국가별 규제 동향과 내용을 요약하여 제시하면 아래와 같다(박지혜, 2018; 박정규 외, 2014).

미국: 미국은 2014년 일리노이주에서 미세플라스틱 사용을 최초로 금지하였다. 미국은 여러 주마다 개별적으로 미세플라스틱 관련 규제를 하고 있으며, 오바마 정부 시절 미세플라스틱 청정해역 법안이 통과되어 개인 위생용품에 미세플라스틱 사용이 금지되었다(Microbeads-free Waters Act, 2015). 2017년에는 마이크로비즈가 포함된 세정용 화장품의 생산 금지가 이루어졌으며, 2018년 7월 이후에는 마이크로비즈가 포함된 모든 세정용 화장품의 상업적 거래가 금지되었다.

프랑스: 2016년에 프랑스는 미세플라스틱 함유 화장품의 판매 금지, 일회용 식탁용품, 네오니코티노이드를 함유한 살충제, 플라스틱 면봉 등을 판매 금지하였다.

캐나다: 캐나다 역시 2016년부터 개인 위생용품에 미세플라스틱 사용을 금지하는 조치를 취하여 박피와 세안 등에 사용하는 화장품에 마이크로비즈 함유를 금지하고 있다.

영국: 2018년부터 영국은 미세플라스틱 제조 금지 조치가 이루어져 미세플라스틱이 함유된 화장품과 개인 위생용품의 판매도 금지되고 있다.

한국: 해양생태계 등 환경오염과 인체 위해 우려에 따라 국내에서도 화장품 안전기준 등에 관한 규정 개정 고시를 통해 미세플라스틱의 사용을 제한하고 있다.

2.6 미세플라스틱 문제의 해결 방안

미세플라스틱의 문제를 해결하기 위한 방안으로는 아래와 같이 요약할 수 있다.

첫째, 마이크로비즈와 같이 생활제품에 함유되어 있는 미세플라스틱의 사용 실태와 함유 여부를 파악하여 제조 및 사용, 상업적 거래를 금지해야 한다.

둘째, 미세플라스틱 발생 사전 예방을 위한 플라스틱 대체 물질 개발, 천연소재 이용 미세플라스틱 대체물질 개발, 생분해성 바이오 소재 개발 등이 이루어져야 한다.

셋째, 미세플라스틱에 대한 유해성, 환경 내 발생, 유입 경로, 거동 평가 및 예측, 인체 및 생태 위해성 평가를 위한 표준 시험법 개발, 미세플라스틱의 분포 지도 개발, 독성에 대한 연구가 체계적으로 진행되어야 한다. 아직까지 미세플라스틱의 표준화된 측정 분석 방법, 모니터링이 초기적 단계에 머물러 있어 확산 예방을 위한 국가적인 관심과 노력이 필요하다.

넷째, 미세플라스틱의 확산을 막기 위한 미세플라스틱의 주요 발생원으로 해양 양식용 부자에 대한 사용 제한과 대체 물질 보급 기술 개발이 이루어져야 한다. 우리나라의 경우 무분별한 양식용 부자의 사용으로 미세플라스틱의 오염도가 심각한 수준에 이르렀고, 이에 대한 대책이 시급히 마련되어야 한다. 어업의 피해를 줄이면서 양식용 부자의 대체품 보급이 시급하다.

다섯째, 미세플라스틱은 잔류성유기오염물질의 흡착제 역할로 작용하여 생태계의 유해화학물질 확산과 분포, 거동에 영향을 미친다. 따라서 미세플라스틱과 잔류성유기오염물질의 분포와 거동 특성, 상관성을 파악하여 육상과 해양 생태계 보호를 위한 노력과 관리가 필요하다.

여섯째, 최근 수돗물에서 미세플라스틱이 발견되어 먹는 물에 대한 건강 우려가 높다. 정수처리 공정 관리 강화를 위해 정수처리 과정에서 미세플라스틱의 검출 원인 규명, 관리 방안, 미규제 유해화학물질에 대한 관리가 필요하다.

일곱째, 미세플라스틱의 문제는 해양생태계는 물론 육상 생태계, 대기로부터 확산 및 이동, 폐기물로부터의 유래 등 여러 매체를 통해 복잡한 거동 특성을 보인다는 것이다. 따라서 특히 미세플라스틱은 직접 및 간접적 환경 오염물질의 이동 매개체로도 작용하여 생태계 위협 요인으로 부상하고 있다. 따라서 산업계, 정부, 소비자, 연구계가 서로 협력하여 체계적인 대응 방안 마련이 필요하다.

〈그림 8〉 플라스틱의 난분해성과 미세 플라스틱 생성

생각해볼거리 8

미세플라스틱은 독성유기오염물질의 전달 매개체와 저장소 역할

미세플라스틱은 마이크로비즈 형태로 제조되어 사용되었거나, 기존 플라스틱 제품이 조각화되거나 미세화된 5mm 이하의 합성 고분자 화합물로 된 물질을 말한다. 최근 들어, 이러한 미세플라스틱의 인체와 생물체의 섭취와 노출에 의한 독성과 위해성에 관해 관심이 고조되고 있다. 특히 미세플라스틱은 일단 발생이 되면 회수 후 처리가 어렵고, 검출도 어려우며, 미세하기 때문에 생물체 이용도가 증가하게 된다. 그리고, 먹이 연쇄과정을 거치면서 고등 동물의 경우, 생체 축적성이 높아질 수 있는 위험이 있다. 이미 표층 해수, 연안 및 심해 퇴적물, 극지방 빙하, 동물플랑크톤, 어패류, 갯지렁이, 어류, 갑각류, 새, 고래 등 해양 생물과 생태계에서 미세플라스틱이 검출되고 있다. 하천수, 하천 퇴적물, 호수 및 퇴적물, 담수 어패류, 하수처리장 슬러지와 방류수 등에서도 미세플라스틱이 검출되고 있다. 이들 미세플라스틱은 입자 크기가 작고 표면적이 크기 때문에 쉽게 독성물질의 이동과 전이 매개체 역할을 할 수 있다. 특히 미세플라스틱은 분자량이 크고, 독성이 높은 잔류성유기오염물질(PCBs, HBCDs, PBDES, DDT, PAHs 등)과 쉽게 흡착하여 생물체로 전이성을 높이고, 결국 독성물질의 축적성을 증가시킬 수 있다.

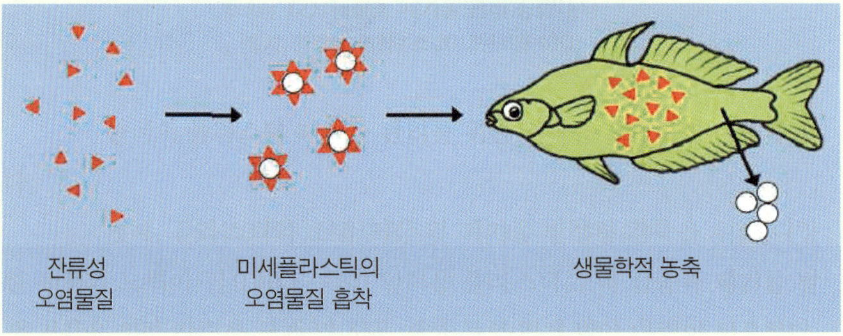

〈그림〉 미세플라스틱의 잔류성유기오염물질의 흡착과 전이

(출처: Wardrop et al., “Chemical Pollutants Sorbed to Ingested Microbeads from Personal Care Products Accumulate in Fish”, Environ. Sci. & Tech., 2016, 50, 4037-4044)

3. 토의 문제

1. 미세플라스틱의 정의와 종류에 대해 서술하시오.

2. 미세플라스틱의 환경 내 거동과 이동에 대해 설명하시오.

3. 미세플라스틱과 해양오염 문제에 대해 설명하시오.

4. 미세플라스틱의 전과정 관리를 위한 해결 방안에 대해 설명하시오.

4. 참고 문헌

〈국문〉

(1) 경향신문, 미세플라스틱 골칫거리 된 '부이', 2019. 6.29.

(2) 그린피스, 바다의 숨통을 조이는 미세플라스틱, 2016.

(3) 박정규, 강수영, 잔류성 생물축적성 물질 피해저감을 위한 미세플라스틱 관리 방안, 환경정책연구 13(2) 65-98. 2014.

(4) 박지혜, 미세플라스틱 오염현황 및 주요 국가의 관리 방안과 시사점, 2018.

(5) 이재호 외, 담수 중 미세플라스틱 조사 기법 연구, 물환경연구부 물환경공학연구과, 국립환경과학원, 2016.

(6) 이혜성, 김용진, 다양한 매체에서 미세플라스틱의 정량 정성법에 관한 고찰, 한국폐기물자원순환학회지, 34(6) 537-545, 2017.

(7) 홍상희, 한국폐기물자원순환학회 춘계학술대회, 한-일국제심포지움 발표자료, 2018.

〈영문〉

(1) Cho Y., Shim, W. J., Han, G. M., Hong, S. H., Abundance and characteristics of microplastics in market bivalves from South Korea, Environmental Pollution, Vol 245, 1107-1116, 2019.

(2) Juliana et al., The present and future of microplastic pollution in the marine environment, Environmental Pollution, 185. 352-364, 2014.

(3) Lee H., Kunz, A., Shim, W. J., Walther, B., Microplastic contamination of table salts from Taiwan, including a global review, Scientific Reports July 12, 2019.

(4) Wardrop et al., Chemical Pollutants Sorbed to Ingested Microbeads from Personal Care Products Accumulate in Fish, Environ. Sci. & Tech., vol 50, 4037-4044. 2016

chapter

6

순환경제와 플라스틱 관리 전략

1. 서 론

전 세계적으로 플라스틱 폐기물이 해양오염의 주범으로 부각되어 많은 관심과 주요 핵심 의제로 대두되고 있으며, 각 국가별로 플라스틱 폐기물 관리 방안과 전략을 수립하고 있다. 최근 유럽에서는 순환경제(circular economy)에 대한 많은 논의가 이루어지고 있고, 이 중에서도 재활용 가능한 폐기물(유기계 및 무기계 폐기물)을 자원으로서 회수 후 경제 영역으로 순환시키기 위한 많은 노력, 토의와 논쟁, 정책과 법적 규제 논의가 이루어지고 있다. 이 중에도 플라스틱 폐기물 주로 포장재 폐기물, 플라스틱 관련 포장재에 대한 논의(특히 일회용품 플라스틱 사용 제한 및 금지 등 규제)가 활발히 이루어지고 있다. 우리나라 역시 2018년 수도권을 중심으로 한 재활용 폐기물(폐비닐류, 플라스틱류)의 수거 거부 사태를 겪으면서 플라스틱 제품의 전과정 또는 전생애주기 관점(life cyclc perspective)에서 관리 전략이 필요하다. 원료의 채취와 사용, 제품의 제조, 설계, 소비, 폐기 등의 플라스틱의 전과정을 고려하여 플라스틱의 순환경제를 구축하기 위한 효율적 자원 순환 시스템 방안 마련과 노력이 필요하다. 현재 우리사회의 대량 소비 및 대량 폐기의 일방적인 선형경제(linear economy) 체계에서 벗어나 점진적이고 순차적인 방법을 통하여 플라스틱의 순환경제(circular economy) 구축과 전환을 위한 산업계, 학계, 시민단체, 정부 등의 많은 관심과 소통, 정책 전환이 필요하다.

본 장에서는 최근 EU를 중심으로 순환경제의 개념 도입, 순환경제 체계 구축을 위한 플라스틱의 관리 전략과 규제 동향, 일본의 플라스틱 관리 전략, 국내 재활용 폐기물(플라스틱류) 관리 종합 대책에 나타난 국내 플라스틱의 관리와 전략 등을 중점적으로 다루고자 한다.

2. 본 론

2.1 순환경제의 정의와 개념

최근 순환경제의 개념과 실행을 위한 전략과 이행은 학계를 넘어서서 산업계와 정부로 급속하게 확산되고 있다. 순환경제 구축은 지속가능한 사회와 지속가능 목표 달성을 위해서도 중요한 전략으로 확산되고 있다. 과거 선형경제(linear economy)로부터 탈피하여 선형경제(circular economy)를 전환하기 위한 다양한 분야에서 새로운 시도가 이루어지고 있으며, 이를 가속화하기 위한 정책 수단과 인센티브 등이 도입되고 있다.

2.1.1 순환경제, 왜 필요한가?

현재 우리 사회는 대량 소비와 대량 폐기로 인해 자원고갈의 위기와 에너지 위기에 처해 있다. 지구상에 존재하는 한정된 광물 자원과 화석연료와 같은 에너지를 지금의 생산 소비 방식, 즉 '원료 채취-대량 생산-대량 소비-대량 폐기' 등의 선형경제를 유지하는 것은 더 이상 지속가능할 수 없다. 왜냐하면 지구의 자원과 에너지는 한정적이고, 늘어나는 인구와 자원의 소비에 대한 수요를 감당할 수 없기 때문이다. 특히 귀금속, 희토류, 희유금속과 같은 유가 원소 및 금속 자원들은 지난 수십 년간 채굴로 인해 점점 확보가 힘들어지고 있다. 현재 증가하는 인구 성장과 산업의 발달, 상품과 서비스의 수요 증가 추세를 고려 할 때 얼마 지나지 않아 지구의 자원들을 모두 소진 할 위기가 찾아올 수 있다. 또한 막대한 자원을 소모한 이후 폐기되는 대량의 폐수와 폐기물, 대기오염 물질 배출 등은 엄청난 환경오염 부하를 유발하게 된다. 예를 들어, 폐기물을 매립 또는 소각 처리하는 과정에 굴뚝을 통해 대기오염물질이 배출되어 우리가 숨 쉬는 공기를 오염시키고, 매립된 폐기물 매립지로로부터 토양을 오염시키고, 주변 강와 하천을 오염시키고, 바다를 오염시킬 수 있다. 우리는 폐기물로 가득 찬 지구에 살고 있는 셈이다.

현재 세계는 지구가 오염을 흡수하고 수용하는 용량을 초과하여 매년 1.5배에 해당하는 자원을 사용하고 있다고 알려져 있다. 이를 최근에는 '생태발자국(ecological footprint)'이라는 개념을 도입하여 인간이 자연에 남긴 영향을 발자국으로 표현하고 있다. 이 개념은 인간이 지구에서 삶을 영위하는 데 필요한 의식주 등을 제공하기 위한 자원의 생산과 폐기에 드는 비용을 토지로 환산한 지수로 표현한 것이다. 현재 인간은 삶을 영위하기 위해 이미 한계 용량을 초과하여 자원을 생산 소비하고 있으며, 폐기물 배출을 흡수할 수 있는 생태계의 한계를 넘어서고 있다는 것을 의미한다.

이러한 대량 소비와 대량 폐기에 따른 선형 경제시스템은 결국 기후와 생태계에 되돌릴 수 없는 막대한 영향을 미치게 될 수 있다는 것을 경고하면서, 최근 과학자들은 지금의 시대를 '인류세(Anthropocene)'라고 명명하고 있다. '인간'이라는 종(species)이 하나의 지질학적 집단으로 등장한 것을 의미하고, 인간이 만든 기후변화로 인해 생태계 변화가 지구에 영구적인 영향력을 가할 것을 시사하고 있다.

〈그림 1〉 폐기물 매립지의 전경

결국, 한정된 자원과 에너지를 최대한 순환시키고, 환경부하를 감소시키기 위해서는 기존 선형경제 시스템을 순환경제 시스템으로 전환하여 지속가능한 사회를 구축해야 한다. 자원의 생산성과 효율성을 증진시키고, 폐기물의 자원순환을 통해 최종 처분해야 할 폐기물의 양을 감소시켜야 한다. 기존 재활용의 체계 개선으로는 우리가 처해 있는 근본적인 자원 고갈과 에너지의 문제, 더 나아가 기후변화 문제를 해결 할 수 없다. 즉, 재활용보다는 폐기물 관리 우선 순위 원칙에 근거하여 친환경 제품 설계와 소비, 제품을 수리 후 사용하거나 재사용, 또는 재제조(remanufacturing)를 통해 폐기물 발생을 억제하는 것이 더 효율적이고 경제적인 방법이다.

2.1.2 순환경제의 개념과 정의

기존의 선형경제(linear economy)는 원료의 채취 단계를 거쳐 제품의 생산을 통해 유통과 소비 후 폐기 또는 처분으로 이루어지는 직선형 시스템을 말한다. 원료의 대부분을 광물을 채취하여 제품 생산에 소비된 후 폐기물을 단순 폐기되는 시스템으로 순환적 개념이 부족하다. 이러한 선형 경제 모델은 무한한 자원이 공급되는 경우에는 큰 문제가 일어나지 않는다. 하지만, 자원의 한계에 이르고 고갈되는 경우에는 선형경제 시스템은 위기에 이르게 된다.

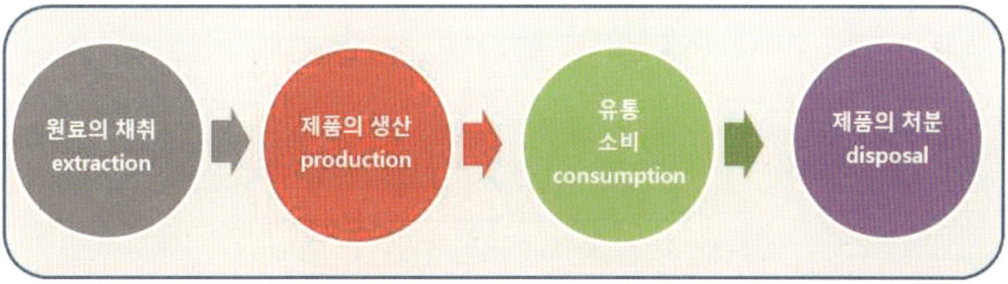

〈그림 2〉 선형경제(Linear Economy)의 개념

반면, 선형 경제 모델은 지속가능한 저탄소 사회, 자원 효율성을 추구하고, 가능한 자원을 최대한 순환하여 오래 사용하는 것을 의미한다. 궁극적으로 천연자원과 에너지의 수요를 줄이고, 제품의 전과정 측면에서 최대한 자원을 효율적으로 사용하고, 환경부하도 줄이는 시스템을 말한다. 이를 위해서는 제품의 설계 단계에서부터 자원순환성을 고려한 친환경 제품 설계가 필요하고, 제품의 사용 후 폐기물 발생을 최대한 억제하기 위하여 수리 후 사용, 재사용하여 제품 수명을 연장하거나 재제조 등이 이루어지나 또는 에너지원으로 활용하거나 재활용이 극대화되어 매립과 소각이 최소화되는 시스템 구축을 의미한다.

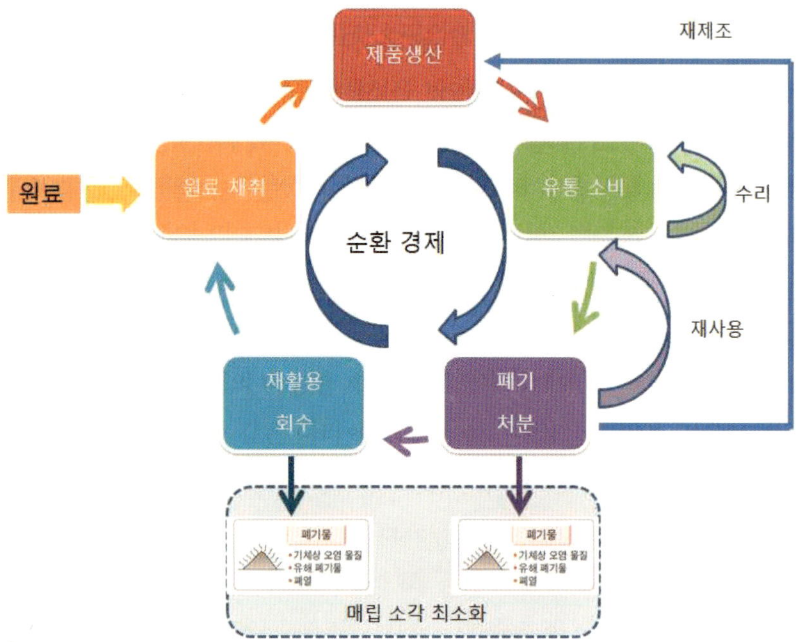

〈그림 3〉 순환경제(Circular Economy)의 개념

2.1.3 순환경제의 태동과 역사적 배경

순환경제는 세계적인 관점에서 아직 초기 단계에 머물러 있지만, 시간이 지날수록 순환경제에 대한 개념 확산과 혁신 프로그램, 정책 지원 등이 늘어나고 있다. 기존 선형경제를 대체할 대안으로 순환경제는 앞으로 더 확산될 것으로 예상된다.

순환경제의 개념은 이미 오래전부터 있어 왔으며, 인구가 급격히 증가하면 지구상에 존재하는 자원과 에너지는 고갈 위기에 처할 것이라는 위기 의식에서 시작되었다. 이미 1978년 토머스 맬더스의 인구론에서 인구 증가가 지속될 경우, 세계가 스스로 부양할 수 없는 식량 위기를 초래한다는 것이다. 즉, 인구는 기하급수적으로 증가하는 반면, 식량은 산술급수적으로 증가하여 인류가 생존의 위기를 맞게 된다는 이론이다. 이후에도 많은 경제학자들이 비재생 자원(non-renewable resources)의 고갈로 인한 환경문제와 자원 위기를 경고하였다.

1970년대에는 로마 클럽의 경제학자들 중심으로 1972년에 "성장의 한계 (Limits to growths)"라는 책을 출간하면서 천연자원의 유한성과 고갈의 위험을 경고하였다. 천연자원, 식량자원, 인구, 산업발전, 오염 등의 요소를 바탕으로 미래 예측 시뮬레이션을 통해 현재 성장의 속도를 늦추지 않으면 지구의 물리적 수용 능력 한계를 넘어선다고 주장하였다. 천연자원은 한정되어 있으며, 인구는 계속해서 증가할 것이기 때문에 미래의 경제 발전은 한계에 이를 수밖에 없다는 것이다. 이는 맬더스의 인구론의 주장과 유사하기 때문에 '신맬더스주의자'라고 표현하기도 한다.

'순환경제(circular economy)'라는 용어는 1989년 환경경제학자 David Pearce와 Kerry Turner의 저서 "천연자원과 환경의 경제학(Economics of natural resources and the environment)"에서 처음 사용된 이후 지금에 이르고 있다.

성장의 한계에서 제기한 문제는 지속적으로 제기되었으나, 최근에는 성장과 지속가능성의 공존 가능성을 주장하기도 하였다. 즉, 천연자원의 고갈을 최소화하면서 자원의 효율성을 최대화하는 대안을 제시하기도 하였다. 예를 들어, 미하엘 브라운 카르트와 윌리엄 맥도너는 2002년 "요람에서 요람으로(cradle to cradel)"의 책을 통해 환경피해를 최소화하기 위한 3R(Reduce Reuse Recycle) 정책은 이미 근본적인 한계를 갖고 있다고 주장하며, 제품을 설계할 때부터 다시 자연으로 완전하게 되돌릴 수 있도록 생태적 효과성(eco-effectiveness)을 최대화하여 순환적 고리(closed loop)를 만드는 것이 필요하다고 주장하였다.

또한 최근 들어 자원소비를 최소화하면서 성장을 분리시킬 것(decoupling, 탈동조화)을 제안하는 이론도 제시되었다. 기술 혁신을 통해 자원의 효율성을 최대한 증진하여 경제 성장을 지속함으로서 탈동조화(decoupling)가 가능하다는 주장이다. 순환경제가 선형경제를 대체하여 한정된 자원의 사용으로부터 성장(포용적 성장, inclusive growth)을 분리시킬 수 있는 개념이다.

2010년에는 글로벌 기업의 기금 운영 단체인 엘렌 맥아더 재단(Ellen MacArthur Foundation)을 중심으로 순환경제의 원칙을 독려하기 위해 순환경제 혁신과 협력 플랫폼을 구축하여 CE(Circular Economy) 100 네트워크를 운영하고 지식과 아이디어를 확산하고 있다. 비즈니스, 정부와 도시, 출판, 시스템 혁신과 소통 등의 분야로 구분하여 각 영역에서 순환경제 확산을 위한 정보 공유, 지원, 아이디어 발굴, 네트워크 구축 등의 노력을 펼치고 있다.

2.1.4 순환경제 구축을 위한 비즈니스 모델 사례

아래 순환경제의 사례는 "Waste to Wealth"(저자: Peter Lacy, Jakob Rutqvist, 순환경제의 시대가 온다. 전략시티)의 내용 일부를 요약하여 정리한 것이다. 순환경제의 비즈니스 모델로서 5가지를 제안하고 있다.

· **회수- 재활용(collection-recycling) 모델**은 수명이 다한 제품을 회수하여

재활용 한 후 재생원료를 생산하거나 에너지로 회수하는 것을 말한다.

· **제품의 수명 연장 모델**은 통해 제품의 수리, 업그레이드, 재제조, 재사용을 위한 판매 등을 통해 기존 제품의 성능과 기능을 감소시키지 않으면서 제품을 다시 사용하는 것이다.

· **순환 공급망(circular supply chain) 모델**은 비용 절감과 지속 가능성을 염두해 두고, 재생 가능한 자원과 재생원료, 생분해 가능한 물질을 최대한 확보하여 기업체에 공급하는 것을 말한다.

· **공유 플랫폼(sharing platform) 모델**은 디지털 기술을 활용하여 유휴 제품을 빌려주거나 교환, 대여하는 모델로서 유휴 자원을 최대한 공유함으로써 자원의 활용성을 최대한 극대화하여 그 가치를 창출할 수 있다.

· **제품 서비스(Product as a service) 모델**은 소비자가 제품을 소유하지 않고 대여하거나 사용한 정도에 따라 그 비용을 지불하는 것을 말한다. 예를 들어, 세계적인 가전업체인 필립스는 서비스로서의 LED 조명을 그 사용 정도에 따라 소비자에게 비용을 청구하는 방식을 도입하고 있다. 태양광 업체인 솔라시티(Solar City)는 고객들이 태양광 패널을 구매하지 않고, 에너지 사용에 따라 지불할 수 있도록 태양광 발전 시스템을 제공하고 있다.

순환경제는 **4차 산업혁명 최신 기술**(인공지능, 사물통신, 빅데이터 분석, 로봇 기술 등)과 정보통신기술(ICT) 중 디지털 혁신 기술, 스마트 관리, 모바일 통신 기술, 소셜 네트워크 활용, 클라우드 기술 등과 결합하여 급격하게 가속화할 수 있다. 특히 최근 순환경제 도입을 위한 기술로서는 모바일 기술, 사물통신 기술, 클라우드 컴퓨팅, 소셜 네트워크, 빅데이터 분석, 모듈 디자인 기술, 첨단 재활용 기술, 생명 과학과 재료 과학 기술, 추적 및 회수 시스템,

3D 프린팅 기술 등을 들 수 있다.

2.2 EU 플라스틱의 관리 전략과 규제 동향

2.2.1 EU 순환경제와 플라스틱 관리

현대 사회는 아직까지도 원료 추출-제품 생산-소비-폐기 등의 선형경제(linear economy) 체계를 이루고 있다. 최근 들어 유럽에서는 순환경제와 공유경제에 대한 도입과 활성화 방안 논의가 활발히 이루어지고 있다. 순환경제(circular economy)란 제품이나 물질이 가지고 있는 가치를 최대한 활용하여 다시 경제계로 순환시키는 경제 활동을 의미하며, 이러한 순환 활동의 일환으로서 재사용, 수리, 재제조, 재활용 등이 포함된다. 궁극적으로 이러한 순환 활동은 재생 원료의 안정적 확보가 가능하고, 자원고갈을 예방하고, 폐기되어 처리되는 폐기물의 양을 감소시켜 매립과 소각으로 인한 환경오염 저감 효과를 가져온다.

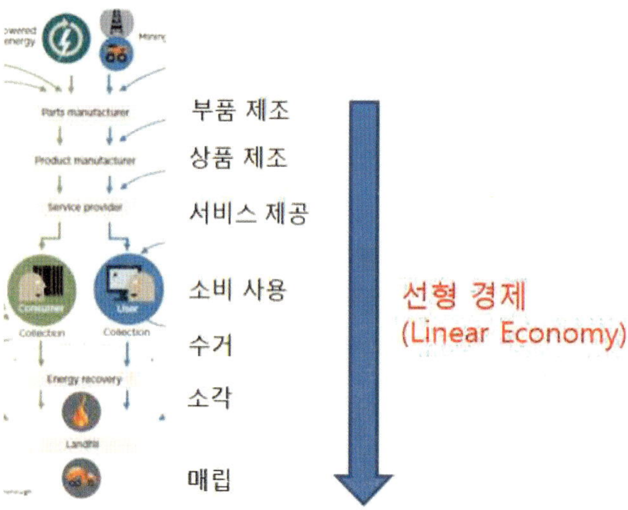

〈그림 4〉 선형경제의 개념도
(출처: UNEP, 2015)

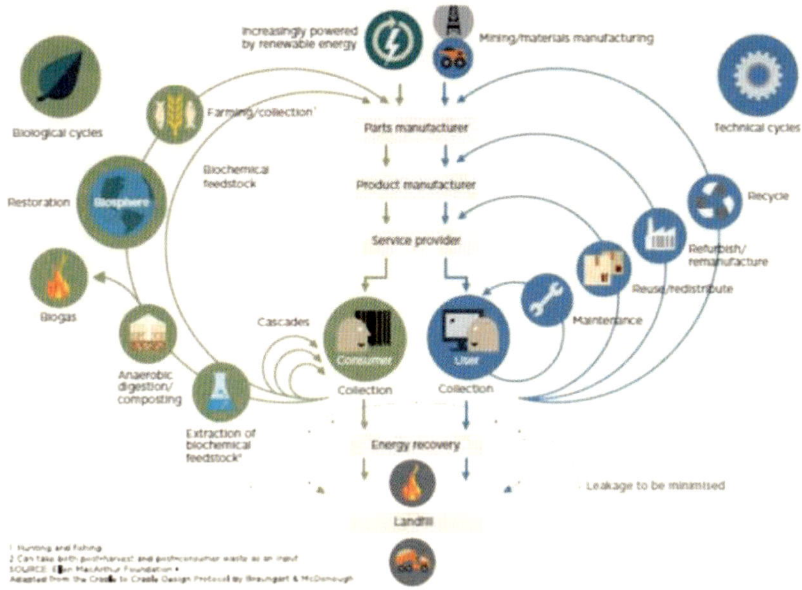

〈그림 5〉 유럽의 순환경제 지향 개념도
(출처: UNEP, 2015)

2015년 유럽연합 순환경제패키지(EU Circular Economy Package)에서는 폐기물 및 포장재 폐기물의 저감을 포함한 유럽에서 관련 법률 개정하고 폐기물 처분을 최소화하기 위한 여러 조치와 수단을 장려하고자 순환경제 개념을 적극적으로 도입하고 있다. 순환경제패키지에서 폐기물 분야의 핵심 요소는 다음과 같다.

- 2030년까지 EU 공통 목표로서 지방자치단체 폐기물 재활용 65% 달성
- 2030년까지 EU 공통 목표로서 포장재 폐기물 75% 재활용 달성
- 2030년까지 법적 구속력을 가진 매립 감축 목표 지방자치단체 폐기물의 최대 10% 이하 매립
- 분리 수거된 폐기물의 매립 금지
- 매립을 최소화하기 위한 경제적 수단 도입 장려

· EU 전체 재활용률에 대한 계산 방법과 개선된 정의 도출
· 재사용을 장려하고 산업 공생(industrial symbiosis)을 촉진하기 위한 조치 (예시: 특정 산업의 부산물을 다른 산업의 원재료로 변환하는 방법)
· 생산자가 친환경 제품을 시장에 출시, 회수 및 재활용 계획(예시: 포장, 배터리, 전기 및 전자장비, 차량)을 지원하는 경제 인센티브

2018년에는 유럽연합위원회는 순환경제 전략을 이행하기 위한 행동계획을 발표하였다(http://ec.europa.eu/environment/circular-economy). 순환경제를 위한 조치는 다음과 같다. **(1) 순환경제 체계에서의 플라스틱에 대한 전략**, (2) 화학, 제품, 폐기물 법규 사이의 접점을 다루는 방안에 관한 소통, (3) 순환경제를 향한 진행 상황을 모니터링하기 위한 프레임워크(framework), (4) 중요 원재료 및 순환경제에 대한 보고 등이다. 이중 EU 순환경제에서 플라스틱 관리는 매우 중요한 순환경제 모니터링 프레임워크는 자원, 제품 및 서비스의 라이프 사이클의 모든 단계를 포괄하며, 순환경제에 대한 진척 상황을 측정하는 것을 목표로 하고 있다.

〈그림 6〉 유럽의 순환경제 지향 개념도
(출처: EU, A European Strategy for Plastics in a circular economy, 2018)

2.2.2 EU 순환경제패키지 플라스틱의 관리 전략

2015년 EU 순환경제패키지에서 플라스틱 관리가 핵심적인 분야로 제시되었고, EU 차원에서 순환경제를 위한 플라스틱 전략을 2018년에 수립하여 발표하였다. 이 플라스틱 전략의 목적은 첫째, 전생애주기(life cycle)와 가치사슬(value chain)에 걸쳐 플라스틱의 순환경제를 개발하는 것이고, 둘째는 환경보호를 강화하는데 있다. 2030년까지 모든 플라스틱의 포장재는 비용 효율적인 방법으로 재사용 또는 재활용 가능하도록 유도하는 것이다. 이러한 전략에는 1) 플라스틱의 경제와 재활용 품질을 개선하고, 2) 플라스틱 폐기물의 발생 억제/ 해양 투기 억제, 3) 순환 체계를 위한 투자와 혁신, 4) 국제 협력과 공조 등이 포함되어 있다. 각 분야별 전략에는 다음과 같은 내용이 포함되어 있다 (그림 7).

첫째, 플라스틱의 재활용 경제와 품질 개선을 위해 재생 플라스틱의 품질 기준, 포장재 및 포장재 폐기물의 법령 개정, 수거 선별의 새로운 가이드라인 제시 등이 포함되어 있다.

둘째, 플라스틱 폐기물의 발생과 투기 억제를 위해 10개의 일회용 플라스틱제품에 대한 사용 금지, 해양 폐기물의 발생 억제 관련 규제 및 법 개정 등이 포함되어 있다.

셋째, 순환체계 구축을 위한 투자와 혁신을 통해 재활용 공정의 개발과 효율화, 재생 플라스틱의 유해물질 및 오염물질 제거 기술 등의 연구와 투자 등이 포함되어 있다.

〈그림 7〉 EU 순환경제에서 플라스틱 관리 전략
(출처: EU, A European Strategy for Plastics in a circular economy, 2018)

〈플라스틱의 재사용, 재활용, 산업 혁신 관련 전략과 방향〉

① 2030년까지 시장에 유통되는 모든 플라스틱 포장재는 재사용이 가능하거나 비용 효율적으로 재활용이 가능하도록 한다.

② 플라스틱 제품의 생산과 설계를 변경하여 재활용이 용이하도록 추진한다. 다른 포장재 폐기물(종이류, 유리병, 금속류 캔 등)과 유사한 정도의 높은 재활용 목표율을 달성한다.

③ EU 플라스틱의 재활용 시설을 현대화하고, 2015년 이후 4배 규모를 확대하여 새로운 일자리를 창출한다.

④ 재활용품 수거 체계 개선, 혁신 기술 투자, 규모 확대 등을 통해 저급으로 선별된 플라스틱의 수출을 점진적으로 없앤다. 재생 플라스틱은 산업체의 유용한 원료로 제공한다.

⑤ 플라스틱 가치 사슬을 통합하고, 화학산업과 연계하여 플라스틱 재활용이 용이하고 보다 확대되도록 공조한다. 재활용 공정을 방해하는 화학물질은 대체하거나 시장에서 퇴출하도록 한다.

⑥ 재생 플라스틱의 시장이 커지면서 유럽 내 재생 플라스틱에 대한 수요가

4배 증가하였고, 재활용 산업과 일자리 안정화에 기여하고 있기 때문에 플라스틱 재활용 시장 육성을 위해 더욱 노력한다. 플라스틱 재활용은 화석연료 의존도를 줄이고, 이산화탄소를 절감하는 효과를 가져오게 된다.

⑦ 플라스틱 생산을 위한 새로운 혁신 물질, 대체 원료 등이 개발되면서 비재생 대체원료(non-renewable alternatives)에 비해 더 지속가능하고, 결국 탈탄소 사회 전환에 기여한다.

⑧ EU는 플라스틱 선별과 재활용 장비와 기술을 전 세계에서 선도하여 폐플라스틱의 처리를 보다 지속가능한 방법으로 전환하는 데 기여한다.

〈유럽 내 이해당사자(시민, 정부, 산업체)의 플라스틱 관리 전략과 역할〉

① 플라스틱 폐기물 발생이 경제성장과 분리되는 방향(decoupling, 탈동조화)으로 전환하도록 유도한다. 시민들이 폐기물 발생을 억제하고, 올바른 제품을 구매하고 지속가능한 소비 패턴을 유도한다.

② 기업체에서는 플라스틱 폐기물 발생 예방에 대한 과감한 행동이 필요하고, 자원순환, 역회수 구축, 폐기되는 포장재의 대안 등을 고려해야 한다.

③ 플라스틱이 환경으로 배출되는 양을 최대한 줄인다. 효율적인 플라스틱 수거 체계를 구축하고, 해양오염을 막기 위한 다양한 조치를 취한다.

④ 해양의 미세 플라스틱 발생 예방을 위한 노력과 영향을 최소화하고, 인체의 노출 저감을 위해 노력한다.

⑤ EU는 플라스틱이 해양으로 유출되는 것을 막기 위해 선도적 역할을 수행한다. 그리고 이미 해양으로 유출된 플라스틱을 정화 노력과 행동을 하고, 과학적 지식을 공유하고 시민 참여를 유도하고, 과학자들이 함께 해결 할 수 있는 방안을 도출할 수 있도록 협력한다.

이러한 전략을 구체적으로 실행하기 위한 다양한 이행 방안(action plan & measures)과 캠페인 등을 부속서 ANNEX I, II, & III에 제시하여 추진하고 있다.

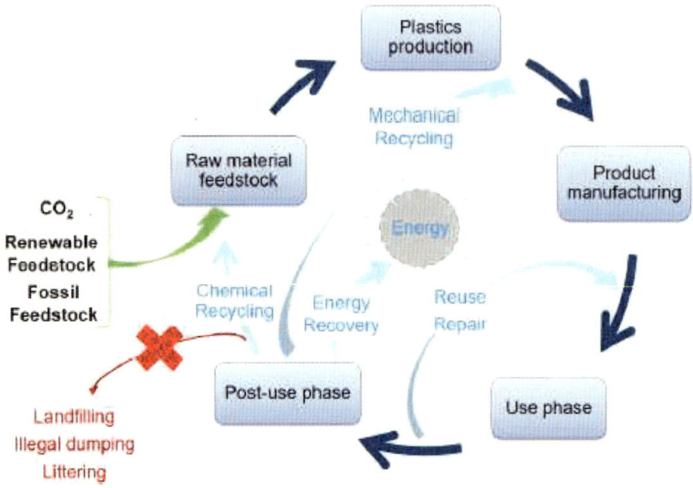

〈그림 8〉 EU 순환경제에서 플라스틱 관리와 전생애 주기
(출처: Plastic Europe, Plastics Europe's views on strategy on plastics, 2017)

2.3 일본의 플라스틱 관리 전략

2.3.1 일본의 플라스틱 자원순환 전략

일본은 2018년 플라스틱을 순환하기 위한 자원순환 전략을 마련하여 기본 원칙과 목표와 전략을 제시하였다(그림 9).

구체적인 목표로서는 아래와 같다.

- 첫째, 2030년까지 일회용 플라스틱의 사용을 25% 저감한다.
- 둘째, 2025년까지 재사용 및 재활용 가능하도록 한다.
- 셋째, 2030년까지 용기 및 포장재 재사용 및 재활용 60%를 달성한다.
- 넷째, 2035년까지 재생 플라스틱의 100% 사용 목표 달성한다.
- 다섯째, 2030년까지 재활용을 두배 늘린다.
- 여섯째, 2030년까지 바이오매스 플라스틱 2백만 톤 사용한다.

이를 위해 기본 원칙은 4가지는 다음과 같다.

· 첫째, 자원과 폐기물 발생 억제, 해양폐기물 투기 억제, 기후 변화 등을 대응한다.
· 둘째, 다음 세대를 위한 지속가능한 사회를 구축하고 깨끗한 환경을 후손들에게 물려준다.
· 셋째, 비재생자원에 대한 의존도를 줄이고, 재생자원으로 전환한다.
· 넷째, 경제적 및 기술적 사항을 고려하여 플라스틱의 수거, 재사용과 재활용을 높인다.

이러한 기본원칙 하에 다음과 같이 이행 조치 방안을 제시하였다.

· 첫째, 환경영향을 미치는 일회용 플라스틱 포장재와 제품 등 플라스틱의 사용 억제를 추진한다.
· 둘째, 즉각적이고 효율적인 방식으로 사용된 플라스틱 자원의 수거와 재활용을 위해 노력하다.
· 셋째, 바이오 플라스틱의 실제 활용도를 높이고, 화석연료 기반 플라스틱을 바이오 플라스틱으로 대체한다.

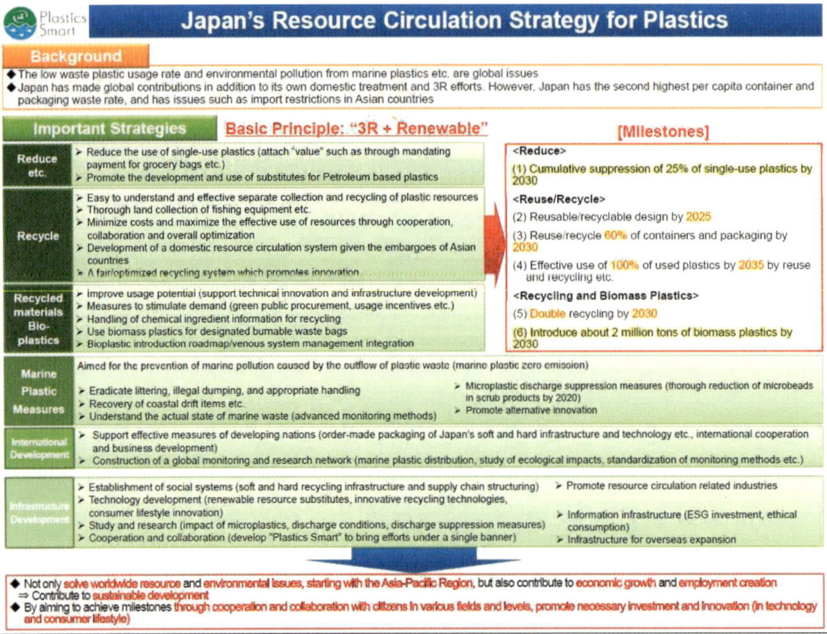

〈그림 9〉 일본의 플라스틱 순환전략
(출처: 일본 환경성, 2019)

2.3.2 일본의 플라스틱 스마트 캠페인

최근 일본은 플라스틱으로 인한 해양오염 문제를 해결하기 위해 시민, NGO, 산업계, 정부가 공동으로 플라스틱 스마트 캠페인을 이행하고 있다. 시민에게는 플라스틱 투기 억제, 오염 정화 활동, 플라스틱의 친환경 소비 및 쇼핑 가방 사용 등의 참여를 유도하고, NGO/산업계/정부는 도로 및 해변 정화활동, 일회용 플라스틱 사용 억제, 바이오 플라스틱과 종이류 사용 등 참여를 유도하고 있다(그림 10).

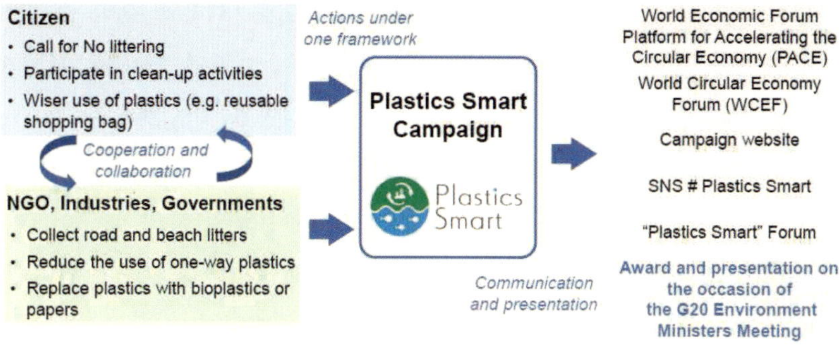

〈그림 10〉 일본의 플라스틱 스마트 캠페인
(출처: 일본 환경성, 2019)

2.4 국내 플라스틱의 관리 전략

2.4.1 재활용 폐기물 관리 종합대책

(1) 2018년 플라스틱 폐기물의 수거 거부 사태의 발생과 원인

2018년 4월 수도권 등 일부 공동 주택 단지의 폐비닐 수거 중단 문제가 발생하였다. 특히 생활폐기물 중 재활용품으로 분리 배출된 플라스틱폐기물(폐비닐류, 스티로폼, 페트병 플라스틱류 등)이 발생량이 급증하였고, 유가성이 낮아 수거 중단 사태가 발생하였다(그림 11). 이러한 수거 거부 및 중단 사태의 원인은 여러 가지로 진단할 수 있으나, 여러 복합적인 원인에 기인한 것으로 볼 수 있다.

첫째, 제조 및 생산단계에서 화려한 색상, 분리가 어려운 라벨, 서로 다른 재질로 제조된 페트병 등의 생산이 늘어 재활용이 어려워졌고, 국내 페트병 중 재활용이 가장 쉬운 1등급 페트병은 1.8%에 불과하다. 이미 별도의 강화된 규제없이 재활용을 고려하지 않은 막대한 플라스틱류의 제조와 생산이 이루어지고 있다.

둘째, 유통과 소비 단계에서 최근 1인 가구 및 온라인 쇼핑 증가 등 소비 패턴의 변화, 불필요한 과대 포장 관행으로 1회용품 소비 증가, 포장재 폐기물 발생이 급증하고 있다. 환경부 보고에 따르면 2009년 191억 개에서 2015년 약 257억 개의 1회용 컵이 소비되었고, 비닐봉투는 2009년 176억 개에서 2015년 약 211억 개 소비되었다.

셋째, 분리 배출 단계에서 시민의 재활용품의 분리 배출이 많이 개선되었지만, 여전히 재활용 폐기물에 다량의 이물질이 혼입되고 있다. 실제 분리 배출된 재활용 폐기물 중 잔재물 비율이 지역에 따라 차이가 있지만 2016년 기준 약 38.8%에 달하고 있다.

넷째, 수거 및 선별 단계에서 공동 주택 재활용품의 처리 책무는 지자체에 있지만, 민간 수거체계에 전체의 약 70%를 의존하고 있다. 따라서, 처리 업체 및 처리량에 대한 기본적 현황 파악이 미흡하고, 민간 수거업체는 주로 영세한 고물상으로 시장 변동 등 외부적 요인에 크게 영향을 받고 있다.

다섯째, 재활용 단계에서 재활용 비용 상승, 유가 변동 등 재활용 업계의 수익성 악화가 되고 있다.

여섯째, 최근 중국의 폐기물 수입 금지 조치에 따른 폐기물 수출량이 줄어들고, 동남아 지역으로 폐기물 수출이 이루어지고 있으나, 점점 수출이 어려워져 국내 재활용 처리가 필요한 실정이다. 하지만 적체된 재활용 폐기물을 적절하게 처리할 수 있는 처리 용량의 한계점에 이르고 있다.

〈그림 11〉 폐비닐 수거 거부 사례 (출처: KTV)

(2) 플라스틱 폐기물의 대책: 재활용 폐기물 관리 종합 대책

가. 목표: 2030년까지 플라스틱 폐기물의 발생량 50% 감축, 70%

나. 전략: 정부, 지자체, 생산자, 소비자 등 각 주체별 역할을 강화하여 플라스틱 등 생활폐기물의 발생을 억제하는 생산 소비 구조 확립과 재활용 촉진을 위한 전주기 순환단계별 개선 방안 마련

다. 전과정 단계별 전략

① 제조 및 생산 단계:

(제품 설계) 제조단계부터 재활용이 쉽게 생산하고 재활용이 어려운 제품은 단계적으로 퇴출(음료 생수 중 유색 페트병 비율을 2016년 36.5%에서 2019년 15.5%, 2020년 0% 목표).

○ 모든 포장 용기류에 대해 재활용 용이성 평가를 의무화하고, 재활용이 어려운 페트병 · 유리병 등의 생산자에게 재활용비용(EPR 분담금) 차등 부과하고자 함('19~)

 * 현재 생산자책임재활용제도(EPR)에 따라 페트병, 비닐 등을 사용하는 생산자가 납부한 분담금으로 재활용하는 데 소요되는 비용을 지원

○ 특히, 환경에 유해하고 재활용을 가로막는 재질(PVC 등), 유색 페트병(음료 · 생수)은 사용금지 추진

○ 페트병 등에 대해서는 우선적으로 유색병은 무색으로, 라벨은 분리가 용이하도록 평가 후 개선 권고('18.10) 및 미 이행시 제품명 공개('19)

 * 주요 생산자 MOU 체결('18.4)을 통해 업계의 자발적 이행 독려

○ (생산자 책임 강화) 생산자가 부담하는 재활용분담금(EPR 분담금)을 늘려 재활용 업계 추가 지원함. 생산자 분담금 납부품목을 확대*하고, 품목별 분담금 규모도 증액** (43개인 EPR 대상 품목을 '22년까지 총 63개로 확대).

○ 폐비닐에 대한 생산자 분담금 우선 증액('18.6, 현재 전체 생산량 중 66.6%만 부담) → 생산량 중 일부가 아닌 생산량 전체에 대한 비용부담 추진

② 유통과 소비 단계:

과대 포장을 억제하고 1회용품 사용을 저감(22년까지 1회용컵 및 비닐봉투 사용량 35% 저감).

(유통 단계)

○ 대형 온라인 마켓 · 택배 등 운송포장재 과대포장 방지 가이드라인('18.10)

및 법적 제한기준 마련.

○ 일반포장재 중 과대포장 제품은 대형마트 진열 · 판매를 금지하고(자발적협약, '18.4), 전자제품 등의 과대포장 제한기준 신설('18.9)

(소비 단계)

○ 1회용컵 감량 회수 재활용 촉진을 위한 단계별 대책 추진함. 텀블러 사용자에게 인센티브 제공 확대

○ 테이크아웃 컵 회수 촉진을 위한 컵 보증급제도 도입, 커피 음료 전문전의 재활용 비용 부담 의무화 및 재질 단일화 추진.

○ 비닐봉투는 대형마트 · 슈퍼는 비닐봉투 사용 금지, 재래시장에는 장바구니 대여 시범사업 추진, 제과점은 종이봉투로 전환 촉진 등 주요 사용처별 맞춤형 감량대책 추진.

〈표 1〉 유통경로별 비닐봉투의 사용 규제 강화

<table>
<tr><th>구분</th><th>백화점</th><th>대형마트</th><th>대형슈퍼</th><th>편의점</th><th>소규모슈퍼</th><th>제과점</th><th>재래시장</th></tr>
<tr><td>업체 수</td><td>97</td><td>537</td><td>9,649</td><td>26,874</td><td>49,788</td><td>16,082</td><td>-</td></tr>
<tr><td>현재 규제</td><td colspan="5">무상제공 금지</td><td>-</td><td>-</td></tr>
<tr><td colspan="8">⇩</td></tr>
<tr><td>추진 방향</td><td colspan="3">사용 금지
* 속비닐 50%
감축(대형마트)</td><td>무상제공 금지
* 대형봉투는
종량제로 전환</td><td>무상제공
금지</td><td>무상제
공 금지</td><td>장바구니
대여사업</td></tr>
</table>

(출처: 환경부, 재활용 폐기물 종합 관리 대책 2018)

③ 분리 배출 단계:

올바른 분리 배출 방법을 홍보하고 알기 쉬운 가이드라인 보급. 분리 배출된 폐기물 중 재활용 불가능한 이물질 비율은 2016년 기준 38.8%에서 2022년 10% 수준으로 저감.

○ 분리배출 우수모델 발굴 및 확산, 올바른 배출 방법에 대한 TV 등 매체별

홍보, 스마트폰 앱 개발 · 보급('18.5~)

○ 분리배출 현장안내 도우미를 활용한 시범사업을 통해 현장안내 및 모니터링 추진('18.6~)

○ 국민들이 손쉽게 따라할 수 있도록 알기 쉬운 분리배출 가이드라인(그림 등 시각적 컨텐츠 포함) 마련 · 배포('18.6)

○ 단독주택 등 취약지역에 대해서는 재활용 분리배출 시설(재활용동네미당) 지속 확충

④ 수거 및 선별 단계:

지자체의 공공관리 강화 및 비상 대응 체계 구축 등으로 수거 중단 재발 방지.

(공공 관리 체계 강화) 공동주택-민간수거 업체 간 계약 내용, 처리실적 등에 대한 자체 보고 및 수거중단 시 사전통보 의무화

○ (비상 대응) 수거중단 발생 시 즉시 보고, 단가조정 중재 및 임시 직접처리 등 지자체가 적극 대응토록 매뉴얼 정비('18.5~)

○ (이행 강제) 생활폐기물 처리 조치명령(환경부→지자체) 및 이행 의무화, 미이행시 행 · 재정적 지원 중단 등 제재조치 신설

○ (공공 인프라) 비상상황 대응을 위한 공공선별장 확충

(민간 수거업체 지원) 재활용품 가격 하락 시 민간수거업체가 공동주택에 지급하는 수거 단가를 인하할 수 있도록 가격연동 표준계약서 보급

○ (수익 안정화) 수거업체 주요 수입원인 폐지 가격 안정화를 위해 유통구조실태조사(가격담합 등 불공정행위 점검), 품질 자율등급제를 도입하여 적정가격 관리

* 유통단계(고령층 수집인→고물상→압축장→제지사)별 납품단가 등 모니터링, 재활용품에 대한 세제혜택 추진('18년 종료 예정인 매입세액 공제 특례 연장)

○ (고물상 환경개선) 환경상 문제가 없도록 시설기준을 마련하고, 기준 충족을 전제로 지자체 의견 수렴 후 입지기준 합리화 방안 마련
○ (민간 선별업체 지원) 생산자의 EPR 재활용 지원금 확대('18.6~)

⑤ 재활용 단계:

재활용 시장을 모니터링하고 선제적 대응체계 구축, 재활용 제품의 품질을 제고하고 수요처 확대.

(시장 안정화) 수출 · 입 동향, 유가 및 재활용품 가격 변동 등을 분석하고, 재활용 시장을 안정적으로 관리할 수 있는 전담기구 설치.

○ (안정화 재원) 생산자가 납부하는 분담금 등으로 재원을 마련('19~)하고, 가격 하락 등으로 폐기물 적체 우려가 있을 경우 구매 · 비축 등에 활용
○ (수입관리 강화) 폐기물 수입 시 환경부-관세청 협업검사를 확대하고, 국내 재활용여건을 고려한 사전심사를 강화('18.4~)하여 수입물량 조정
○ (국산 재생원료 사용 제고) 제지 · 유리병 등 주요 재생원료 사용업체의 이용목표율 상향조정('18.하) 및 이행모니터링 강화

(재활용 수요 확대) 재활용제품(하수관거, 건설자재 등) 공공구매 활성화를 위해 공공사업 및 조달 관련 지침 · 규격 보완, 조달 가점 조정 등 우대 조치('18.10).

○ (R&D) 고품질 선별기술, 폐비닐 · 페트 등 재활용제품 제조기술을 조기에 상용화하고('18~), 품질 제고를 위한 중장기 R&D 로드맵 마련('18.하)
○ (고형연료제품(SRF)* 관리개선) 고형연료 사용시설의 주민감시체계 도입, 환경기준 강화로 주민수용성 및 투명성 제고

* 폐비닐 등을 선별하여 성형 또는 비성형 처리하여 만든 고형연료(Solid Refuse Fuel)

○ 생활계 폐비닐로 만든 고형연료는 검사 · 조사를 통합 · 운영하고, 하수슬러지 소각시설 등 신규 사용처 확대(환경안전성 검증 전제)

(3) 재활용 폐기물 관리 종합 대책의 요약

다음은 재활용 폐기물의 전과정 단계별 국내 추진 전략과 내용을 요약한 것이다.

〈표 2〉 환경부 재활용 폐기물 관리 종합 대책의 전략과 내용

구분	전략	세부전략	추진 내용
제조·생산	제품 설계	재질구조 평가 의무화 및 분담금 차등화	○ 재활용법 개정('18.7~), 분담금 차등부과('19)
		순환이용성 평가	○ 평가계획 확정('18.4), 평가완료 · 개선권고('18.10) * 자발적 이행 독려를 위한 생산자 MOU 체결('18.4)
		재활용 친화형 소재 · 디자인 개발	○ 유니소재 지원대상 확정('18.6), 시제품 개발 지원('18.7~)
	생산자 책임 강화 (EPR)	품목 확대	○ 43개('18) → 57개('20) → 63개('22) * 재활용법 시행령 개정('18.하, 비닐류 5종 우선확대)
		재활용의무율 상향	○ 비닐류 의무율 상향('18.6) → 그 외 품목('18.하) * 생산량 전체에 비용부담 관련 재활용법 개정('19)
		면제대상 관리강화	○ 자료제출 의무화 등 재활용법 개정('18.7~)
유통·소비	포장 최소화	운송포장재(택배)	○ 과대포장방지 가이드라인('18.10), 법적 제한기준('19)
		일반포장재	○ 전자제품 등 과대포장 기준 신설('18.9)
	1회 용품 사용 최소화	1회용컵 감량 · 회수 · 재활용 대책	○ 다회용컵 인센티브, 재질단일화 자발적 협약('18.5) ○ 컵보증금제 등 재활용법 개정('18.4~), 본격시행('19)
		비닐봉투 감량대책	○ 편의점 · 제과점 등 자발적 협약('18.6), ○ 대형마트 사용금지 등 재활용법 시행규칙 개정('18.6~)
		공공부문 사용감축	○ 공공부문 사용억제 지침 마련('18.6) ○ 지자체 · 공공기관 평가 시 반영('19~)
	이행 강화	제도 개선	○ 과대포장 사전검사 의무화 등 재활용법 개정('18.7~) ○ 1회용품 제한기준 위반 과태료 상향 등 재활용법 시행령 개정('18.6~)
		점검 강화	○ 지자체 · 시민사회 합동점검반 구성 · 점검(연중 상시) ○ 과태료 부과 실적을 지자체 평가에 반영('19~)
분리·배출	홍보 · 모니터링	올바른 분리배출 집중 홍보	○ 매체별 홍보, 스마트폰 앱 개발 · 보급('18.5~) ○ 분리배출 현장안내 도우미 시범사업('18.5~)
	체계 개선	분리배출 기준 명확화	○ 알기 쉬운 가이드라인 마련 · 배포('18.6) ○ 분리배출 개선 포럼('18.5~), 분리수거 지침개정('18.9)
		취약지역 인프라	○ 재활용동네마당 확대 및 전담 관리인 운영('18~)

구분	전략	세부전략	추진 내용
수거·선별	공공관리 강화	공동주택 민간수거 보고 의무화	○ 지자체 보고 의무화 등 폐기물관리법 개정('18.6~)
		비상대응체계 마련	○ 수거중단 등 비상대응 매뉴얼 정비('18.5) ○ 지자체 이행강제 등 폐기물관리법 개정('18.6~)
		공공선별장 확충	○ 공공선별장 신설, 노후시설 개선('18~)
	수거·선별업체 지원	수거업체 수익안정화	○ 가격연동 표준계약서 보급('18.하) ○ 폐지 자율등급 가이드라인('18.6), MOU 체결('18.7) ○ 재활용폐자원 매입세액공제 특례 연장('18.하)
		고물상 환경개선	○ 시설기준 마련, 입지기준 합리화방안 마련('18.하)
		선별업체 지원확대	○ EPR 생산자책임 강화로 지원금 확대('18.6~)
재활용	시장 안정화	모니터링 및 관리체계 구축	○ 재활용시장 관리위원회, 관리센터 구축('19) ○ 안정화재원 마련('19~'22), 적체우려 시 구매·비축 * 시장연동형 EPR 도입방안, 시장안정화 조치 매뉴얼 마련('18.9)
		수입관리 강화	○ 수입폐기물 사전심사 강화('18.4~) ○ 환경부-관세청 협업검사 강화('18.9)
		국산 재생원료 사용 제고	○ 국산 재생원료 이용목표율 상향 고시 개정('18.하)
	수요 확대	공공구매 확대	○ 공공사업·조달 시 우대 조치 마련('18.10)
		재활용제품 R&D	○ 고품질 선별기술 등 조기 상용화('18~'19) ○ 재활용제품 품질제고 중장기 R&D 로드맵 마련('18.하)
	SRF 관리 개선	환경안전성 강화	○ 사용시설 기준강화 등 재활용법 시행규칙 개정('18.6~)
		관리체계 개선	○ 검사·조사 통합 운영('18.5~) ○ 행정처분 합리화 재활용법 시행규칙 개정('18.6~) ○ 생활폐비닐 SRF 사용처 확대('18.6~)
홍보·교육	실천운동	대국민 집중홍보	○ 기획보도, 예능, 생활정보 프로그램 등 홍보('18.4~)
		실천운동 확산	○ 실천협의체 구성('18.6), 국민참여 공모전 등('18.6~) * '환경의 날'(6.5)을 '플라스틱 없는 날'로 선포
	자원 순환 교육	수요자 맞춤형 교육	○ 방과 후 수업 환경교사 파견('18.7~) ○ 주민·문화센터 교육, 분리배출 전문가 육성('18.6~)
		체험기반 강화	○ 지역별 업사이클센터를 통한 전시·교육('18.5~)

(출처: 환경부, 재활용 폐기물 종합 관리 대책 2018)

2.4.2 재활용 폐기물 관리의 기존 정책과 향후 전략

구분		기존	종합대책
제조생산	제품 설계	· 유색, 복합재질, 라벨분리 어려움 - 제품설계에 대한 인센티브, 페널티 無	· 무색, 단일재질, 라벨분리 용이 - 순환이용성평가 및 개선권고(新) - 재질구조 평가 의무화 및 분담금 차등화 (强) PVC, 유색 페트병 등 사용금지(新)
제조생산	생산자 책임 (EPR)	· (품목) 43개 · (의무율) 비닐류 66.6%('18) · (면제대상) 신고의무 無	· (품목) 57개('20) → 63개('22)(强) · (의무율) 비닐류 90%('22)(强) * 출고량 전체에 대한 분담금 납부(新) · (면제대상) 자료제출 의무화(新)
유통소비	포장	· (운송) 규제대상 제외 · (일반) 23개 품목 과대포장 규제 과대포장 사후검사	· (운송) 가이드라인 및 법적제한(新) · (일반) 전자제품 과대포장 기준신설(新), 과대포장 사전검사(强)
유통소비	1회용컵	· (감량) 다회용컵 할인(100~300원) · (회수) 컵보증금제 폐지('08) · (재활용) 이종재질, 비용부담 無	· (감량) 할인확대(판매가 10%)(强) · (회수) 컵보증금제, 전용수거함(新) · (재활용) 재질단일화, 판매자비용부담(新)
유통소비	비닐봉투	· (대형마트) 무상제공 금지 · (편의점) 무상제공 금지 · (제과점) 규제대상 제외	· (대형마트) 사용금지, 속비닐 50% 감축 (强) · (편의점) 대형봉투 종량제 전환(强) · (제과점) 무상제공 금지(新)
유통소비	공공부문	· 1회용품 별도 관리방법 부재	· 사용저감 지침 마련 몇 실적 평가(新)
분리배출	분리배출 이행	· 분리배출 안내 · 교육 부족 · 현장점검의 실효성 미흡	· 분리배출 집중홍보(强) · 분리배출 도우미 현장교육 · 모니터링(新)
분리배출	분리배출 체계	· 구체성 낮은 분리배출지침 · 일부지역 재활용동네마당 설치	· 알기 쉬운 가이드라인(强) · 동네마당 확대, 전담관리인 운영(强)
수거선별	공공관리 강화	· 공동주택은 민간수거에 의존, 기초 현황 미파악 · 수거중단 등 비상대응체계 無 · 공공선별장 부족, 노후화	· 계약 내용 등 지자체 보고 및 수거중단 시 사전통보 의무화(新) · 비상매뉴얼, 지자체 이행강제(新) · 공공선별장 확충 및 효율개선(强)

	민간 수거·선별 업체	· 수거업체 수익 불안정 · 주거·상업지역 불법입지 문제 · 선별잔재물 처리비용 상승	· 가격연동 표준계약서, 폐지 가격 안정화 (모니터링, 자율등급제)(新) · 고물상 시설기준 마련, 입지규제 합리화 검토(新) · 재활용 지원금 확대(强)
재활용	시장 안정화	· 시장모니터링, 사전대응체계 미흡 · 폐기물 수입관리 미흡 · 국산재생원료 사용 촉진 부진 (재활용지정사업자 이행여부 관리 미흡)	· 관리체계 구축, 안정화 재원 마련(新) · 협업검사 확대, 사전검토 강화(强) · 재생원료 이용목표율 상향 검토, 이행 모니터링 강화(强)
	재활용 수요	· 재활용 수요 제한적 · 생활폐기물 R&D: 환경분야 전체 R&D의 3%	· 공공공사, 조달 등 구매 확대(强) · 단기 상용화과제 추진, 중장기 재활용 R&D 로드맵 마련(新)
	SRF	· 주민수용성, 신뢰성 부족 · SRF 사용업체 검사·조사 빈번 · 생활계폐비닐 SRF 수요 축소	· 대기오염배출기준 등 환경안전성 강화(强) · 검사·조사 통합운영 등 규제합리화(新) · 생활계폐비닐 SRF 사용 확대(强),

(출처: 환경부, 재활용 폐기물 관리 종합대책)

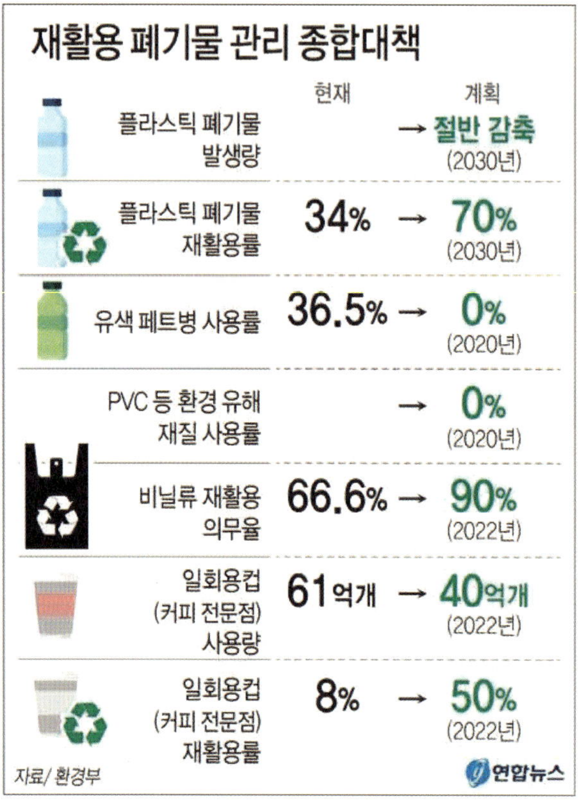

〈그림 12〉 재활용 폐기물 관리 종합대책

(출처: 환경부, 연합뉴스 2018년 5월 10일)

한국의 플라스틱 폐기물 관리를 위한 전략을 요약하면 다음과 같다.

첫째, 플라스틱의 소비 저감 및 폐기물 발생량 감축을 위한 다양한 정책과 노력이 필요하다. 특히 일회용 플라스틱 소비 감축과 폐기물 발생 저감을 위한 강력한 규제 및 사용 제한 등의 정책 방안 마련이 필요하다.

둘째, 재사용 및 재활용 활성화를 위해 현행 영세한 재활용 시설에 대한 공공 및 민간의 투자가 필요하다. 또한 생산된 재생원료 구매 활성화를 위해 제품 제조 시 재생원료 의무 사용 등의 정책적 고려가 필요하다. 예를 들어, PET병 제조 시 재생원료 사용 의무 비율을 도입하여 재생 PET 사용을 유도할 필요가 있다.

셋째, 플라스틱의 재활용을 위한 기술 혁신과 고부가가치 제품 개발을 위한 R&D 투자가 필요하고, 플라스틱의 다양한 처리 기술 개발이 필요하다. 플라스틱은 종류가 많고, 재질도 다양하고, 복합재질도 많아서 경제성을 고려하여 다양한 처리 방법을 적용하여 재활용 활성화를 도모할 필요가 있다.

넷째, 순환경제 확산을 위한 각 주체별 역할과 책임이 강화되어야 한다. 생산자는 제품의 재활용을 고려한 친환경설계를 도모해야 하고, 소비자는 친환경 제품을 적극적으로 구매하고, 책임 있는 소비를 해야 한다. 재활용 업체는 지원금에 의존하는 형태에서 벗어나 기술 혁신을 통한 고부가가치 생산을 추구해야 한다. 정부는 이러한 순환경제 구축을 위한 적극적인 정책적 지원과 경제적 유인책을 강구해야 한다.

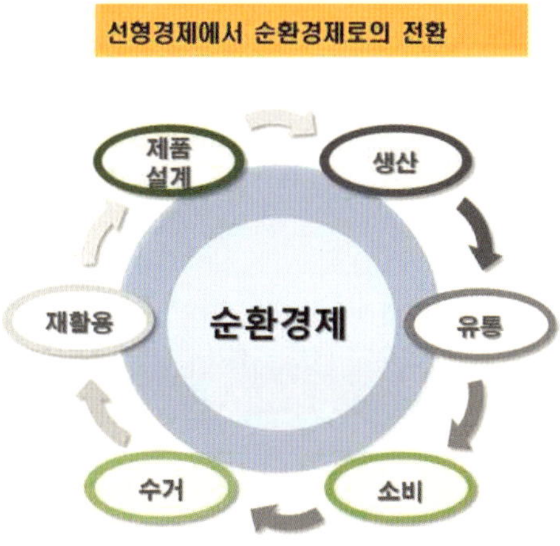

〈그림 13〉 순환경제로의 전환

생각해볼거리 9

플라스틱 폐기물 수거 거부 사태와 한국의 플라스틱 순환경제 전략 수립

우리나라는 매일 막대한 양의 플라스틱 포장용기, 일회용 봉투, 배달용 일회용 플라스틱, 택배 배달용 플라스틱 사용으로 플라스틱 홍수 시대를 살고 있다. 요즘은 모바일과 인터넷, 배달앱을 통해 일회용 플라스틱으로 포장된 온갖 음식을 배달시켜 먹는 시대이다. 이러한 넘쳐나는 플라스틱으로부터 해양오염을 막고, 플라스틱 생산으로 인한 온실가스 배출 증가를 막아야 한다. 단순히 플라스틱 폐기물의 처리와 재활용 문제를 넘어서 일회용 플라스틱이 없는 사회, 국내 플라스틱 순환경제 구축이 시급하다.

최근 2018년 3월 폐기물(재활용품, 폐비닐, 폐플라스틱류 등) 수거 거부 사태는 우리나라 플라스틱 재활용 순환 체계의 위기를 가져왔다. 물론 국외 외부적 환경 요인으로서 과거 폐기물을 수입하여 제조업 발전을 이룩하였던 중국이 2018년 1월부터 고체폐기물(폐플라스틱, 폐지 등 24종)의 수입을 금지한 것이 직접적인 원인이었다. 국내 내부적인 요인으로도 폐플라스틱과 폐비닐류 등이 공급과잉으로 재생제품의 단가가 하락하였다. 결국, 폐플라스틱 수거업체와 재활용업체가 이러한 재활용품을 수거해서 재활용 시 수익성이 악화되어 수거 거부가 일어났다. 이를 계기로 정부가 2018년 5월 재활용 폐기물 관리 종합대책을 수립하였다. 하지만 EU 순환경제와 플라스틱 관리 전략, 일본 플라스틱 관리 전략 등 세계적인 흐름에 맞추어 국가 차원에서 "2030년 목표 국가 플라스틱 순환경제 전략 수립" 추진되어야 한다. 특히 순환경제 구축을 위한 플라스틱 재활용 기술 개발과 투자, 플라스틱의 재활용 산업의 혁신과 고도화, 한국 플라스틱 순환경제 구축 전략과 다양한 방안, 일회용 플라스틱 줄이기 캠페인, 일회용 플라스틱의 퇴출 방안 등이 구체적으로 마련될 필요가 있다. 여기에는 국가 플라스틱 순환경제의 비전과 목표, 일회용 플라스틱 퇴출 전략과 제품, 전과정 단계별 관리 전략, 국민 캠페인 실시, 이해당사자의 역할과 책임, UN 지속가능발전목표 SDG 목표 12-지속가능한 생산과 소비, 해양 플라스틱오염 방지 등과 연계한 구체적 방안이 필요하다. 또한 이러한 순환경제 구축을 위한 플라스틱 재활용 산업의 육성과 4차 산업혁명 기술 적용을 통해 새로운 혁신적인 일자리 창출이 가능할 것이다. EU의 경우는 2030년까지 플라스틱 산업 분야 20만개 신규 일자리 창출 목표로 하고 있다.

3. 요 약

본 장에서는 최근 중점적으로 다루어지고 있는 각 국가별 플라스틱 폐기물의 관리 전략을 다루었으며, 이에 대한 내용을 요약하면 다음과 같다.

첫째, 2015년 EU 순환경제 패키지에서 플라스틱 관리가 핵심적인 분야로 제시되었고, EU 차원에서 순환경제 구축을 위한 플라스틱 전략을 2018년에 수립 발표하였다. 이 플라스틱 전략의 목적은 첫째, 전생애주기와 가치사슬에 걸쳐 플라스틱의 순환경제를 개발하는 것이고, 둘째는 환경보호를 강화하는 데 있다. 2030년까지 모든 플라스틱의 포장재는 비용 효율적인 방법으로 재사용 또는 재활용 가능하도록 유도하는 것이다. 이러한 전략에는 1) 플라스틱의 경제와 재활용 품질을 개선하고, 2) 플라스틱 폐기물의 발생 억제/ 해양 투기 억제, 3) 순환 체계를 위한 투자와 혁신, 4) 국제협력과 공조 등이 포함되어 있다.

둘째, 2018년 일본은 플라스틱을 순환하기 위한 자원순환 전략을 준비하여 기본 원칙과 목표와 전략을 제시하였다. 중점적인 원칙으로는 (1) 자원과 폐기물 발생 억제, 해양폐기물 투기 억제, (2) 기후 변화 등을 대응 다음 세대를 위한 지속가능한 사회를 구축하고 깨끗한 환경을 후손들에게 물려줌 (3) 비재생자원에 대한 의존도를 줄이고, 재생자원으로 전환, (4) 경제적 및 기술적 사항을 고려하여 플라스틱의 수거, 재사용과 재활용 증가 등이 포함되었다.

셋째, 국내 플라스틱 폐기물 관리 대책으로는 2030년까지 플라스틱 폐기물의 발생량을 50% 감축하고, 70% 재활용을 목표로 제시하였다. 이를 위한 전략으로는 정부, 지자체, 생산자, 소비자 등 각 주체별 역할을 강화하여 플라스틱 등 생활폐기물의 발생을 억제하는 생산-소비 구조 확립과 재활용 촉진을 위한 전주기 순환단계별 개선을 제시하였다. 전과정 단계별 구체적인 전략과 내용을 제시하고 있다.

4. 토의 문제

1. 유럽 순환경제와 플라스틱 관리 전략에 대해 서술하시오.

2. 일본의 플라스틱 관리 전략과 목표에 대해 서술하시오.

3. 국내 재활용 폐기물(플라스틱류) 수거 거부 사태의 주요 원인에 대해 설명하시오.

4. 국내 재활용 폐기물(플라스틱 폐기물) 관리 종합 대책 중 폐기물의 전과정 단계별(생산-제조, 유통-소비, 분리 배출, 재활용 단계 등) 관리 전략에 대해 각각 설명하시오.

5. 참고 문헌

(1) 연합뉴스, 환경부 재활용 폐기물 관리 종합대책, 2018년 5월 10일

(2) 환경부, 재활용 폐기물 종합 관리 대책 2018

(3) EU, Towards a circular economy-Waste Management in the EU, 2017

(4) EU, A European Strategy for Plastics in a circular economy, 2018

(5) Plastic Europe, Plastics Europe's views on strategy on plastics, 2017

(6) UNEP, Global waste management outlook, ISWA, 2015

(7) 일본 환경성, 플라스틱 전략, 2019

(8) Waste to Wealth, Peter Lacy, Jakob Rutqvist, 순환경제의 시대가 온다. 전략시티

chapter 7

플라스틱의 재활용 기술과 방법

1. 서 론

플라스틱은 고분자물질로서 최종 제품의 특성에 따라 가소제, 산화방지제 및 충전제 등과 같은 첨가제가 투입된 물질로 성형의 용이성과 더불어 플라스틱의 뛰어난 물성 특징으로 인해 사용량이 점차적인 증가 추세에 있다. 따라서 플라스틱 폐기물의 발생량 또한 이에 비례하여 증가하고 있다. 플라스틱은 특성상 재생하여 성형품으로 이용이 가능하고 열분해 등에 의해 에너지원으로도 이용할 수 있기 때문에 국토가 좁아 매립지가 부족하고 자원 역시 부족한 우리나라의 경우 플라스틱의 자원순환은 절대적으로 필요한 과제임이 틀림없다. 반면 플라스틱의 단순 소각 또는 매립처리는 소각 시 발생되는 유해가스와 플라스틱의 난분해성으로 인한 매립지 안정화 저해 등의 문제점을 초래한다.

하지만 국내의 플라스틱 폐기물 재활용산업은 대체로 영세하고 낙후된 재생업체에서 이루어지고 있으며, 대개 종업원 10명 미만의 소규모 공장에서 전문적인 기술의 배경 없이 폐플라스틱을 에너지회수를 위한 고형연료 제조 또는 물질 재활용을 통한 재생원료 생산 후 정화조, 화분, 물받이 등과 같은 저급 플라스틱 제품으로 단순 용융 재생하고 있는 실정이다. 이에 따라 폐플라스틱의 다양한 재활용 기술이 국내에 도입 및 적용이 필요하며, 독일, 일본 등과 같은 나라에서는 실제로 다양한 재활용 기술이 적용 및 운영되고 있다.

현재까지 많은 혼합 폐플라스틱의 재활용기술이 개발되어 왔지만, 국내 여건을 감안한 적용 타당하고, 경제성 측면에서도 경쟁력을 가질 수 있으면서 효율도 높은 효과적인 재활용 기술은 아직까지 보편화되지 않아, 이 분야에 대한 기술개발 연구와 노력이 계속되어야 한다. 현재까지 플라스틱을 재활용하고 에너지를 회수하는 몇몇 방법들이 시도되고 있으며, 대표적인 방법으로는 물질재활용, 화학적 재활용, 에너지회수(열적 재활용) 기술 등이 있다.

본 장에서는 플라스틱의 재활용 기술 공정의 종류와 분류, 국내외 재활용 기술 적용 현황, 물질 재활용 공정 기술과 공정, 열적 재활용 기술과 공정, 화학적 재활용 기술과 공정 등을 각각 다루고자 한다.

2. 본 론

2.1 플라스틱의 재활용 기술의 종류

2.1.1 플라스틱의 재활용 방법과 분류

플라스틱의 재활용 방법은 크게 물질 재활용(Material Recycle, MR), 화학적 재활용(Chemical Recycle, CR), 연료화 또는 에너지 회수(Thermal Recycle, TR) 등 세 가지로 나눌 수 있다. 플라스틱의 재활용 기술 분류 방법과 체계는 국가별로 다를 수 있다. 다음 〈표 1〉은 플라스틱의 세부적인 재활용 방법과 분류체계를 나타낸 것이다.

〈표 1〉 폐플라스틱 재활용 방법

<table>
<tr><th>분류(영문)</th><th colspan="2">재활용 방법</th><th>유럽식 표현</th></tr>
<tr><td>물질재활용
(Material Recycle)</td><td colspan="2">재생이용・플라스틱 원료화,
플라스틱 제품화</td><td>Mechanical Recycle</td></tr>
<tr><td rowspan="4">화학적재활용
(Chemical Recycle)</td><td colspan="2">원료・모노머화</td><td rowspan="4">Feedstock Recycle</td></tr>
<tr><td colspan="2">고로환원제</td></tr>
<tr><td colspan="2">코크스로 화학 원료화</td></tr>
<tr><td rowspan="2">가스화
유화</td><td>화학 원료화</td></tr>
<tr><td rowspan="2">열적 재활용 또는
연료화
(Thermal Recycle)</td><td>연료화</td><td rowspan="2">Energy Recovery</td></tr>
<tr><td colspan="2">시멘트 연료화
소각 발전
RPF, RDF</td></tr>
</table>

(출처: 일본 플라스틱처리촉진협회, 플라스틱 리사이클 기초지식, 2012)

물질 재활용은 기계적인 선별과 분리 공정을 통해 최종 생성물로서 플레이크(flake) 또는 펠렛(pellet) 형태로 생산하여 재생원료로 재활용하는 것을 말한다. 화학적 재활용은 플라스틱을 선별, 파쇄 공정을 거친 후 화학 원료가 되는 유화, 탄화수소유, 환원제, 원료 모너머화로 생산하여 플라스틱 원료(feedstock)로 재활용하는 것을 말한다. 열적 재활용은 플라스틱을 재생 가공하여 열적 처리를 통해 에너지의 원료로 사용하거나 발전하는 데 적용하는 기술을 말한다. 플라스틱의 재활용 기술 방법과 분류는 나라마다 약간 차이가 있다.

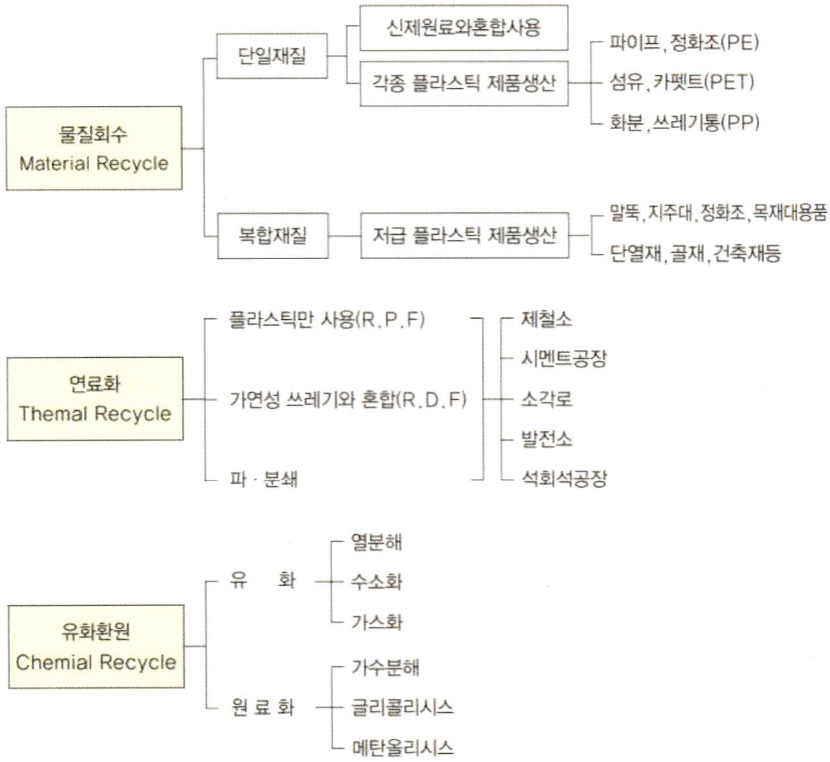

〈그림 1〉 플라스틱의 재활용 방법과 분류

2.1.2 플라스틱의 재활용 현황

(1) 유럽

전 세계적으로 재활용과 재활용률에 대한 용어의 정의가 통일되어 있지 않다. 유럽의 재활용은 회수율(Recovery Rate) 개념으로 사용하고 있으며, 이를 다시 물질 재활용률(Material Recycling Rate)과 에너지 회수율(Energy Recovery Rate)로 구분하고 있다. 2018년 독일의 포장재 플라스틱의 재활용률은 약 98%(물질 재활용률: 33%, 에너지 회수율: 65%) 수준에 있으며, 이탈리아는 약 51%(물질 재활용률: 24%, 에너지 회수율: 27%)의 재활용률을 보이고 있다. 2016년에 유럽 내에서 발생된 플라스틱 폐기물의 양은 약 27.1백만 톤에 달하며, 이 중 69.2%는 재활용 또는 에너지 회수를 통해 이용되고 있으나 27.3%는 매립 처리되고 있다. 플라스틱 폐기물의 41.6%가 에너지회수(8백만 톤)로 처리되고 있으며, 31.1%는 물질 재활용되고 있다. 2006년에 대비하여 재활용률은 79%, 에너지 회수율은 61%가 증가하였으며 매립률은 43% 감소하였다.

〈그림 2〉 유럽 국가별 포장재 플라스틱 폐기물의 발생 및 물질 재활용률(2016)
(출처: EU, Plastic waste and recycling in Europe, 2018)

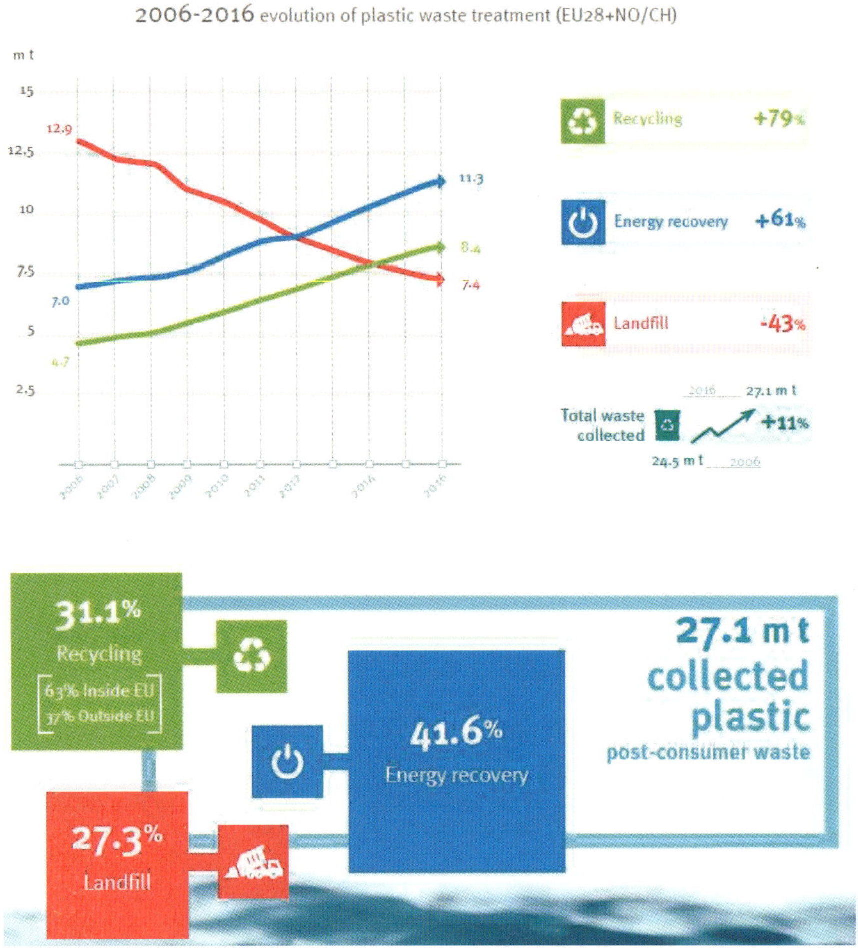

〈그림 3〉 유럽의 플라스틱 폐기물의 처리 현황
(출처: PlasticsEurope, Plastics-the facts, 2019)

(2) 일본

일본의 경우 최근 폐합성수지를 대상으로 재자원화율(再資源化率) 개념을 도입하여 신추산법을 사용하고 있다. 일본에서 발생된 폐플라스틱에 대한 재활용 비율을 아래 〈표 2〉에 나타낸 것이다. 2002년 이후 총배출량의 변화는 2009년 가장 낮은 912만 톤을 배출한 이후 920~950만 톤 사이를 배출한 것을 확인할 수 있다. 반면 유효 이용한 비율은 2002년 기준 52%에서 2014년 기준 약 83%로 약 31% 증가하였다. 이는 2000년 도입한 '순환형 사회형성 추진 기본법'에 의한 일본 정부의 지속적인 재활용 시책추진의 결과로 인한 것으로 판단된다.

〈표 2〉 폐플라스틱의 총배출량 · 유효이용량 · 유효이용율의 추이

(단위: 천 톤)

년도		2002	2003	2004	2005	2006	2007	2008	2009	2010	2011	2012	2013	2014
총 배출량		990	1,001	1,031	1,006	1,005	994	998	912	945	952	929	940	926
유효 이용량	MR	152	164	181	185	204	213	214	200	217	212	204	203	199
	CR	25	33	30	29	28	29	25	32	42	36	38	30	34
	TR	337	344	364	368	457	449	494	456	465	496	502	535	534
	합계	516	541	575	582	688	692	733	689	723	744	744	767	768
유효이용율 (%)		52	54	57	58	69	69	73	75	77	78	80	82	83

*Note: MR: 물질재활용, CR: 화학적 재활용, TR: 열적 재활용

(출처: 일본 환경성, 2016)

일본의 플라스틱 재활용 기술 현황은 2017년 기준 에너지 회수 약 5.2백만 톤, 물질재활용 약 2.11백만 톤(생활계 62만 톤, 산업계 1.5백만 톤), 단순 소각 및 매립 약 1.28백만 톤, 화학적 재활용 약 40만 톤으로 나타났다. 2030년에는 화학적 재활용(2030년 기준 약 2.5~3.4백만 톤)을 크게 확대하여 플라스틱 폐기물로부터 정유화학 산업과 연계된 자원순환 시스템을 구축하는 목표를 세우고 있다.

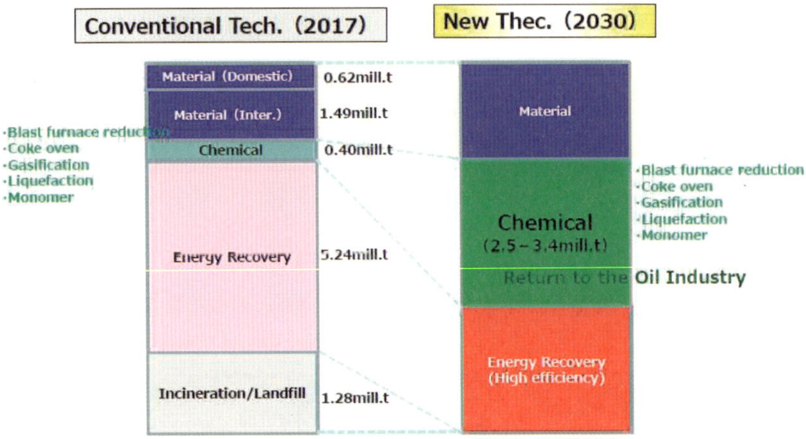

〈그림 4〉 일본 플라스틱 재활용 기술 현황과 예측

(출처: 일본폐기물자원순환학회, 한-일 폐기물 심포지움 자료집, 2019)

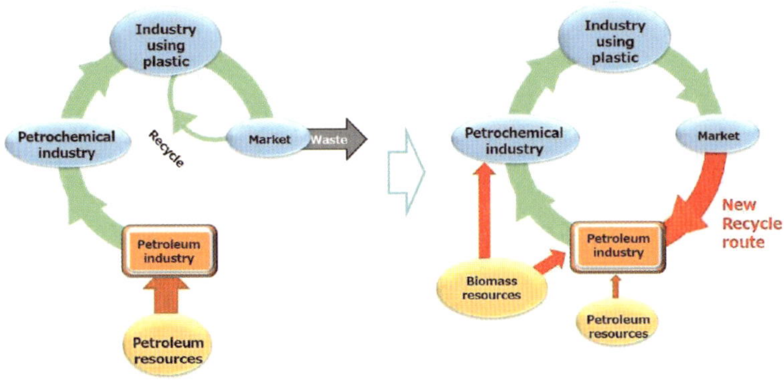

〈그림 5〉 일본의 플라스틱 재활용 기술 변화

(출처: 일본폐기물자원순환학회, 한-일 폐기물 심포지움 자료집, 2019)

(3) 한국

한국의 플라스틱 재활용 기술 현황은 2017년 기준 에너지 회수 약 3.1백만 톤, 물질재활용 약 1.8백만 톤, 단순 소각 약 2.7백만 톤, 매립 약 37만 톤, 화학적 재활용은 거의 없는 것으로 나타났다(그림 6). 2030년에는 물질재활용과 에너지 회수를 통해 재활용을 크게 확대하는 계획이 제시되어 있지만, 구체적인 목표치와 정량적인 산정은 이루어지지 않고 있다. 최근 들어, 플라스틱 재활용 활성화를 위한 활발한 연구가 이루어지고 있다.

한국과 일본의 플라스틱 폐기물의 처리 비율을 비교해보면, 물질 재활용 비율은 약 23%로 거의 비슷하고, 고형연료 및 시멘트보조 연료용으로 에너지 회수를 위한 비율은 한국의 경우 41%, 일본의 경우는 약 58%에 달하고 있다. 한국의 경우 단순 소각 비율이 약 36%(2.7백만 톤)에 달하여 향후 이러한 단순 소각되는 플라스틱 폐기물에 대해 물질 재활용 또는 에너지 회수, 화학적 재활용으로 전환하는 것이 필요하다.

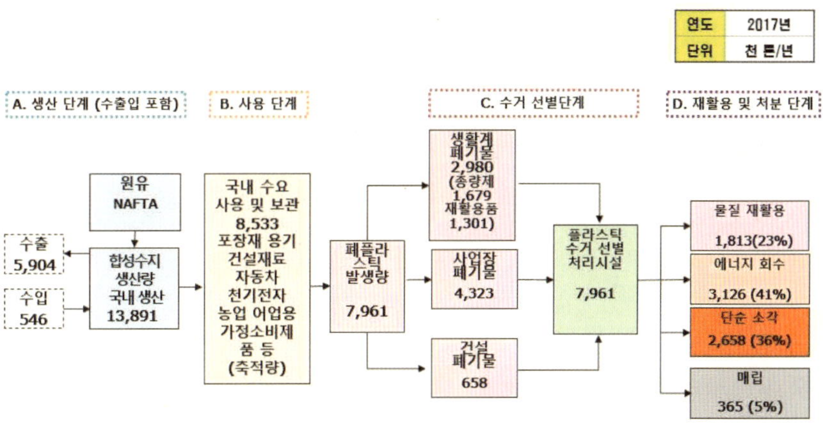

〈그림 6〉 국내 플라스틱의 물질흐름도와 재활용 현황

〈표 3〉 한국과 일본의 플라스틱 폐기물 처리 비율 비교 분석

(단위: 천 톤/년)

	한국 (2017년)	일본 (2017년)
(1) 물질재활용	1,813 (23.0%)	2,110 (23.4%)
(2) 유화	0	400 (4.4%)
(3) 소각		
소각발전		2,870 (31.8%)
고형연료 및 시멘트 보조 연료용	3,126 (41%)	1,670 (18.5%)
열회수		700 (7.8%)
단순 소각	2,658 (36%)	760 (8.4%)
소각 합계	5,784 (77%)	6,000 (66.4%)
(4) 매립	365 (5%)	520 (5.8%)
총 합계	7,961	9,030

2.2 플라스틱의 물질 재활용과 기술 공정

2.2.1 플라스틱의 물질 재활용 (material recycling)

플라스틱의 물질 재활용 기술(material recycling technology)은 플라스틱 폐기물을 원료로 사용하여 기계적인 파쇄, 세척, 건조, 선별과 분리 공정을 거쳐 수지의 종류별, 색상별로 분류된 재생 플레이크(flake) 또는 재생 펠렛(pellet) 등으로 가공하여 플라스틱 제품의 성형용 원료로 사용하는 기술을 말한다. 최근에는 플라스틱 용기 및 제품이 널리 이용되면서 가정에서 발생하는 플라스틱 폐기물도 물질 재활용 기술을 적용하여 널리 적용되고 있다. 재생원료를 활용한 플라스틱 제품을 만드는 물질재활용 기술은 PET,

HDPE, LDPE, PP, PVC, PS 등 대부분의 플라스틱 용기와 제품을 구성하고 있는 열가소성 플라스틱에 적용되고 있다. 하지만 물질재활용 방법은 폴리우레탄과 같은 열경화성 플라스틱의 재활용에는 성형이 어렵기 때문에 적용하기 어렵다. 플라스틱의 제조, 가공, 유통단계에서 발생하는 산업계 폐플라스틱은 수지의 종류가 뚜렷이 구분되고, 오염과 이물질이 적어 재생원료로 사용하기 쉽다. 이물질이 혼합되지 않은 단일 재질의 플라스틱 폐기물은 양질의 재생원료 생산이 가능하나, 여러 플라스틱 재질이 혼합되어 있는 복합 재질의 경우는 저급의 플라스틱 제품(플라스틱 정화조, 건축용 플라스틱 자재 등) 등이 생산된다. 따라서 물질 재활용 기술 적용 시 단일재질과 복합재질의 구분, 이물질의 함유 정도와 제거 기술 등이 중요하고, 플라스틱의 종류별 선별 기술과 효율이 재생 원료의 품질을 좌우한다. 플라스틱 재생 원료로 만들어진 제품은 내구성이 있고 가벼워서 천, 콘크리트, 목재와는 달리 시공이 용이하다는 특징이 있다. 플라스틱 제품 제조 시 재생 원료만을 단독으로 사용하거나 새로운 수지와 혼합하여 사용하기도 한다.

2.2.2 플라스틱의 물질 재활용 공정 예시

다음 〈그림 7〉은 플라스틱 종류별 물질재활용 공정 사례를 나타낸 것이다. 주요 공정으로는 수선별, 자동선별, 분쇄, 세척, 탈수, 건조, 압축, 용융, 성형 등으로 구성된다. 하지만 공정 구성은 플라스틱 재질별, 처리 용량과 규모, 재생원료의 종류와 품질에 매우 다양하다.

〈그림 7〉 폐플라스틱의 회수 선별과 1차 선별 압축 생산품 (예시)
(출처: 한국순환자원유통센터)

다음 〈그림 8〉은 플라스틱 PET의 수거 후 압축선별된 생산품을 풍력/세척 선별에 의한 라벨 분리, 색상 선별, 파쇄, 세척, 탈수 및 건조 과정을 거쳐 재생 PET 플레이크(flake), 펠렛(pellet)으로 생산하는 공정을 나타낸 것이다. 재생원료는 주로 섬유, 시드, 사출성형, 용기류 등으로 재활용된다.

〈그림 8〉 PET 플라스틱의 재활용 공정과 재생원료 생산

(출처: 한국순환자원유통센터)

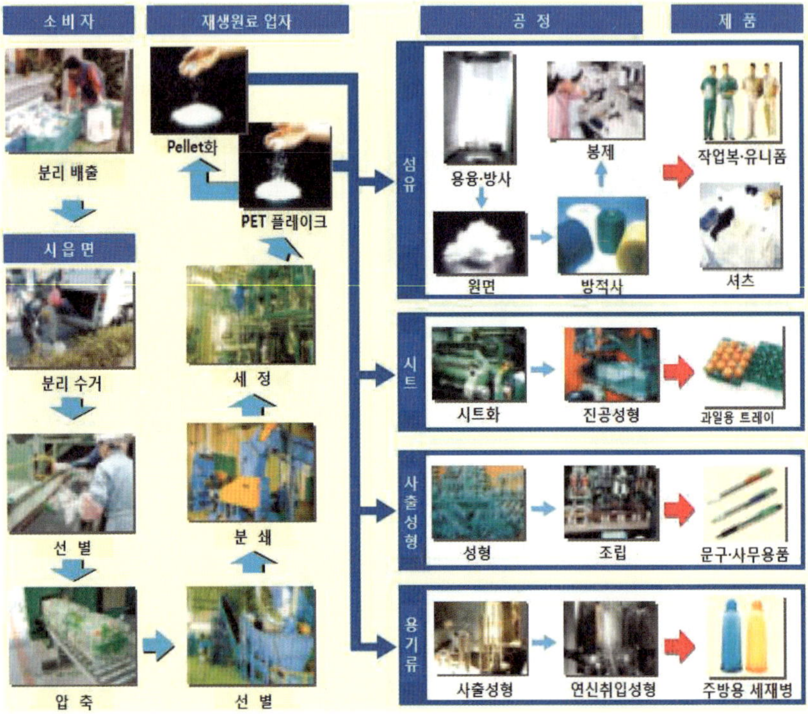

〈그림 9〉 플라스틱 PET병의 물질 재활용 제품생산 공정
(출처: 일본 플라스틱처리촉진협회, 플라스틱 리사이클 기초지식, 2012)

다음 〈그림 10〉은 발포합성수지(EPS, 합성수지의 종류인 PS를 발포제, 탄화수소 가스를 사용하여 부피를 증가시켜 포장재 및 단열재로 만든 것을 말함)의 재활용 공정과 재생원료의 활용을 나타낸 것이다. 수거된 발포합성수지는 분쇄와 감용기를 통해 부피 감량 후 잉고트(ingot) 형태로 생산된다. 생산된 잉고트는 용융과 압출 과정을 거쳐 펠렛형태로 제조되어 액자, 벽돌 등 건축자재, 욕실 매트 등으로 재활용된다.

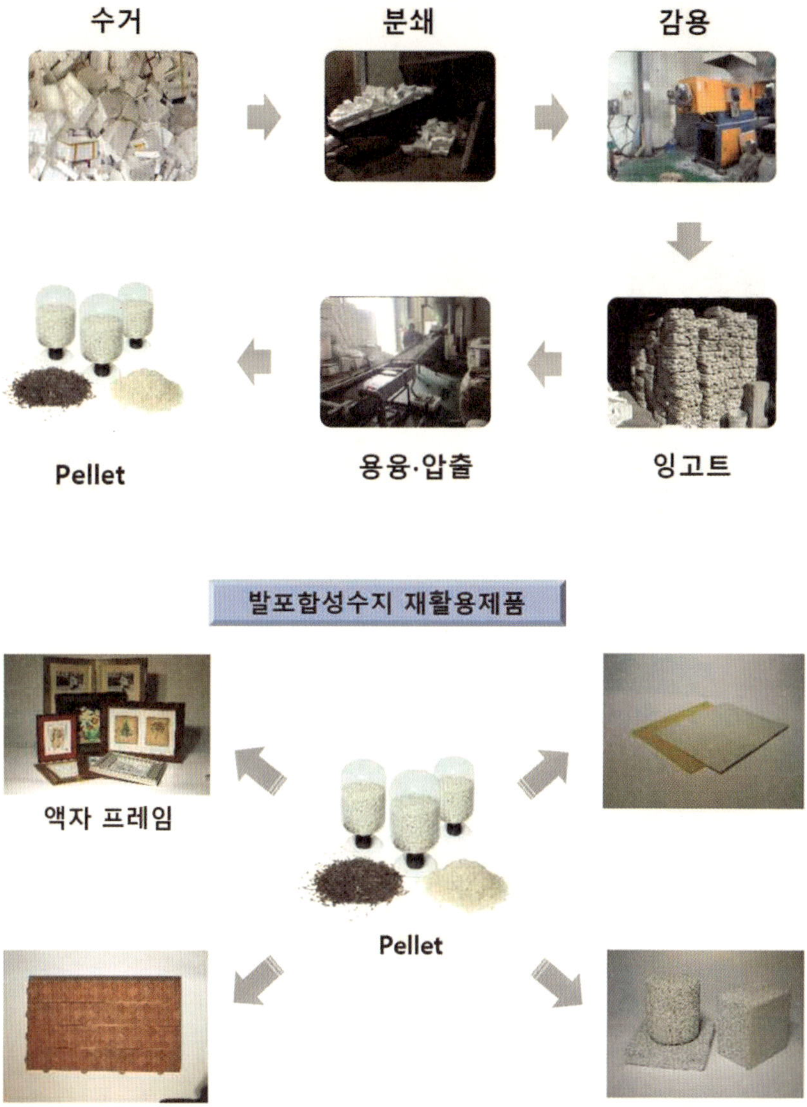

〈그림 10〉 발포합성수지의 재활용 공정과 재생원료 용도
(출처: 한국순환자원유통센터)

플라스틱 폐기물 중 PE, PS, PP 등 단일재질은 재질별 선별, 세척, 용융 압출, 냉각 및 절단 과정을 거쳐 Pellet을 생산한다(그림 11). 생산된 pellet은 플라스틱 상자, 파렛트, 파이프, 지중전선관 등으로 재활용된다.

〈그림 11〉 플라스틱 단일재질(PE, PS, PP)의 재활용 공정과 재생원료 용도
(출처: 한국순환자원유통센터)

다음 〈그림 12〉와 같이, 플라스틱 폐기물 중 복합재질 필름류는 1차 선별을 거친 후 파쇄와 용융 과정을 거쳐 재생원료를 생산하고, 성형과정을 거쳐 지주 받침대, 빗물받이통, 오수받임통, 제수변보호통, 기와 등 다양한 플라스틱 성형제품을 생산한다.

〈그림 12〉 플라스틱 복합재질의 재활용 공정과 성형제품 생산
(출처: 한국순환자원유통센터)

다음 〈그림 13〉은 플라스틱 폐기물 중 복합재질 필름류를 파쇄, 자력선별, 분쇄, 성형을 통해 고형연료를 생산하고 주로 제지업체, 발전사의 연료로 활용하는 것을 나타낸 것이다. 복합재질 필름류는 열분해 공정을 거쳐서 재생유 제품으로 생산하여 발전사 등의 연료로 활용하기도 한다.

〈그림 13〉 플라스틱 복합재질의 재활용 공정과 고형연료와 재생유 생산

(출처: 한국순환자원유통센터)

다음 〈그림 14〉는 국내에서 최근 설치 가동 중인 경기도 하남시 재활용 선별시설 공정 구성을 나타낸 것이다. 주로 플라스틱류(고형연료 제조, 스티로폼 감용 설비, 플라스틱 자동선별 설비 등)와 유리병 선별을 위한 단위 공정을 구성하고 있다.

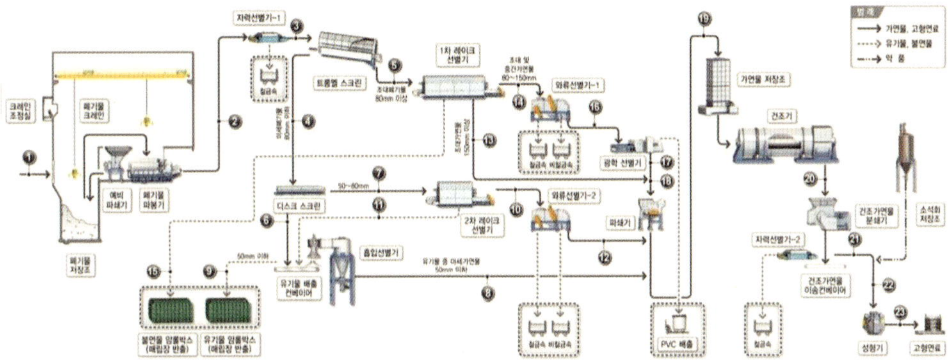

〈그림 14〉 경기도 하남시 생활폐기물 재활용품의 종합선별장 예시
(출처: 경기도 하남시)

2.3 플라스틱의 열적 재활용과 공정

2.3.1 에너지 재활용(energy recycling) (또는 에너지 회수, energy recovery)

플라스틱 폐기물로부터 에너지를 회수하는 방법은 일반적으로 **직접소각, 건류소각 및 고형연료화** 등과 같이 3가지 방법으로 구분된다. 먼저 폐플라스틱의 직접소각을 통한 에너지회수 방법은 일반적인 도시 생활폐기물 소각로에서의 에너지회수와 똑같으나, 플라스틱 폐기물은 소각 시 다음과 같은 여러 문제점들을 야기할 수 있으므로 이에 대한 대책이 필요하다. 첫째, 열가소성 플라스틱은 용융점(melting point)이 낮아 건조단계에서 용융, 탄화하여 관의 막힘 또는 화격자, 구동장치 등의 고장을 일으킬 수 있다. 둘째, 일반적으로 도시 생활폐기물 소각로에서 플라스틱 함유량이 많은

폐기물 소각 시 공기 공급의 부족으로 인해 불완전 연소를 초래할 수 있다. 도시 생활폐기물 소각과 비교할 때, 플라스틱은 약 10배의 공기량을 필요로 한다. 셋째, 도시 생활폐기물(2,000~3,000 kcal/kg) 대비 플라스틱(5,000~11,000 kcal/kg)은 발열량이 높아, 소각로의 고온부식 등과 같은 이상 고온으로 인한 기기 손상이 발생할 수 있고 염소가 함유된 PVC 연소 시 유해물질이 발생하고, 특히 염화수소(HCl)는 기기의 부식을 유발시킨다. 이러한 이유로 폐플라스틱을 다량 함유하는 경우에는 소각을 통한 에너지 회수 방법이 부적절하다. 이에 폐플라스틱 전용 소각로나 플라스틱 혼입 비율이 높은 폐기물을 대상으로 하는 혼용 소각로가 필요하다.

반면, 건류소각(소각하여 발생하는 가스를 열원으로 다시 연소에 이용하는 방식)은 폐기물 중 고분자 물질을 저산소 상태에서 열적으로 분해시켜 저분자 물질을 회수해 내는 열분해와 직접소각의 양면성을 갖는 기술이다. 회분식 및 연속식으로 운영이 가능하며, 폐기물의 장입, 점화, 건류 및 종말처리의 과정을 거친다. 운전시간은 원료의 투입량 및 특성과 운전조건 등에 따라 일반적으로 8~12시간 정도 소요되며, 연소공기는 이론 공기량의 40~60% 내외를 건류반응이 유지되는 시간 동안 균등히 분배하여 공급한다. 대체적으로 200℃ 이하에서는 건조, 600~700℃에서는 열분해, 900~1000℃에서는 가스화가 일어나며, 연소 영역(1000℃)에서 공기 공급량을 조절하여 건류상태로 조절한다. 생성 가스는 공기, 건조가스 그리고 연소가스가 혼합된 것으로 대체로 발열량이 3,000 kcal/Nm^3 정도로 낮은 편이다.

폐플라스틱은 발열량(5,000~10,000 kcal/kg)이 높은 편이기 때문에 고체 연료를 만들기에 적당하다. 폐플라스틱을 주원료로 사용하여 만들어진 고형연료는 특별히 RPF(refuse plastic fuel, 폐플라스틱 고체연료)라 불리어지며, 일반적으로 RPF는 폐플라스틱을 주요 물질로서 혼입하여 제조한다. RPF에는 PVC 같은 염소화합물이나 유리섬유 함유물 등과 같은 성분이 포함되어서는 안 되고, PVC의 함유 허용치는 대개 0.2% 이하이다.

2.3.1 고형연료화 (Refuse plastic fuels, RPF)

플라스틱의 열적 재활용 방법으로서 고형연료화 기술은 폐플라스틱을 분리, 선별, 건조, 성형 등의 공정을 거쳐서 고체 형태의 플라스틱 성형 연료(refuse plastic fuels, RPF)를 생산하는 것을 말한다. 이러한 고체 성형연료는 발전시설, 시멘트 공정, 보일러 등의 대체 연료로 사용된다. 연료화(열적 재활용, Thermal recycle)에는 열분해 유화, 가스화, 고형연료화, 소각 열이용, 소각 발전, 시멘트 연료화 등이 포함된다. RPF는 폐플라스틱을 주원료로 하여 만든 플라스틱 고형연료로서 생활폐기물(SRF 또는 RDF)과 비교하여 품질이 안정되고 열량이 높은 재생 에너지를 말하며, 가연성 플라스틱 폐기물(PE, PP, PS 등)을 선별, 파쇄, 분쇄, 성형 과정을 거쳐 생성된 고형연료 제품 중에서 환경부에서 고시한 제품 품질규격에 준하는 연료 제품군을 말한다.

과거에는 RPF와 RDF 등의 용어가 사용되었습니다. 현재는, 고체 성형연료(solid vefuse fuel, SRF), Bio-SRF로 용어를 변경하여 정의하고 있다. 국내 SRF와 bio-SRF의 품질 및 규격 기준을 〈표 4〉와 〈표 5〉에 각각 나타내었다. 2013년 이전에는 폐플라스틱의 재활용을 촉진하고 아울러 발열량을 높여서 에너지 측면에서 우수한 연료를 만들기 위한 목적으로 폐플라스틱 함량을 60% 이상, 발열량은 6,000kcal/kg 이상, 수분함량, 회분, 염소는 각각 10wt.%, 20wt.%, 2wt.%를 만족하도록 하였다.

2013년 이후에는 SRF와 Bio-SRF(주로 바이오매스를 활용한 고형연료를 말함)로 이원화하여 SRF의 경우, 저위발열량 3,500 kcal/kg 이상(수입 고형연료 제품의 경우 3,650 kcal/kg 이상), 회분 20% 이하, 염소 2.0% 이하, 황분 0.6% 이하 등으로 품질 기준을 적용하고 있다. 반면 Bio-SRF의 경우는 저위발열량 3,000 kcal/kg 이상(수입 bio-SRF 제품의 경우 3,150 kcal/kg 이상), 회분 15% 이하, 염소 0.5% 이하, 황분 0.6% 이하 등으로 품질 기준을 적용하고 있다.

〈표 4〉 국내 고형연료(SRF)의 품질기준

구분		단위	성형		비성형	
모양 및 크기		mm이하	직경	50 이하	가로	50 이하
			길이	100 이하	세로	50 이하
수분		wt.%이하	10		25	
저위발열량		kcal/kg이상	제조고형연료제품 3,500 이상 수입 고형연료제품 3,650 이상			
회분		wt.%이하	20			
염소		wt.%이하	2.0			
황분		wt.%이하	0.6			
금속성분	수은(Hg)	mg/kg 이하	1.0			
	카드뮴(Cd)		5.0			
	납(Pb)		150			
	비소(As)		13.0			

* 1) 회분, 염소, 황분 및 금속성분은 건조된 상태 기준이며, 성형제품은 펠릿으로 제조한 것으로 한정
2) 비성형 고형연료제품을 직접 사용하기 위해 동일한 부지에서 제조하는 경우 가로 120mm, 세로 120mm로 제조할 수 있음
3) 폐타이어만을 사용하여 고형연료제품을 제조하는 경우 황분은 2.0% 적용

〈표 5〉 국내 바이오고형연료(bio-SRF)의 품질기준

구분		단위	성형		비성형	
모양 및 크기		mm이하	직경	50 이하	가로	120 이하
			길이	100 이하	세로	120 이하
수분		wt.%이하	10		25	
저위발열량		kcal/kg 이상	제조 고형연료제품 3,000 이상 수입 고형연료제품 3,150 이상			
회분		wt.%이하	15			
염소		wt.%이하	0.5			
황분		wt.%이하	0.6			
바이오매스		wt.%이하	96			
금속성분	수은(Hg)	mg/kg 이하	0.6			
	카드뮴(Cd)		5.0			
	납(Pb)		100			
	비소(As)		5.0			

〈그림 15〉는 국내 RPF 제조 공정의 예시이며, RPF의 경우 단순 파쇄, 선별, 성형 공정으로 생산되어지게 된다. 생산된 RPF는 주변 화력 발전소, 시멘트 킬른 등의 고형연료로 사용된다.

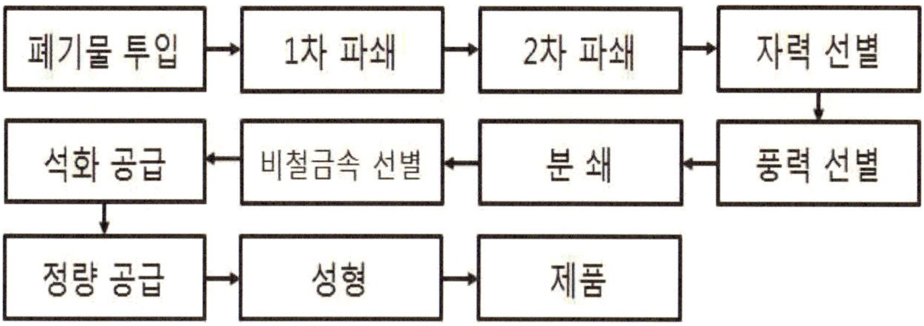

〈그림 15〉 RPF 제조공정 예시

〈그림 16〉 SRF 생산의 종류

(출처: 고형연료제품 제조방법 - 한국폐자원에너지협동조합(2012))

파쇄시설의 선정은 물질에 따라 다르게 선정 하여야 하지만 일반적으로 1차와 2차에 나누어 파쇄를 하여야 이물질을 선별하기가 편리해진다(그림 17).

〈그림 17〉 SRF 재활용을 위한 전단 파쇄 설비
(출처: 고형연료제품 제조방법 - 한국폐자원에너지협동조합(2012))

분쇄시설의 선정은 파쇄 후 이물질의 선별 상태에 따라 분쇄기의 구조를 선택하여야 한다(그림 18).

〈그림 18〉 SRF 재활용 분쇄 설비
(출처: 고형연료제품 제조방법 - 한국폐자원에너지협동조합(2012))

취급하는 폐기물에 따라 채 선별의 성능의 효과가 다소 다르다. 보다 다양한 채선별이 있지만 각각의 방법에 따라 장단점이 있다(그림 19).

drum sieve

shaking screen

〈그림 19〉 SRF 재활용 채선별기 설비
(출처: 고형연료제품 제조방법 - 한국폐자원에너지협동조합(2012))

선별공정 중에 채 선별을 완벽하게 할 수 있다면 굳이 풍력선별을 설치할 필요성이 적다. 양질의 RPF를 생산하고자 한다면 풍력으로 비중이 낮은 물질만 선별하는 것이 양질의 소재를 선별 할 수 있다(그림 20).

〈그림 20〉 SRF 재활용 비중 선별 설비
(출처: 고형연료제품 제조방법 - 한국폐자원에너지협동조합(2012))

〈그림 21〉 SRF 재활용 비철선별기 설비
(출처: 고형연료제품 제조방법 - 한국폐자원에너지협동조합(2012))

성형기의 선택은 RPF의 최종 사용자의 연소기가 요구하는 성상을 감안하여 선택을 하여야한다. Ring dies의 성형은 초기운전 조건을 맞추는 시간이 필요하다. 또한 소모품 교체 후에도 다소 운전조건을 맞추어야 한다.

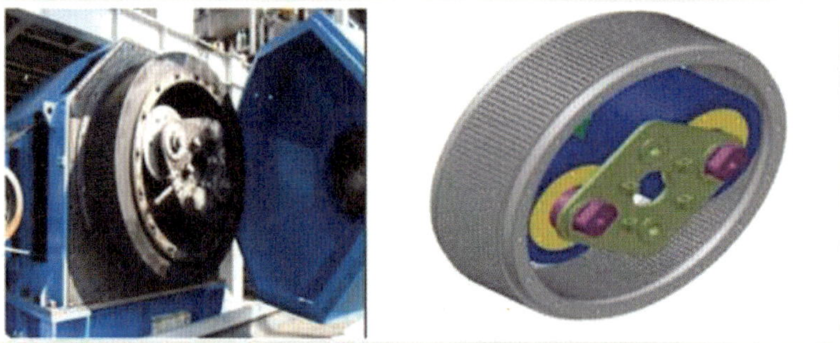

〈그림 22〉 SRF 재활용 성형기 - Ring Dies Type 설비
(출처: 고형연료제품 제조방법 - 한국폐자원에너지협동조합(2012))

〈그림 23〉은 폐플라스틱 SRF 재활용 시설의 최종 생성된 고형연료이다.

〈그림 23〉 최종 재활용 된 성형 SRF

현재 소각 발전 방식에는 스토커로, 가스화 용융로(용해로), 가스화 개질로 등이 주류를 이루고 있다. 가스화 용융로(용해로)는 쓰레기를 고온에서 가스화하여 발생한 열분해 가스, 탄화물을 연료로 사용하여 증기터빈을 통해 발전하고, 소각재는 용융처리하여 슬래그 형태의 고체화하는 방식이다. 가스화 개질로는 폐기물을 열분해하여 발생한 가스, 탄화고형물, 타르 등에 산소를 첨가하여 일산화탄소 및 수소를 다량 포함한 가스로 변환하여 회수하는 것이다. 이 가스(CO, H_2)를 원료로 하여 발전하거나 화학공업 연료로 하는 방식이다. 폐기물을 가스화하는 방식으로 시프트 로식, 유동상식, 로터리 킬른식이 있다. 발전은 증기 터빈뿐만 아니라 효율이 좋은 가스엔진, 가스터빈, 연료전지도 생각할 수 있다.

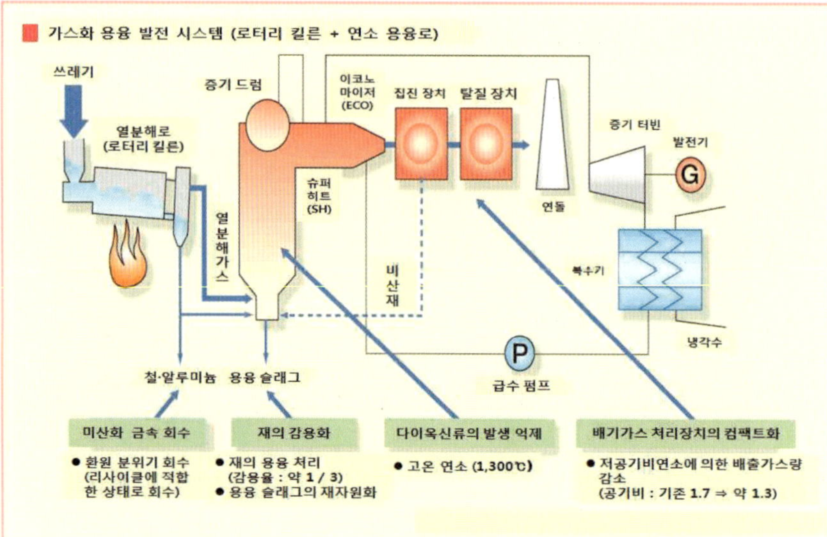

〈그림 24〉 가스화 용융 발전시스템(로터리킬른+연소용해로)

(출처: 일본 플라스틱처리촉진협회, 플라스틱 리사이클 기초지식, 2012)

생각해볼거리 10

물질 재활용과 열적 재활용(에너지 회수) 중 어느 것이 우선인가?

플라스틱의 재활용 방법과 기술은 매우 다양하지만, 크게 물질 재활용 기술(재생이용, 플라스틱 원료화, 플라스틱 재생 제품 생산 등), 화학적 재활용 기술 (원료 모노머화, 고로환원제, 유화 등), 열적 재활용(고형연료, 시멘트시설, 소각을 통한 열회수와 발전 등) 기술로 구분하고 있다. 이 중에서 물질 재활용과 열적 재활용 방법이 국내외적으로 가장 큰 비중을 차지하고 있고, 화학적 재활용 기술은 상대적으로 그 처리 비중이 적고, 비용도 많이 들어 제한적으로 이루어지고 있다.

국내에서 플라스틱 재활용을 위해 물질 재활용(material recycling)과 열적 재활용(에너지 회수, energy recovery) 중 어느 것이 우선시 되어야 하는가? 폐기물 정책 우선순위에 따르면, 폐기물의 발생 억제(감량화), 재사용, 재활용, 에너지 회수, 최종처분 등으로 구분되어 있다. 따라서 플라스틱 재활용 시 물질 재활용 방법이 우선 추진되어야 하고, 물질 재활용이 어려운 폐플라스틱의 경우 열적 재활용을 통한 에너지 회수가 이루어져야 한다. 왜냐하면, 플라스틱을 최대한 회수 후 재활용하여 원료로 순환하여 다시 사용하는 것이 자원고갈, 환경 부하 등을 줄이는 경제적이고 환경 비용 최소화 방법이기 때문이다. 유럽 국가와 같이 플라스틱의 물질 재활용과 에너지 회수에 대한 통계도 구분되어 관리되어야 한다.

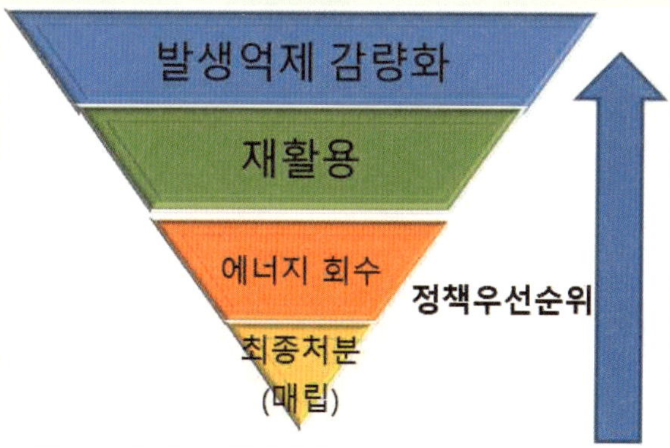

〈그림〉 폐기물관리의 정책 우선 순위

우리나라는 아직 체계적인 플라스틱 처리 국가 통계는 없다. 다만. 최근 연구에 따르면 2017년 기준 우리나라 전체 플라스틱 폐기물(7,961천 톤)은 산업폐기물 중 폐합성수지류 약 4,323천 톤, 종량제 봉투 플라스틱류 약 1,679천 톤, 생활계 재활용품 중 플라스틱류 약1,301천 톤, 건설 폐기물 중 플라스틱류 약658천 톤으로 나타났다. 이중 물질 재활용 비율은 약 1,813천 톤(22.7%)에 불과하고, 단순 소각되는 비율은 약 2,658천 톤(33.4%), 고형연료를 활용한 에너지 회수되는 양은 약 3,126천 톤(39.3%), 매립되는 양은 약 365천 톤(4.6%)으로 나타났다. 즉, 단순 소각되거나 소각을 통한 에너지 회수는 되는 비율이 전체 약 72.7%를 차지하고, 물질 재활용 비율(22.7%)은 비교적 낮은 편이다.

한편, 유럽 국가 중에서 상대적 높은 재활용율 나타내는 독일의 경우 물질재활용 비율은 약 38%, 에너지 회수 비율이 각각 60%로 나타나, 전체를 합하면 약 98%에 달하고 있다. 일본의 경우, 플라스틱 폐기물로 발생한 양은 약 8,910천 톤으로서 생활폐기물 플라스틱 폐기물의 양은 4,290천 톤, 산업폐기물 플라스틱 폐기물의 양은 약 4,620천 톤으로 나타났다. 이 중 물질 재활용은 약 2,080천 톤(23.3%), 소각처리(발전)를 통한 에너지 회수는 약 2,640천 톤, 고형연료 등 에너지 원료로 약 1,739천 톤 등 전체의 약 4,379천 톤(49.1%)은 에너지 회수(열적 재활용)가 이루어졌으며, 나머지 약 1,420천 톤(16.0%)은 매립되거나 단순 소각되었다.

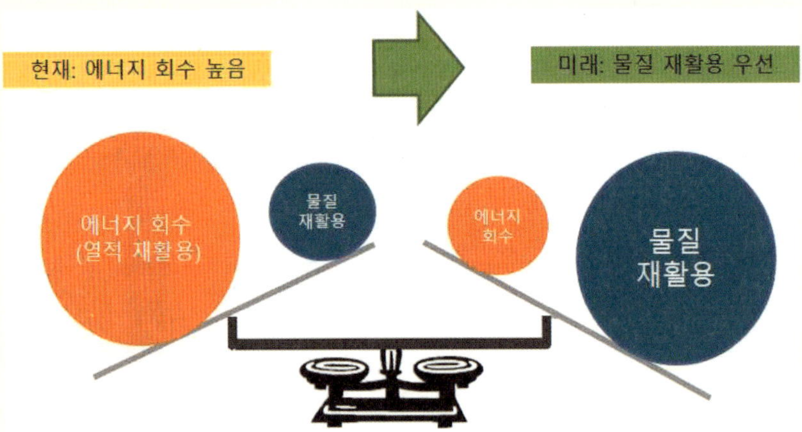

〈그림〉 물질 재활용과 열적 재활용의 우선 순위

2.4 플라스틱의 화학적 재활용과 공정

2.4.1 원료 모노머 기술과 공정

원료 모노머(monomer) 기술은 플라스틱 재생원료를 화학적 공정(chemical process)을 통해 다시 플라스틱의 수지 원료로 재활용하는 기술을 말한다. 예를 들어, 기존에는 폐기된 플라스틱 PET병을 섬유나 시트로는 재활용하였으나, 다시 PET병을 제조하는 데 재활용하지는 않았다. 이는 위생적인 면뿐만 아니라 재생원료는 냄새도 유발하였기 때문에 음료를 담기에는 부적절하였기 때문이다. 하지만 천연수지와 동등한 수지를 만들어내는 "Bottle to Bottle" 사업이 일본과 유럽에서는 적용되고 있다. 여기서 사용된 기술은 폐PET병의 재생 flake을 화학적으로 분해하여 원료 · 모노마로 환원하여, 다시 PET 재생수지로 생산하는 방법이다 (그림 25).

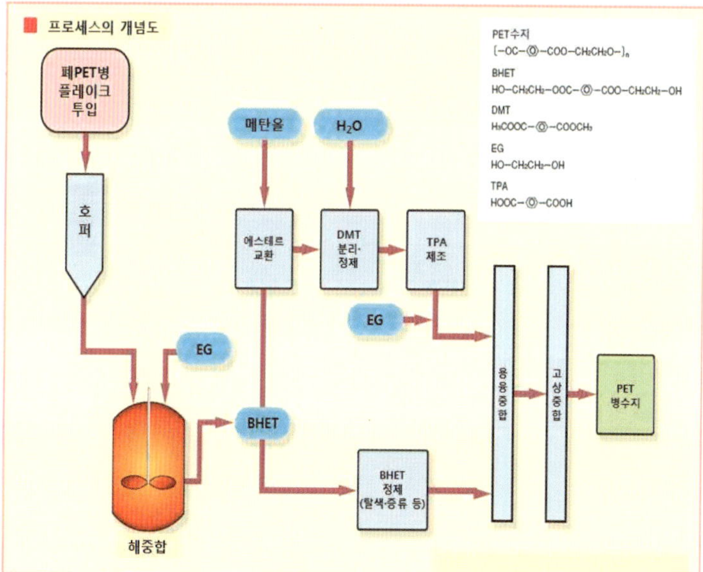

〈그림 25〉 원료 · 모노머화 기술 개념도

(출처: 일본 플라스틱처리촉진협회, 플라스틱 리사이클 기초지식, 2012)

2.4.2 고로 환원제(원료화) 기술

제철소에서는 철광석과 코크스, 부원료를 용광로에 넣어 철을 생산한다. 여기서 코크스는 로내를 고온으로 유지시켜 주는 동시에 철광석의 주성분이 산화철을 환원시켜주는 기능을 한다. 플라스틱의 주성분은 탄소와 수소로서 코크스 대신에 플라스틱이 환원제로 활용이 가능하다. 폐플라스틱은 이물질을 없앤 후 파쇄, 압축하여 입상으로 만든 뒤 코크스와 함께 용광로에 넣어 사용할 수 있다. 다만 염화비닐을 포함한 폐플라스틱은 염화수소가 발생하여 용광로를 손상시키므로 무산소 상태, 약 350℃의 고온에서 염화수소를 분리한 후 용광로에 투입한다. 다음 〈그림 26〉은 고로 환원제 기술의 공정을 나타낸 것이다.

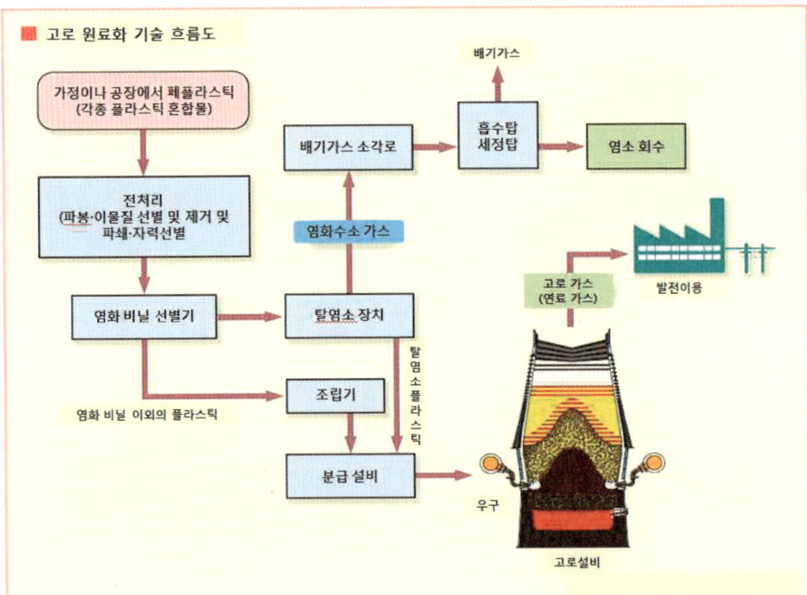

〈그림 26〉 고로원료화 기술 개념도

(출처: 일본 플라스틱처리촉진협회, 플라스틱 리사이클 기초지식, 2012)

2.4.3 코크스 화학 원료화 기술

석탄을 가열하면 코크스가 발생하고 동시에 휘발 성분으로부터 탄화수소유, 코크스 가스가 발생하는데, 폐플라스틱에서도 똑같이 코크스, 탄화수소유, 코크스로 가스가 발생한다. ㈜신일본제철에서는 폐플라스틱으로부터 원료를 추출하는 설비를 갖추고 제철소에서 사용하고 있다. 회수된 폐플라스틱을 파쇄, 이물질 제거, 염화비닐 제거, 100℃로 가열하여 입상형태로 가공한다. 이것을 파쇄 · 입상화한 석탄과 1~2% 비율로 혼합해 코크스로의 탄화실에 투입한다. 탄화실 실내는 무산소 상태로 1200℃ 건류 온도 상승하여 열분해를 한다. 분해된 고온가스는 석탄 고온가스와 함께 냉각 정제하여 상온에서 고칼로리 가스와 유분으로 분리한다. 여기서 화학원료가 되는 탄화수소유가 40%, 고로환원제가 되는 코크스가 20%, 발전 등에 이용되는 코크스로가스가 40% 얻어진다(그림 27).

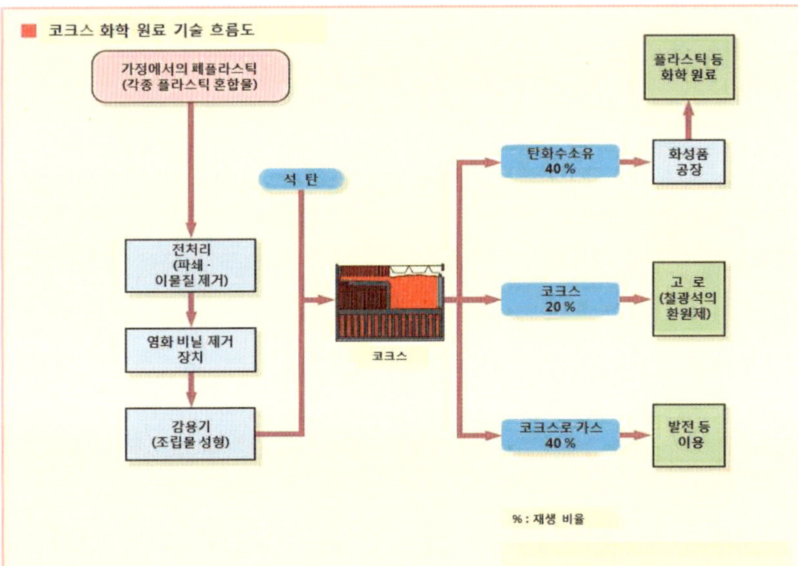

〈그림 27〉 코크스로 화학원료화 기술 흐름도

(출처: 일본 플라스틱처리촉진협회, 플라스틱 리사이클 기초지식, 2012)

2.4.4 가스화(gasification) 기술

플라스틱을 태우면 일반적으로 이산화탄소와 물이 발생하지만, 플라스틱 가스화 공정에서는 산소와 증기를 공급하여 가열함으로써 플라스틱의 대부분이 탄화수소, 일산화탄소, 수소가 된다. 첫 번째의 저온 가스화로(low-temperature gasification furnace)에서는 600~800℃로 가열한 모래가 순환하고 있다. 투입된 플라스틱은 모래와 접촉하여 분해되고 탄화수소, 일산화탄소, 수소, 차르(탄화고형물)로 된다. 또한 염소를 포함하고 있는 플라스틱은 염화수소를 발생시키고, 플라스틱에 포함된 유리나 금속은 불연물로서 회수된다. 두 번째의 고온 가스화로(high-temperature gasification furnace)에서는 앞서 발생한 가스를 1,300~1,500℃에서 증기 및 수분과 반응시켜 일산화탄소와 수소로 이루어진 합성가스를 만든다. 로의 출구에서는 물을 이용하여 200℃ 이하로 급냉함으로써 다이옥신 생성을 방지한다. 여기서 생성된 수쇄슬러그(용해슬러그)는 건축자재로서 이용된다. 잔존하는 염화수소는 가스세정 설비를 통과할 때 알칼리로 중화되어 제거된다. 여기서 생성된 합성가스가 수소, 메탄올, 암모니아, 초산 등 화학공업 원료로 사용된다(그림 28).

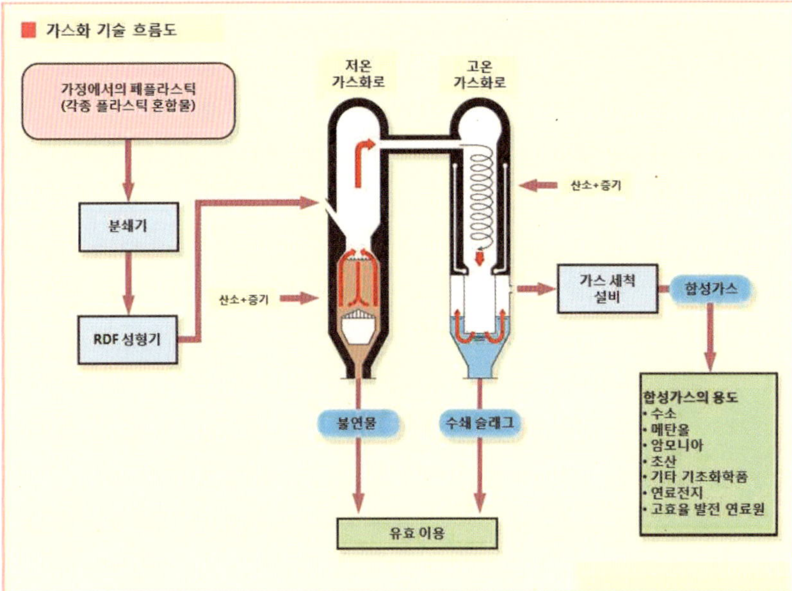

〈그림 28〉 가스화 기술 흐름도
(출처: 일본 플라스틱처리촉진협회, 플라스틱 리사이클 기초지식, 2012)

2.4.5 유화 기술

플라스틱은 석유가 원료였으므로 제조과정을 역으로 돌리면 석유로 돌아온다. 유화기술은 폐플라스틱의 용융, 열분해 및 냉각 등의 공정을 거쳐 다시 재생 유류로 생산하는 것을 말한다. 이미 선진국에서는 1970년대부터 폐플라스틱 유화 기술 개발에 나섰고 그 기술을 확립하게 되었다. 이후 다양한 종류의 폐플라스틱 유화 기술을 개발하여 실용화되기에 이르렀다. 그러나 고분자 상태의 플라스틱을 저분자 상태로 되돌리는 반응은 에너지 공급이 필요한 흡열반응으로 400℃까지 가열하기 위한 에너지 소비가 필요하다. 또한 생성물을 분리, 정제하는 설비도 필요하기 때문에 경제성이 주요 문제가 되어 널리 활용되지 않고 있으나, 유가 상승과 원료의 균질성이 확보되면 적용 가능한 기술이다 (그림 29).

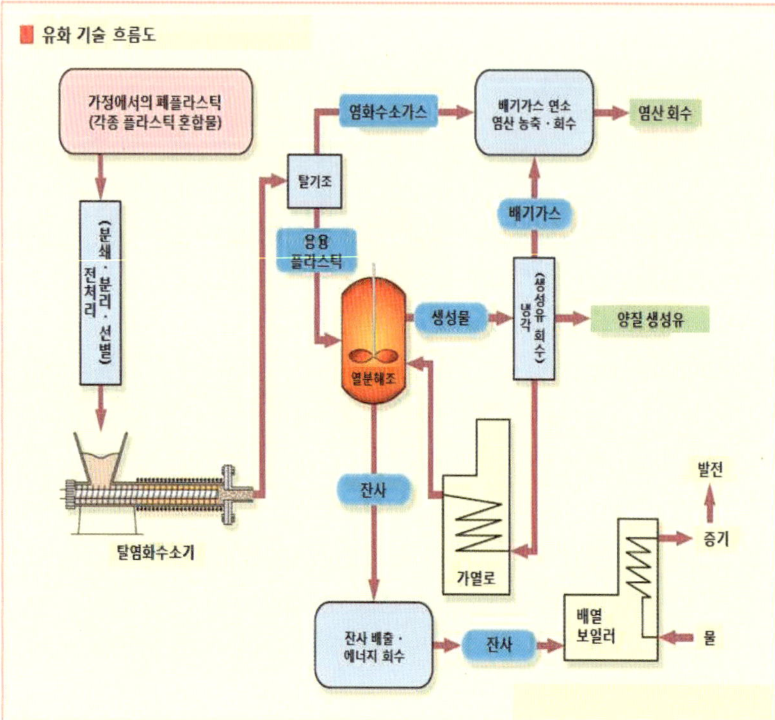

〈그림 29〉 플라스틱의 유화 기술 흐름도

(출처: 일본 플라스틱처리촉진협회, 플라스틱 리사이클 기초지식, 2012)

생각해볼거리 11

폐플라스틱으로부터 석유를 생산할 수 있을까?

플라스틱은 원래 원유에 의해서 유래되었으므로 플라스틱 제품 사용 후 다시 석유로 생산이 가능하다. 폐플라스틱을 용융하거나 열분해, 가스화, 유화 과정을 거치면 양질의 재생유 생산이 가능하다. 하지만, 이러한 석유로 다시 되돌리기 위해서는 에너지 소비가 필요하고, 생성물을 분리하는 공정, 기름으로 생산하는 정제 설비 등이 필요하다. 이러한 화학적 처리 공정이 기술적으로 가능하나, 폐플라스틱 내 불순물과 혼합 플라스틱 성분, 원유로 생산되는 플라스틱 생산 제품 비용이 저렴하여 가격 경쟁력이 약하여 상용화되지 않고 있다. 따라서 고분자 상태의 플라스틱을 저분자 상태로 되돌리는 공정에 투입되는 에너지 비용과 정제 생산 비용, 원료의 균질성이 확보된다면, 충분히 적용 가능한 기술이라 할 수 있다.

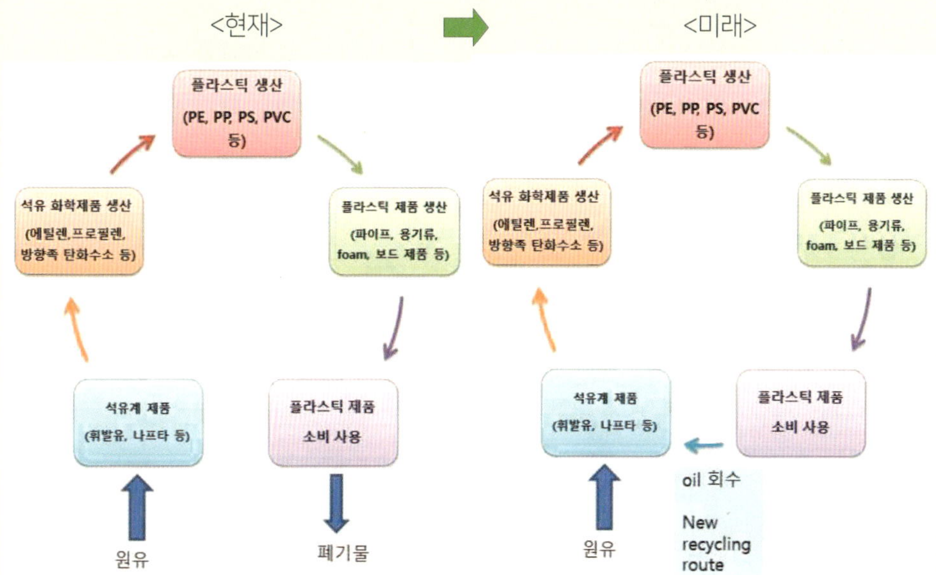

3. 요 약

폐플라스틱의 경우 그 재질(PE, PP, PS 등 단일재질, PSP, PVC 복합 및 필름류 등) 및 배출원이 다양할 뿐만 아니라 재질 및 재활용 생산품에 따른 재활용 방법과 공정이 다르다. 또한, 재활용 정책 및 재활용 기술이 발전함에 따라 연료유(유화), 고형연료제품(RPF, refuse plastic fuel) 생산 등 새로운 에너지화 방법이 도입되고 있다. 또한, 재질별로 재활용 처리방법이 다양하다. 현재까지 다양한 플라스틱의 재활용 기술이 개발되어 왔지만, 경제성 측면에서도 경쟁력을 가질 수 있으면서 효율도 높은 효과적인 재활용 기술은 아직까지 보편화되지 않고 있다.

본 장에서는 플라스틱의 재활용 기술과 공정, 특징에 대해서 설명하였다. 국가별로 플라스틱의 재활용 기술 적용 사례와 방법이 다르지만, 크게 물질 재활용, 열적 재활용, 화학적 재활용 등으로 구분할 수 있다. 각 기술의 특징과 장단점을 요약하면 다음과 같다.

첫째, 플라스틱의 물질 재활용은 플라스틱 폐기물을 원료로 사용하여 기계적인 파쇄, 세척, 건조, 선별과 분리 공정을 거쳐 수지의 종류별, 색깔별로 분류된 재생 플레이크(flake) 또는 재생 펠렛(pellet) 등으로 가공하여 플라스틱 제품의 성형용 원료로 사용하는 기술을 말한다. 플라스틱 제품을 만드는 기술로, 대부분의 플라스틱 용기를 구성하고 있는 PET, HDPE, LDPE, PP, PVC, PS 등과 같은 열가소성 플라스틱은 이러한 방법을 통해 재생되고 있으나, 폴리우레탄과 같은 열경화성 플라스틱의 재활용에는 적용되기 힘들다.

둘째, 플라스틱의 열적 재활용(thermal recycling) 또는 에너지 회수(energy recovery)기술은 플라스틱 폐기물로부터 에너지를 회수하는 방법에는 일반적으로 직접소각, 건류소각 및 고형연료화 등과 같이 3가지 방법으로 구분된다. 먼저 폐플라스틱의 직접소각을 통한 에너지회수 방법은 일반적인 도시 생활폐기물 소각로에서의 에너지회수와 똑같으나, 플라스틱 폐기물은 직접 소각 시 여러 문제점들을 야기시킬 수 있어 적절한 대책이 필요하다. 플라스틱의 열적 재활용 방법으로서 고형연료화 기술은 최근 들어 관심이 고조되고 있다. 폐플라스틱을 분리, 선별, 건조, 성형 등의 공정을 거쳐서 고체 형태의 플라스틱 성형 연료, refuse plastic fuels(RPF)를 생산하는 것을 말한다. 이러한 고체 성형연료는 발전시설, 시멘트 공정, 보일러 등의 대체 연료로 사용된다.

셋째, 화학적 재활용은 여러 기술이 있으나, 최근 들어 유화기술이 많이 적용되고 있다. 플라스틱은 석유가 원료였으므로 제조과정을 역으로 환원하면 석유로 회수가 가능하다. 유화기술은 폐플라스틱의 용융, 열분해 및 냉각 등의 공정을 거쳐 다시 재생 유류로 생산하는 것을 말한다. 이미 선진국에서는 수십 년 전부터 폐플라스틱 유화 기술 개발을 상용화하였다. 그러나 고분자 상태의 플라스틱을 저분자 상태로 되돌리는 반응은 에너지 공급이 필요한 흡열반응으로 400℃까지 가열하기 위한 에너지 소비가 필요하다. 또한 생성물을 분리, 정제하는 설비도 필요하기 때문에 경제성이 주요 문제가 되어 널리 활용되지 않고 있으나, 유가 상승과 원료의 균질성이 확보되면 적용 가능한 기술이다.

마지막으로, 국가별 플라스틱의 재활용 방법과 적용 기술은 매우 다르다. 폐플라스틱의 품질, 수지의 조성, 이물질 함량, 중금속과 염소 함량 등에 따라 재활용 적용 기술이 다를 수 있다. 폐플라스틱 적용 시 원칙적으로는 우선 물질재활용이 이루어져 자원으로 회수해야 하고, 다음으로 열적 재활용 기술을 적용하여 에너지를 최대한 회수하는 것이 바람직하다. 아울러 화학적 재활용 기술을 활성화하여 다시 플라스틱의 원료인 석유로 전환하는 방법도 적극적으로 강구할 필요가 있다. 따라서 단순 소각이나 매립은 최대한 억제하여 플라스틱 처리로 인한 환경으로의 오염물질 배출이나 유해가스 발생을 억제하는 대책이 마련되어야 한다.

4. 토의 문제

1. 플라스틱의 재활용 기술의 분류와 종류에 대해 서술하시오.

2. 플라스틱의 물질 재활용 기술 공정의 구성과 주요 재생 원료의 용도에 대해 설명하시오.

3. 플라스틱의 열적 재활용 기술의 종류와 특징에 대해 설명하시오.

4. 플라스틱의 화학적 재활용 기술의 종류와 화학적 기술 2가지 이상을 예를 들어 설명하시오.

5. 참고 문헌

(1) 김건국, 장용철 외, 폐합성수지 재활용 시설에서의 물질흐름분석을 통한 실질 재활용률 산정, 한국폐기물자원순환학회, 30(2), 136-143, 2013.
(2) 한국폐자원에너지협동조합, 고형연료제품 제조방법, 2012.
(3) 한국순환자원유통센터 발표자료
(4) 일본폐기물자원순환학회, 한-일 폐기물 심포지움 자료집, 2019
(5) 일본 플라스틱처리촉진협회, 플라스틱 리사이클 기초지식, 2012.
(6) 일본 환경성, 플라스틱 유효이용률, 2016.
(7) EU, Plastic waste and recycling in Europe, 2018.
(8) PlasticsEurope, Plastics-the facts, 2019.

chapter

8

바이오플라스틱(bioplastics) 이란 무엇인가?

1. 서 론

최근 들어 화석연료를 사용한 플라스틱 제품의 대안으로서 바이오플라스틱(bioplastic)의 기술개발과 사용이 점점 늘어나고 있다. 석유를 사용하지 않고 재생 가능한(renewable) 식물과 동물 등으로부터 원료를 만들었기 때문에 자연에서 쉽게 분해된다는 친환경 이미지로서 바이오플라스틱을 흔히 인식하고 있다. 하지만, 동물과 식물과 같은 생물자원으로 만들어진 바이오플라스틱도 있지만, 석유 등 화석연료를 원료로 만들어진 생분해 가능한 바이오플라스틱도 있다. 따라서 모든 바이오플라스틱이 자연 환경에서 미생물로 인해 쉽게 완전 분해되는 것은 아니며, 일부만 분해되거나 전혀 분해되지 않는 것도 있다. 오히려 바이오플라스틱이 폐기 후 기존 플라스틱의 재활용 공정에 함께 혼입되는 경우 분리 선별이 복잡해지고 어려워 플라스틱 재생원료의 품질이 하락할 수도 있다.

바이오플라스틱 중 하나는 식물의 바이오매스(biomass, 에너지원으로서의 생물자원으로 일컬음)로 만들어져 석유 소비를 줄이는 역할을 하는 바이오매스 플라스틱(biomass plastic)과 미생물로 분해되는 생분해성 플라스틱(biodegradable plastic)으로 구분할 수 있다. 이들 모두를 바이오플라스틱이라고 부르기도 한다. 바이오플라스틱 중에는 생분해성 바이오매스 플라스틱과 비생물성 바이오매스 플라스틱도 존재한다. 향후 바이오플라스틱의 기술 개발은 기존 화석연료 기반 플라스틱 생산과 소비의 대안으로서 중요한 분야로서 산업 혁신과 고도화를 통해 친환경 플라스틱의 시장 확장을 위해서도 필요하다. 하지만, 바이오플라스틱의 개념과 종류가 매우 다양하고, 기존 플라스틱 대비 물리적 특성, 생산성, 재활용 어려움, 가격 경쟁력 등 많은 장애물이 아직도 존재하고 있어 이를 극복하기 위한 다양한 노력과 정책적 지원이 필요하다.

본 장에서는 바이오플라스틱의 정의와 종류, 생분해성과 퇴비화

가능 플라스틱, 바이오플라스틱의 기술 개발 사례와 동향, 바이오플라스틱의 장단점, 바이오플라스틱의 긍정적 전망과 부정적 전망을 다루고자 한다.

2. 본 론

2.1 바이오플라스틱의 정의와 종류

2.1.1 바이오플라스틱의 정의

'바이오플라스틱(bioplastic)'이란 용어는 아직까지 개념이나 정의가 국가 마다 다르고, 혼란을 일으키고 있다. 왜냐하면, 바이오플라스틱의 용어가 플라스틱 제조 시 사용된 원료가 생물 기원(bio-sourced) 또는 바이오매스 기반(biomass-based)을 나타내거나, 사용 후 최종적으로(end-of-life) 생물학적 분해(biodegradable)의 개념을 내포하기도 한다. 또한 의학계에서 바이오메디컬(bio-medical or biocompatible) 분야에서 외과적 수술을 통해 인체에 적용 가능한 플라스틱을 바이오플라스틱으로 일컬을 수 있다. 더욱이 생물 기원으로 만들어진 바이오플라스틱 중 일부는 생분해되지 않을 수 있다(non-biodegradable). 반대로 화석연료에서 만들어진 플라스틱 중 생분해가 가능한 플라스틱을 바이오플라스틱으로 규정할 수 있다. 이와 같이 플라스틱 제조 시 화석연료가 아닌 생물 기원(bio-sourced)에서 만들어진 것이냐 또는 사용 후 최종적으로(end-of-life) 생물학적 분해가 가능 여부 기준에 따라 바이오플라스틱의 정의와 범위를 구분하기도 한다. 엄밀히 말하자만, 화석연료가 아닌 생물 기원이고 사용 후 최종적으로 생물학적 분해가 완전히 이루어지는 플라스틱이 바이오플라스틱(bio-sourced and biodegradable)이라고 할 수 있다. 하지만 아직까지 국가별 바이오플라스틱의 정의와 범위가 매우 다양하고 폭넓게 사용되고 있어서 보다 정확한 용어의 정의와 구분이 우선되어야 혼란을 피할 수 있다.

한 가지의 예로서 최근 논란이 되고 있는 산화생분해플라스틱(oxo-degradable, oxo-fragmentable plastic)은 여러 국가에서 바이오플라스틱의 정의와 범위에서 제외하고 있다. 왜냐하면, 산화생분해플라스틱은 생물 기원(bio-sourced)도 아니고 생분해 가능하지 않기 때문이다(non-biodegrable). 이들 산화생분해플라스틱은 화석연료에 의해 제조되고, 산화제를 첨가하여 온도나 열이 가해지는 특성 조건 하에서 플라스틱의 분해를 촉진하게 하여 작은 입자들로 미세화되기 때문이다. 분해는 일어나지만, 실제 미생물에 의해 영양물질이 생체 내로 흡수되거나 동화(assimilation)되지 않은 것으로 알려져 있다. 오히려 이러한 미세화 과정을 통해 산화생분해플라스틱은 생분해되지 않고, 미세플라스틱 오염 문제를 유발할 수 있다. 또한 첨가되는 산화제에는 또한 중금속이 함유되어 있어 환경적 악영향을 유발할 수 있다. 이러한 우려로 인해 최근 유럽에서는 포장재 또는 일회용봉투 제조 시 산화생분해플라스틱의 사용을 금지하고 있다. 산화생분해플라스틱은 일부 농업용 멀칭(mulching)에 사용되고 있으나, 점차 사용이 제한되거나 금지될 것으로 예상된다.

〈표 1〉에서는 바이오플라스틱과 화석기반 플라스틱의 종류와 구분을 나타낸 것이다. 생분해 가능 또는 퇴비화 가능 플라스틱과 난분해성 플라스틱으로 최종 처리 관점에서 분해성을 기준으로 구분할 수도 있다. 반면, 바이오매스 또는 바이오 기반 플라스틱과 화석연료기반 플라스틱으로 플라스틱의 제조 시 원료의 발생원(origin) 측면에서 구분하기도 한다.

〈그림 1〉과 〈그림 2〉에서는 바이오플라스틱의 정의와 분류 체계를 나타낸 것으로 생분해 가능(biodegradable)하거나 바이오기반(bio-based, biomass or bio-sourced), 또는 생분해 가능하면서 바이오기반인 플라스틱을 바이오플라스틱이라고 통상 정의한다.

〈표 1〉 플라스틱과 바이오플라스틱의 분류

Origin 또는 end-of-life	바이오매스 기반 (biomass-based or bio-sourced)	화석연료 기반 (fossil fuel-based, not bio-sourced)
생분해가능 플라스틱 (biodegradable plastic) 또는 퇴비화 가능한 플라스틱 (compostable plastic)	- 전분, 셀롤로오스 기반 폴리머 - PHA (Polyhydroxy alcanoates) - PLA(polylactic acid) - bio-PBS (polybutylene succinate)	- PCL (polycaprolactone) - PBAT (polybutylene adipate-co-terephtalate) - PBS (polybutylene succinate) - copolyesters
난분해성, 또는 생분해 불가능 (Non -biodegradable)	- bio-PE (bio-polyethylene) - bio-PET (ethylene bioterephtalate) - bio-PTT (trimethylene bio-polyterephtalate) - biosourced polyamides (PA) & polyurethanes (PUR)	- PE (polyethylene) - PET (polyethylene terephtalate) - PS (polystyrene) - PP (polypropylene) - PVC (polyvinyl polychloride - PA (polyamides) and PUR (polyurethanes)

(출처: SPERE, Biodegradable and compostable bioplastics, 2019)

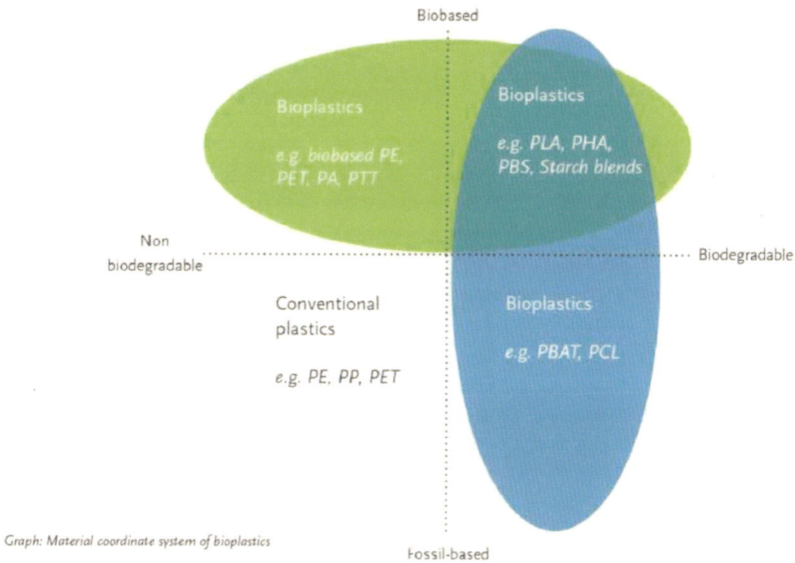

〈그림 1〉 바이오 플라스틱의 분류와 생분해성
(출처: European Bioplastics, Fact Sheet, 2019)

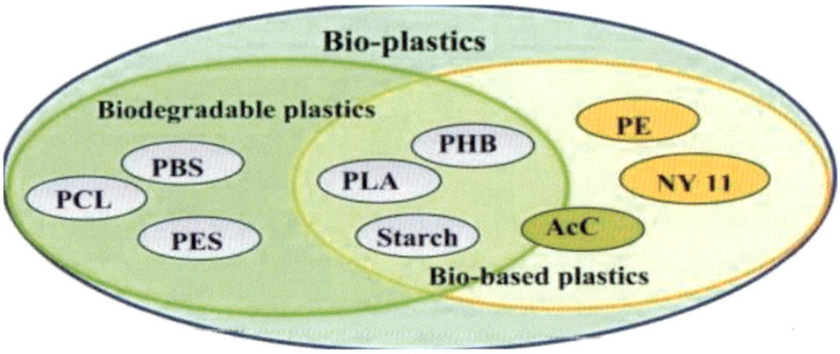

〈그림 2〉 바이오플라스틱의 정의와 분류
(출처: European Bioplastics, Fact Sheet, 2019)

〈그림 3〉에서는 생분해 가능 고분자화합물의 분류를 나타낸 것으로 바이오매스를 통해 생산된 화합물(agro-polymers), 미생물에 의해 생산된 화합물(PHA, PHB, PHBV, PHBH 등), 생물학적 공정기술(biotechnology)을 활용하여 생산된 화합물(ployactdies, PLA 등), 화석연료로부터 생산된 생분해가능한 화합물(PCL, polyesteramides, alophatic co-polyesters, aromatic co-polyesters 등)로 구분된다.

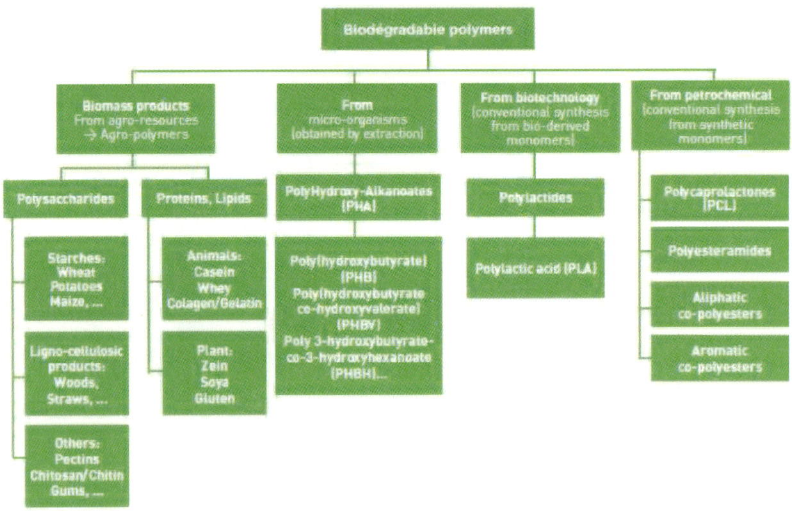

〈그림 3〉 생분해 고분자화합물의 분류와 종류
(출처: SPERE, Biodegradable and compostable bioplastics, 2019)

2.1.2 바이오플라스틱의 종류와 제조 공정

바이오플라스틱의 종류를 세분화하면, 첫째로 볏짚, 전분 등 식물체(20~25%)를 일반 플라스틱이나 생분해 플라스틱과 혼합하여 제조한 탄소저감형 바이오 기반 플라스틱(bio-based plastic, 결합형, 중합형)이 있다. 둘째는 천연물계와 미생물계로 구성된 PLA(polylactic acid), TPS, PHA, AP, CA 등 생분해 플라스틱과 석유계 기반 생분해 플라스틱(PBS, PES, PVA, PCL, PBAT 등)으로 일반 플라스틱을 혼합하여 제조하는 생분해 플라스틱(biodegradable plastic)이 있다. 생분해성 플라스틱은 바이오플라스틱의 큰 범주에 포함된다고 볼 수 있다.

가. 바이오매스 기반(biomass-based) 또는 생물기원(bio-sourced) 바이오플라스틱

(1) 천연 고분자 생분해성 바이오플라스틱

바이오매스 기반 또는 생물기원 바이오플라스틱은 재생 가능한 생물학적 자원(renewable biological resources)으로부터 일부 원료 또는 원료 전부를 가지고 제조된 천연 고분자 생분해성 플라스틱을 말한다. 주로 전분(starch)이나 당류(sugars)를 감자, 사탕수수, 옥수수, 밀, 쌀 등으로부터 추출하거나, 해바라기, 아마, 콩, 팜, 올리브 나무 등으로부터 식물성 기름을 추출하여 바이오플라스틱 원료로서 활용한다. 또한 면, 황마포(jute), 삼베, 목재류 등 자연섬유를 활용하여 바이오플라스틱 생산할 수 있다. 이러한 식물성 원료를 가지고 화학적 공정(가수분해, 탈수 등)이나 생물학적 공정(발효, 추출 등)을 통하여 바이오플라스틱을 생산하게 된다. 이러한 바이오매스 기반 또는 생물기원 바이오플라스틱 제조 시 유럽에서는 바이오매스 함량을 일정 비율 이상(최소 40% 이상) 함유하도록 권고하고 있다. 현재 전체 바이오플라스틱 중에서 생물기원 바이오플라스틱의 사용 비율은 약 1%에 머물고 있다. 최근 제기되고 있는 이슈로서 '과연 농경지에서 재배된 식물 자원을 식용으로 사용하지 않고, 바이오플라스틱 제조에 사용하는 것이 타당한 것인가?' 라는 것이다. 하지만, 바이오플라스틱에 사용되는 식물 자원은 전체 토지면적 중 현재 기준으로 약 0.02%에 불과해서 식량 자원과 경쟁적 관계에 있지 않고 크게 우려할 만한 수준은 아닌 것으로 알려져 있다.

위의 천연 고분자 생분해성 플라스틱은 주로 식물로부터 유래한 천연고분자인 셀룰로오스(Cellulose), 펙틴(Pectin), 헤미셀룰로오스(Hemicellulose), 리그닌(lignin), 전분(starch), 볏짚, 톱밥, 두부박, 팜찌꺼기, 왕겨, 옥수수, 갈대펄프, 목재펄프 등과 동물로부터 유래한 천연 고분자인 키틴(Chitin) 등을 기초로 만들어진 생분해성 고분자를 원료로 하는 플라스틱이다. 전분은 생분해성 플라스틱의 원료 중에서 생분해도의 우수성, 가격 저렴, 자원의 풍부성과 공급 용이성, 천연계로서 원료 자체의 무독성으로 인해 새로운 플라스틱의 주원료로 부각되고 있다. 또한 그 자체의 점착성, 열 또는 물을 이용하여 발포되는 발포성을 이용한 전분 발포 용기, 발포 포장재, 완충재 등에 적용되어 실용화되어 있다. 그러나 물리적 성질이 약하여 자체적으로 상용화하기에 문제가 있는 분야의 경우 복합 분해성, 생분해 수지와 혼합형으로 많은 종류가 개발되어 실용화되어 있다.

최근에는 플라스틱 가공에 적합한 물성을 보유할 수 있도록 다양한 방법으로 변성된 전분이 생분해성 필름 용도 또는 다른 생분해성 고분자와 혼합 사용하거나 전분만으로 생분해성 용기나 완충용 발포제를 제조할 수 있어 향후 생분해 플라스틱의 주원료로서 활용가치는 더욱 높아질 것으로 전망된다. 대표적인 전분의 변성 기술로는 기존 범용 수지인 폴리에틸렌, 폴리스티렌, 폴리프로필렌 등처럼 일정 온도 이상에서 탄화되지 않고 형태가 자유자재로 바뀔 수 있는 열가소성을 전분에 부여한 열가소성 전분(TPS, Thermo-Plastic Starch)을 들 수 있다.

동물로부터 유래한 천연 고분자인 키틴은 주로 의료용 재료로 연구되고 있으며, 셀룰로오스는 중국에서 생분해성 용기의 주원료로 활용하는 사례가 있다(그림 4).

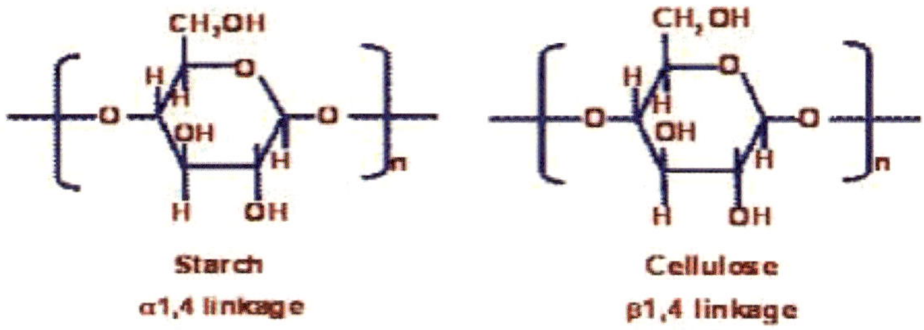

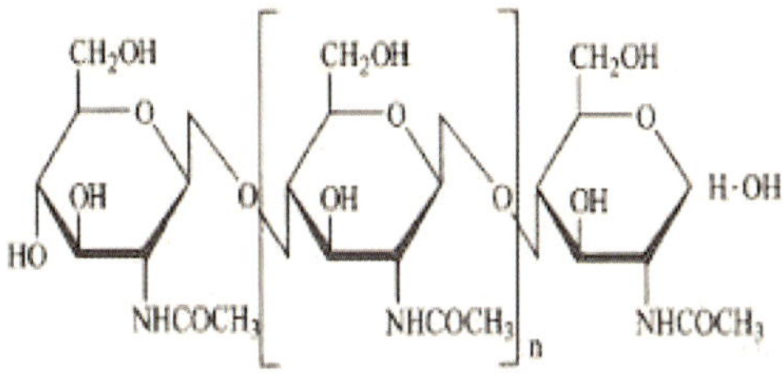

〈그림 4〉 키틴의 화학적 구조

(2) 미생물 생산 고분자 생분해성 바이오플라스틱

미생물(박테리아) 생산 고분자 바이오플라스틱은 미생물이 만들어내는 생분해성 고분자(바이오폴리머)를 활용하여 플라스틱과 같은 기능을 갖는 물질을 만드는 것으로써 생분해성과 물성 면에서 뛰어나지만 생산성과 용도가 제한되며, 가격이 고가인 단점이 있다. 대표적인 으로 PHA(Polyhydroxy alkanoates), PLA(ploylactic acid), bio-PBS(polybutylene succinate), PHB(Polyhydroxy butyrate), PHBV(Polyhydroxy butyrate co-hydroxybutyrate), PHBH(Poly 3-hydroxy butyrate co-3-hydroxyhexanoate)와 같은 다당류(Polysaccharides) 등이 있다. 많은 종류의 미생물들은 세포 내 저장 물질로 PHA를 생산하여 체내에 보관하며, PHA는 폴리프로피오네이트를 주사슬로 하고 3위치에 치환기를 함유한 구조를 가지고 있다(그림 5). 단량체의 R기가 메틸인 폴리 〔3-하이드록시부티레이트 : P(3HB)〕를 주성분으로 하여 다양한 종류의 R기를 함유한 PHA가 미생물로부터 합성되어진다. 〈표 2〉에서는 미생물로부터 생산된 고분자계 PHA

의 종류와 함량을 예로서 나타낸 것이다.

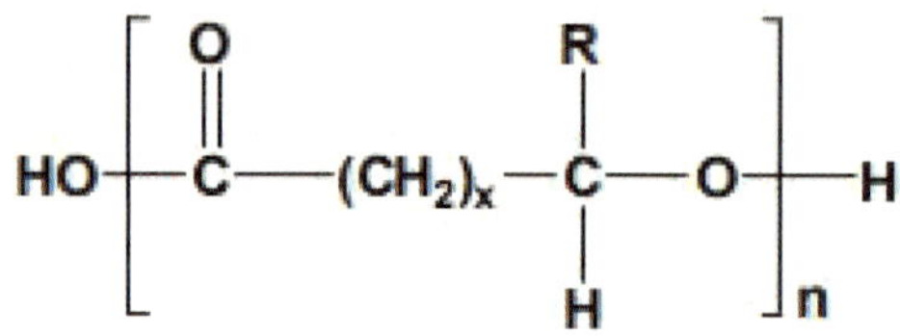

〈그림 5〉 PHA의 화학적 구조식

〈표 2〉 미생물 생산 고분자계 PHA의 종류

미생물	탄소원	PHA	PHA 함량 (% w/v)
Alcaligenes eutrophus	글루코네이트	PHB	46~85
	프로피오네이트	PHB	26~36
	옥타노에이트	PHB	38~45
Bacillus megaterium QMB1551	글루코오즈	PHB	20
Klebsiella aerogenes recombinants	당밀	PHB	65
Methylobacterium rhodesianum MB1267	플락토오즈/메탄올	PHB	30
M. extorquents(ATCC55366)	메탄올	PHB	40~46
Pseudomonas aeruginosa	캐스터유	PHA	20~30
P. denitrificans	메탄올	P(3HV)	0.02
	펜탄올	P(3HV)	55
P. oleovorans	글루카노에이트	PHB	1.1~5.0
	옥타노에이트	PHB	50~68
P. putida GPp104	옥타노에이트	PHB	14~22
P. putida	팜유	PHA	37
	라우르산	PHA	25
	미스티산	PHA	28
	올레인산	PHA	19
Sphaerotilus natans	글루코오즈	PHB	40

나. 생분해가능(biodegradable)과 퇴비화가능(compostable) 플라스틱

(1) 생분해성 플라스틱(biodegradable plastics)

생분해(성) 또는 생분해가능 플라스틱은 미생물에 의해 플라스틱이 분해가 되어 물, 이산화탄소/메탄, 그리고 새로운 바이오매스 등으로 전환되는 것을 말한다. 일반적으로 생분해 가능물질은 미생물(박테리아, 균류, 조류,

지렁이 등) 작용에 의해 분해되는 것을 의미하고, 주로 물, 이산화탄소/메탄, 그 밖의 부산물(잔재물, 바이오매스)로 전환되어 환경에 악영향을 미치지 않는 것을 말한다. 하지만, 어떤 물질의 생분해성(biodegradation)은 여러 인자(물리/화학적 인자-온도, pH, 습도, 미생물의 존재와 종류, 양 등)에 의해 영향을 받게 된다. 다음 〈그림 6〉은 생분해가능 플라스틱의 분해과정을 모식화한 것이다. 자연적 분해를 거치면서 작은 조각으로 분해가 일어나고, 거대한 분자가 점차 작은 분자로 쪼개지면서 광합성 과정을 통해 미생물에 의해 산화 분해 과정을 거친다.

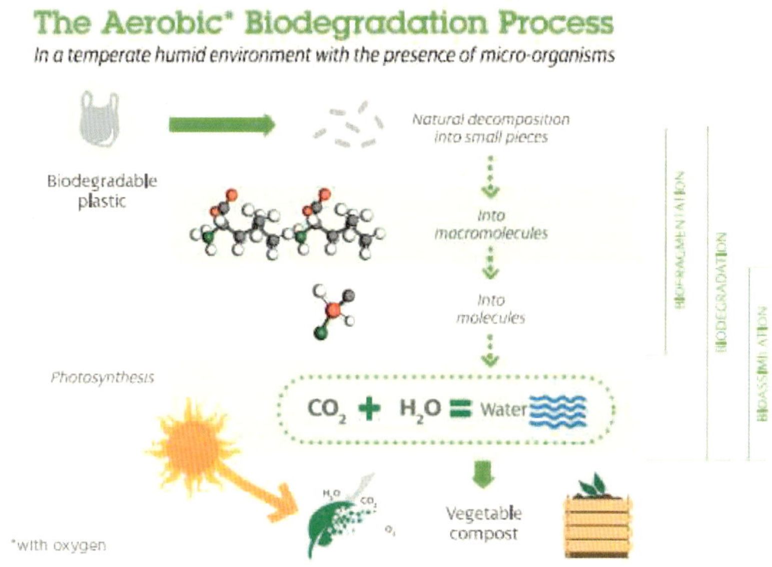

〈그림 6〉 생분해플라스틱의 분해 과정 개념도
(출처: SPERE, Biodegradable and compostable bioplastics, 2019)

생분해(biodegradation)는 여러 과정이 연속적으로 일어나고 일부 과정은 서로 중첩되어 일어나기도 한다. 우선, 플라스틱은 빛이나 외부 충격에 의해 주로 물리적으로 쪼개지거나 잘게 부서진다. 입자가 점점 크기가 작아지면서 화학적 작용이 일어난다. 예를 들어, 폴리에스테르는 물에 의해 가수분해가 일어나고 고분자화합물의 고리가 끊어진다. 이러한 입자크기가 점점 작아지면 생물학적 분해가 주로 박테리아와 균류를 통해 일어나고, 미생물은 이러한 입자들을 효소를 이용하여 대사작용을 하게 된다. 이러한 미생물 대사작용의 생성물로서 물, 이산화탄소/메탄 등이 생성된다.

바이오플라스틱의 생분해 과정은 크게 3단계로 나눌 수 있다. 첫째는 직접분해, 다음은 화학적 분해, 세 번째는 미생물에 의한 생분해로 진행된다(그림 7).

① 제1단계 : 직접분해

생분해성 성분의 직접적인 생물학적 분해로서 산화, 가수분해, 효소작용 등에 의해 중합체의 질량감소가 일어나고 다공성 물질이 생성된다. 이 경우 중합체의 붕괴가 일어나 다공성 폴리머를 생성한다. 생성된 다공성 중합체 C-C 결합의 노출 면적이 증가하여 화학적 분해가 가속된다. 직접적 생분해 성분에는 셀룰로오스, 셀룰로오스 유도체, 폴리카프로락톤(PCL), 폴리유산(PLA), 전분 등 바이오매스이다.

② 제2단계 : 화학적 분해

장쇄(long-chain)의 폴리머 중합체 산화분해에 의한 분자량 감소가 일어난다. 화학적 분해는 먼저 제1전이금속에 의해 분해가 개시되어 과산화물과 하이드로퍼옥사이드가 생성되고, 이들이 폴리머 결합을 분해하여 저분자량 물질을 생성시킨다. 이때 제2전이금속의 존재 하에 상기 분해의 촉매제로 작용하여 분해가 촉진된다.

열가소성 폴리머 성분의 분해 메커니즘은 우선 적당한 환경조건에서 발생하는 열 등에 의해서 분해가 시작된다. 예를 들면, 철 이온의 존재 하에

OH-와 같은 유리기가 생성이 되고, 이들이 폴리머와 반응하여 또 다른 유리기를 형성한다. 이들 유리기는 산소, C-C 결합, 철 이온 등과 반응한다. 이 과정에서 폴리머의 결합이 분해되어 알코올, 케톤 등 저분자물질이 생성된다.

③ 제3단계 : 미생물에 의한 분해(생분해)

저분자량의 폴리머는 퇴비 상태 또는 토양 내에서 자연에 존재하는 박테리아, 세균, 곰팡이 등 미생물이나 효소의 작용으로 분해가 진행되어 이산화탄소, 물 및 바이오매스 등 생물자원으로 변화된다.

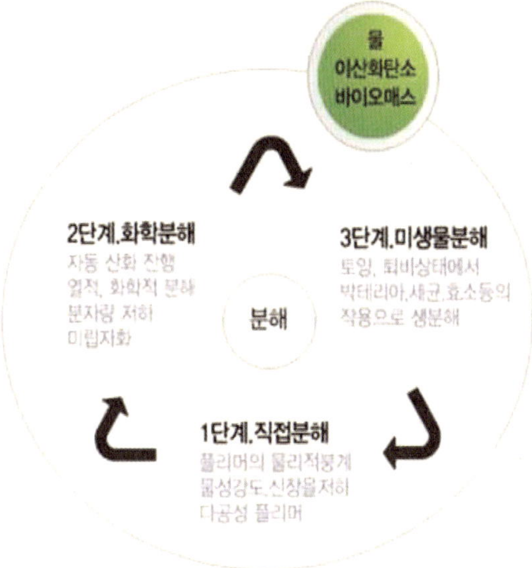

〈그림 7〉 바이오플라스틱의 분해 과정

(출처: http://www.biopack.kr/info/info.php?id=bp36)

(2) 퇴비화가능 플라스틱 (compostable plastics)

퇴비화(composting)는 호기성 산화를 통해 일정한 조건 하에서 안정된 물질, 즉 퇴비(compost)를 생산하는 과정을 말한다. 안정된 퇴비는 휴믹물질(humic materials)을 풍부하게 포함하고 있으며, 주로 농업용 토양이나 식물재배에 많이 활용된다. 퇴비화 과정을 통해 산소를 공급하고, 이산화탄소, 열, 그리고 부산물(퇴비물질)을 생성하게 된다. 퇴비화는 주로 유기성폐기물에 적용되지만, 생분해 가능 플라스틱과 퇴비화 가능 플라스틱 역시 유기성폐기물과 함께 수거되어 퇴비화 처리가 가능하다.

최근 유럽과 프랑스에서는 퇴비화 및 생분해 가능한 포장재(compostable or biodegradable plastics for packaging materials)의 기준(NF EN 13432) 관련 다음 네 가지 사항을 충족하도록 요구하고 있다.

첫째, 조성(composition): 휘발성고형물, 중속, 불소 등의 최대 허용기준을 충족해야 한다.

둘째, 분해(disintegration): 퇴비화로 인해 어떤 물질이 분해되는 정도를 말하고, 12주 시험기간 이후 초기 질량(직경 2mm 이상)의 10% 이내 허용 기준을 만족해야 한다.

셋째, 생분해(biodegradation): 6개월 이내에 전체 총량의 90% 이상 미생물 대사작용에 의해 분해되어야 한다.

넷째, 퇴비화 품질 및 생태독성: 퇴비화에 첨가된 플라스틱 포장재 물질로 인해 환경에 악영향을 미치지 않아야 한다. 퇴비화 물질에 대한 생태독성 시험이 요구된다.

〈그림 8〉 일회용 플라스틱 PLA 컵의 생분해 과정
(위쪽: 1일, 15일, 30일 이후, 아래쪽: 45일, 58일 이후)
(출처: Kirk Othmer, Bioplastics: biobased plastics as renewable, Encyclopedia of Chemical Technology, 2015)

(3) 석유계 (화학 합성) 고분자계 생분해 플라스틱

석유계(화학 합성) 고분자는 일반적으로 PCL(Polycaprolactone), polyesteramides, AP(Aliphatic polyester), Aro/Ali(Aromatic/Aliphatic co-polyester), PLA(Polylactic acid), PGA(Polyglycolic acid), PBS(Polybutylene succinate) 등 다양한 종류가 개발되었는데, 모두 지방족계 폴리에스테르의 중간계이다. 합성 고분자의 생분해성은 공기 중에서는 그다지 열화(劣化)가 진행되지 않기 때문에 실제 사용하는 단계에서는 대부분 통상의 제품과 동일하게 사용 가능하다. 그러나 토양 매립, 물에서는 필름 형태의 경우 수 주간에서 수개월, 1mm 두께 정도의 판상의 물질 또는 섬유의 경우 1년에서 수 년에 걸쳐 분해된다.

이러한 제품은 아직까지 가격이 고가인 관계로 일반 분해성 포장재 또는 생분해성 플라스틱 제품의 용도로 사용이 되기에는 아직 어려운 면이 있다. 일부 실용화가 되고 있으며 지속적으로 원가절감, 생산성, 물성개량 등 연구가 진행 되고 있다. 또한 기타 고부가가치를 얻을 수 있는 의료용 재료로 활용되고 있다.

① PCL(Polycaprolactone): 비교적 저렴하게 제조되는 생분해성 고분자로 모노머로 ε-caprolactone부터 개환반응 및 중합에 의해 용이하게 합성할 수 있고 일반 PE와 상용성이 좋고, 기계적 물성이 우수하나 융점이 60~62℃로 낮아 film 성형성 및 개구성이 좋지 않은 단점이 있다.

② PLA(Polylactic acid): Lactic acid 또는 Lactide로부터 화학적 촉매 또는 효소에 의한 고리열림 반응을 통하여 합성되는데 융점이 약 160~175℃로 기존 난분해성 범용수지와 유사하고 강도가 우수하다. 가공성 및 유연성이 취약하고 고가인 단점이 있으나, 대량생산 및 기술개발로 원가절감 연구가 활발히 이루어지고 있다. 바이오매스로부터 전분을 추출하고, 그 전분을 효소작용이나 가수분해하여 당(sugar)으로 전환하며, 당액(sugar liquor)을 유산균으로 발효시키고, 산소 제한 조건에서 lactate dehydrogenase 효소에 의해서 pyruvate로부터 L-lactic acid를 얻는다. 제조된 Lactic acid로부터 Polylactic acid를 제조하는 방법에는 Lactic acid를 직접 중합하는 방법과 Lactate를 거쳐 개환중합법으로 중합하는 두 가지 방법이 있으나, 높은 분자량의 고분자 제조에는 개환 반응이 유리하다.

③ PGA(Polyglycolic acid): 아주 단순한 구조단위(O-CH_2-CO-)를 갖는 지방족 폴리에스테르로써 생체 내 흡수 분해되는 특성이 있어 수술용 복합사 등 의료용으로 주로 쓰이며, 매우 느린 생분해 속도를 나타내어 인공피부 등으로 사용된다.

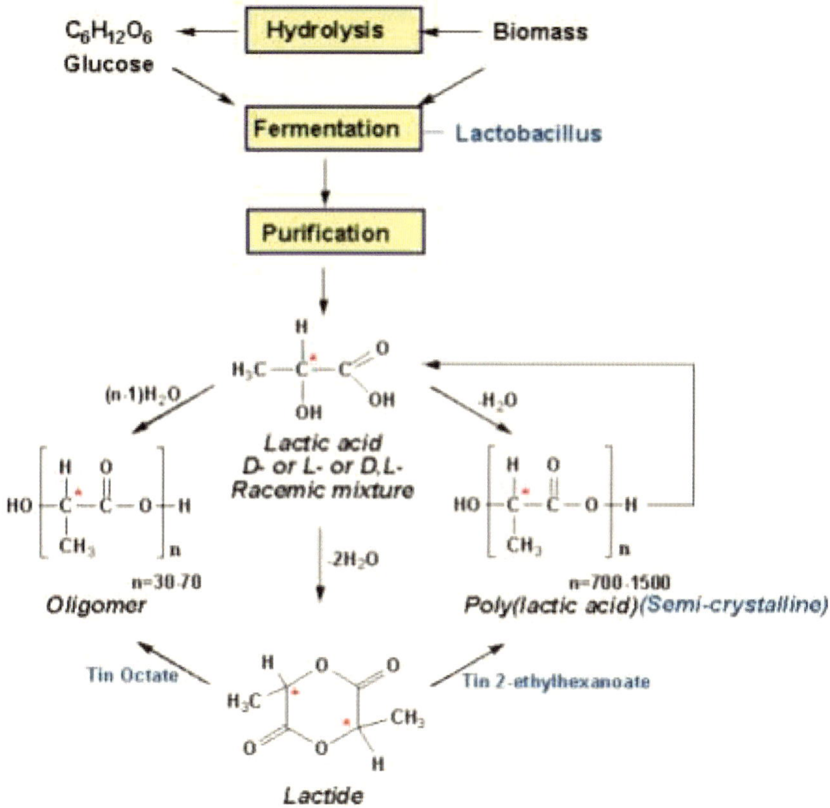

〈그림 9〉 제조된 Lactic acid로부터 Polylactic acid를 제조하는 방법

(출처: 한국바이오협회, 바이오제품 시장 및 바이오기술개발 동향)

2.1.3 바이오플라스틱의 장단점과 특징

바이오플라스틱의 장점으로는 생분해가 쉽게 가능하고, 온실가스 저감 효과, 화석연료 의존도 감소, 물리화학적 특성, 재생가능한 생물원료로부터 생산 가능과 소비자의 긍정적 선호도 등을 들 수 있다. 반면에, 높은 생산비용, 일부 유전자변형생물체(GMO) 사용, 식량자원과 경쟁관계, 안정적 공정 제어의 어려움, 열적분해와 쉽게 부서지는 단점 등을 갖고 있다 (표 3).

〈표 4〉에서는 바이오플라스틱의 생분해성과 화석연료 기반 플라스틱의 대체 가능성과 활용성을 요약하여 나타내었다.

〈표 3〉 화석연료 기반 플라스틱과 바이오플라스틱의 장단점 분석

플라스틱	바이오플라스틱	화석연료기반 플라스틱
장점	일부 생분해 가능	생산 비용 저렴
	일부 천연 원료로부터 제조되어 온실가스 저감 및 자원고갈 예방 효과	우수한 물리화학적 특성
	재생가능 자원 사용으로 물질순환에 기여	제조 용이성
	표준제조공정을 통해 생물원료로부터 생산 가능	타 소재에 비해 에너지와 자원 절약
	소비자에게 긍정적 이미지	열적 재활용 가능
단점	높은 생산비용	화석연료 기반으로 자원 고갈
	일부 GMO 사용	대부분 난분해성
	식물 재배 시 토지, 비료, 농약 사용, 식량자원과 경쟁관계	미세플라스틱 생성 시 생태 독성 유발
	공정 제어가 제한적임 (저융점 온도)	일부 첨가제의 경우 독성물질 함유
	열적 분해와 쉽게 부서짐	재활용 어려움

〈표 4〉 바이오플라스틱의 분류와 생분해성

바이오플라스틱	바이오매스 비율	생분해성	활용도	특징
BioPET (EtOH-Bio & TPA)	30%	Unknown	분자구조는 석유계 폴리머와 같음. 물리적 특성이 아닌 가격과 공급량에 좌우됨	-제조비용 절감 필요 -바이오매스 함량 TPA 생물학적 기술 개발 필요
BioPE (EtOH-Bio)	100%	Unknown		-제조비용 절감 필요
BioPA11	100%	Unknown	석유계 폴리아미드(PA) 대체 가능	-제조비용 절감 필요 -바이오매스 활용 PA 개발 필요
BioPA610	63%			
BioPU polyol(Bio) and isocyanate	30~70%	Unknown	석유계 우레탄 대체 가능	제조비용 절감 필요
BioPP (EtOH-Bio)	100%	Unknown	분자구조는 석유계 폴리머와 같음. 물리적 특성이 아닌 가격과 공급량에 좌우됨	저비용으로 에탄올로부터 PP 생산공정 개발 필요
PTT	36%	Unknown	화장품 용기류 및 자동차 부품으로서 PE, PP,PS, PU 대체품	카펫트 실용화를 위한 기술검증 필요
PLA	100%	가능	포장재 및 자동차 부품으로서 PET, PE, PP, PS 대체품	고생산 비용, 물리적 특성 개선 필요
PHBH	100%	가능	다양한 용도로 활용 가능 (농업용, 자동차, 건설재료, 전기전자제품 등)	생산단가 고비용
PBS	49%	가능	PE, PP의 대체품으로서 생분해가능한 수지. 일회용봉투, 농업용 멀칭, 식품포장재로 사용가능	

(출처: SPERE, Biodegradable and compostable bioplastics, 2019)

2.2 바이오플라스틱의 기술 개발 사례

2.2.1 바이오플라스틱의 사용 사례: 포장재

(1) 포장재

생분해성 수지를 사용하는 식품용 기구 및 용기 · 포장재에 대해서 국내외 관리 규정이 마련되어 있다. 국내에서는 PLA(poly lactic acid)와 PBSA(polybutylene succinate co-adipate)가 '식품용 기구 및 용기 · 포장 공전'에 의해 관리되고 있다. 또한, 생분해성 수지의 친환경적 측면이 부각되면서 새로운 재질이 계속해서 개발되고 있어 관리 대상을 지속적으로 확대해나가는 추세이다.

〈그림 10〉 친환경 생분해 플라스틱 봉투 및 포장재 세제 용기
(출처: California Organics Recycling Council, http://compostingcouncil.org)

(2) 전자제품

2019년 BIO-On S.P.A 이탈리아 회사는 전자제품 분야에서 바이오플라스틱의 사용을 극대화하여 지속가능한 제품 생산과 기술개발을 적극 추진하고 있다. 천연소재를 활용하여 100% 생분해 가능한 플라스틱 개발을 통하여 전자제품, 스마트폰, 시계, 텔레비전, 컴퓨터, 운동기기 등을 바이오플라스틱 소재로 전환하여 지속가능한 제품에 기여할 방침이다.

Bio-on to promote use of Bioplastics in the Electronics sector

January 3, 2019 · Chetan

Bio-On S.p.A., an Italian Intellectual Property Company, active in the high-quality bioplastic sector, creates ELOXEL SpA, of which Bio-on and Kartell each hold the 50% shares. ELOXEL is created to exploit the patents destined to revolutionize the world of electronics through the use of bioplastics. The creation of ELOXEL is aimed to help designers to create sustainable products and revolutionary applications.

〈그림 11〉 전자제품 분야의 바이오플라스틱 활용
(이미지 출처: https://www.plasticsinsight.com)

(3) 자동차

자동차 업계에서도 식물 소재 플라스틱 사용에 적극적이다. 미국, 일본의 자동차 제조사는 석유 의존성 감소, 환경 규제를 대비하여 바이오 플라스틱으로 전환하려는 노력을 하고 있고, 하이브리드 자동차, 전기 자동차의 등장으로 내, 외장재에 석유 화학 대체 제품 적용 사례가 지속적으로 증가하고 있다.

일본 도요타는 자체 개발한 Eco-Plastic을 스페어타이어 커버와 매트 제작에 사용함으로써 자동차 업계 최초로 2003년에 바이오 플라스틱을 차량 내에 도입하였다. 혼다는 FCX 컨셉트카에 옥수수 원료로 제조한 폴리에스테르 소재인 PPT(polypropylene terephtalate)와 PET 혼합물을 좌석, 팔걸이 등 사람의 피부가 접촉하는 부위에 사용하고 있으며, 밀도가 더 높은 PTT의 경우 지붕, 트렁크 라이닝 등에 적용하고 있다. Mazda는 옥수수 88%와 석유화합물 12%를 사용한 차량 내/외장용 바이오 플라스틱 부품을 개발하여 적용하고 있으며, 폴리프로필렌(PP, polypropylene) 제조과정보다 약 30% 수준의 에너지로 제조 가능하여 보다 친환경적이다.

〈그림 12〉 PLA를 적용한 자동차 내장부품
(이미지 출처 : http://global-autonews.com)

(4) 농 · 원예 분야

육묘용 포트와 멀칭용 바이오필름은 생분해성 성분이 최대 95%~100% 함유된 친환경제품으로, 작물 생육과 더불어 토양 중에서 자연스럽게 생분해된다. 생분해성 멀칭필름은 토양 피복용 멀칭비닐에 비해 인장력은 절반 정도지만, 필름의 강도는 3배 이상 강해 잘 찢어지지 않으며, 특히 폐비닐 1톤당 16~20만원에 달하는 처리비용 등 생산에서 폐기까지 모든 비용을 고려하면 일반 비닐대비 30% 이상의 예산 절감 효과가 있다.

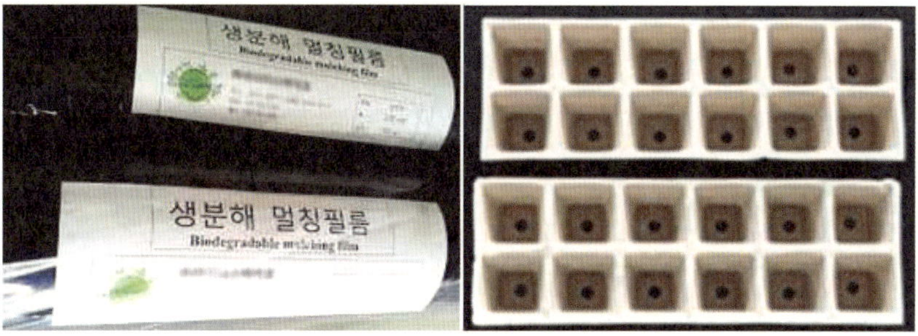

〈그림 13〉 육묘용 포트와 멀칭용 바이오필름
(이미지 출처 : http://sjext.com/default/img/sj/ecatalog_2017.pdf)

2.3 바이오플라스틱의 라벨링 표시 제도와 재활용

2.3.1 라벨링 표시 제도

환경 친화 제품이 보급 확대되고 있어, 정부에서는 소비자들이 쉽게 바이오플라스틱의 제품을 식별할 수 있도록 국제적인 표준화 움직임이 있다. 특히, 생분해성 플라스틱의 경우, 식별표시 제도로 친환경제품 또는 에코마크(eco-labeling)를 부여하고 있다. 이는 소비자가 환경 부하가 적은 친환경 플라스틱과 일반 플라스틱을 식별할 수 있게 하는 제도이다. 환경마크 제도는 1979년 독일에서 처음 시행되어 현재 일본, 캐나다, 유럽연합(EU), 싱가포르, 인도 등 30여개 국가에서 시행되고 있다. 국제표준에 따르면(EN

13432, ASTM D6400, ISO) 바이오기반 함량(유기탄소 함량 측정) 최소 50% 이상을 포함한 경우 바이오플라스틱으로 인증하도록 권고하고 있다. 위의 기준에 따르면, 84일 이내 분해(disintegration), 180일 이내 무기화(mineralization) 이외에도 중금속 함량, 생태독성 기준, 식물성장시험을 통한 퇴비화 품질 수준 등을 측정하여 바이오플라스틱 인증을 허가하고 있다.

〈그림 14〉 국가별 친환경 플라스틱의 인증마크

2.3.2 재활용

화석연료 기반 플라스틱은 주로 소각과 에너지 회수 위주의 처리 방법으로 이루어지지만, 바이오플라스틱의 경우 재활용 방법, 즉 퇴비화, 혐기성 소화 등으로 처리가 가능하다. 〈그림 15〉는 바이오플라스틱의 처리 방법을 제시한 것이다. 바이오플라스틱은 혐기성소화를 통하거나 호기성 분해(퇴비화)를 통해 처리가 가능하다.

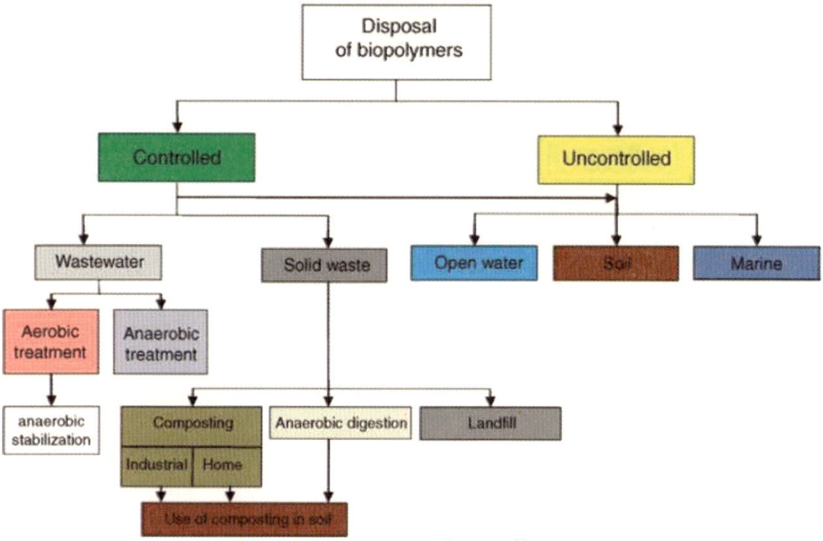

〈그림 15〉 바이오플라스틱의 처리방법
(출처: Niaounakis, Biopolymers: reuse, recycling and disposal, 2013)

하지만, 바이오플라스틱의 재활용과 처리 관련하여 여러 도전에 직면해 있다. 아직도 바이오플라스틱은 전체 플라스틱 사용의 1% 정도 수준에 머물러 있으며, 현재 기존의 플라스틱 재활용 시설에서는 구분하고 선별하여 처리하기 어려운 실정이다. 바이오플라스틱의 수거 시스템을 별도로 구축하여 퇴비화 또는 혐기성 소화로 처리를 해야 하지만, 아직은 규모의 경제 측면에서도 어려운 실정이다. 오히려 기존 재활용 체계에 바이오플라스틱 반입 시 재생제품의 품질 저하를 가져올 수 있다.

2.4 바이오플라스틱의 장점과 사용 전망

바이오플리스틱은 기존 화석연료 기반 플라스틱에 비해 다음과 같은 장점을 가지고 있다.

첫째, 기존 화석연료 기반 플라스틱 생산에서 벗어나 바이오매스를 활용하여 바이오플라스틱 사용을 유도하여 화석연료 의존도를 줄이고, 온실가스 감축에 기여할 수 있다. 전과정평가에 따르면 바이오기반 플라스틱은 기존 석유기반 플라스틱에 비해 온실가스 감축에 기여하는 것으로 나타났다. 둘째, 바이오플라스틱은 적절하게 재사용 또는 재활용, 재생에너지 회수에 활용된다면, 자원순환과 자원 효율성 증대 측면에서도 긍정적인 기여를 할 수 있다.

셋째, 폐기물 관리 측면에서도 기술혁신을 통해 재질 개선, 생분해성 증대, 퇴비화 증대 등이 이루어진다면, 기존 석유 기반 플라스틱의 재활용과 폐기물 관리에 비해 상대적으로 우위성을 확보할 수 있다. 예를 들어, 퇴비화 가능한 바이오플라스틱 봉투 또는 음식물포장재, 바이오플라스틱 cutlery의 경우 다른 유기성폐기물과 함께 퇴비화 시설이나 혐기성소화 시설에서 함께 처리가 가능하다. 궁극적으로 매립되는 플라스틱 양을 줄이는 동시에 바이오가스 생산이나 퇴비 생산에 기여할 수 있다.

〈그림 16~19〉은 전 세계 바이오플라스틱의 생산 규모, 생산 규모 예측과 산업 분야별 사용 비율을 나타낸 것이다. 점진적으로 바이오플라스틱 생산과 사용이 증가할 것으로 예상된다.

아직까지 바이오플라스틱 산업은 저탄소, 고효율 순환경제를 구축하기 위한 잠재적 가능성을 가지고 있는 영역으로서 향후 바이오플라스틱 시장은 지속적으로 성장할 것으로 전망하고 있다. 하지만, 바이오플라스틱의 사용 관련 긍정적 전망과 부정적 전망이 아직까지 혼재하고 있으며, 여러 기술적, 법과 제도적 장애물을 극복해야 한다.

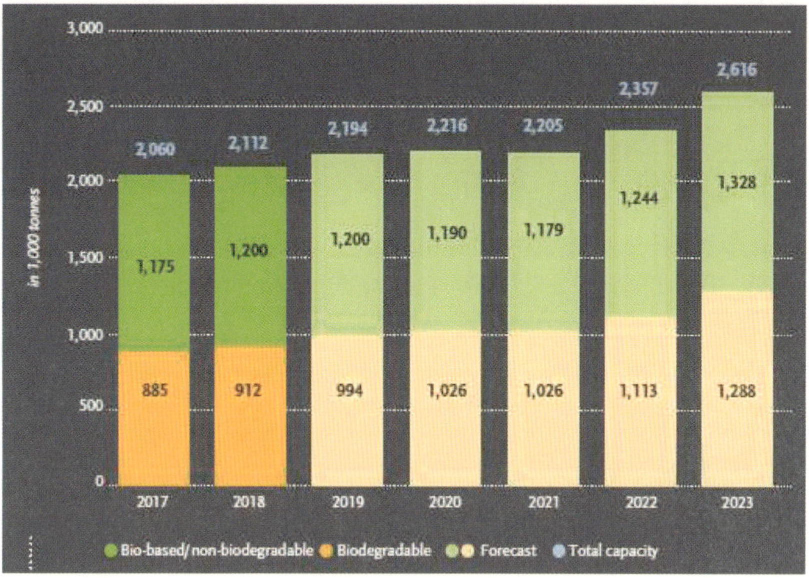

〈그림 16〉 전 세계 바이오플라스틱 생산 규모

(출처: European Bioplastics, NOVA Institute, 2018)

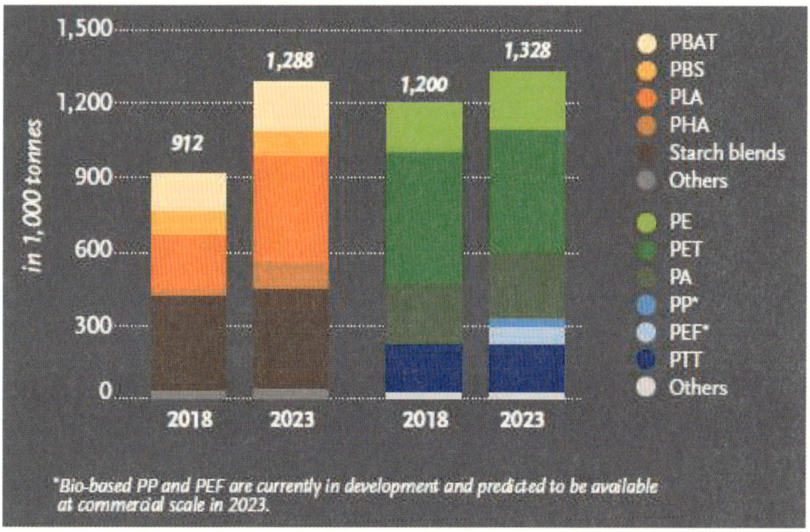

〈그림 17〉 생분해플라스틱과 바이오기반 플라스틱 생산 규모 예측

(출처: European Bioplastics, NOVA Institute, 2018)

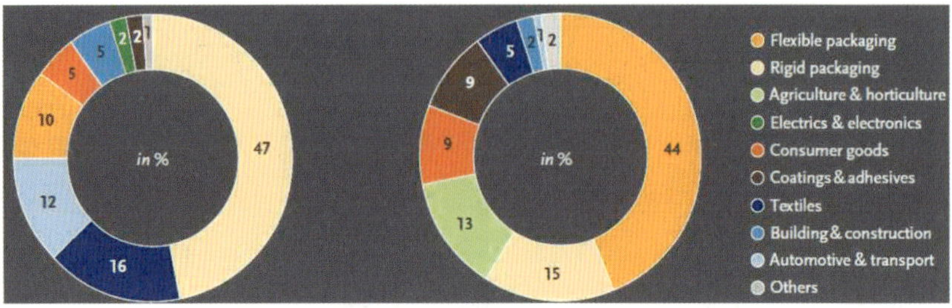

〈그림 18〉 바이오기반 플라스틱(좌)과 생분해플라스틱(우)의 산업분야 수요 (2018년)
(출처: European Bioplastics, NOVA Institute, 2018)

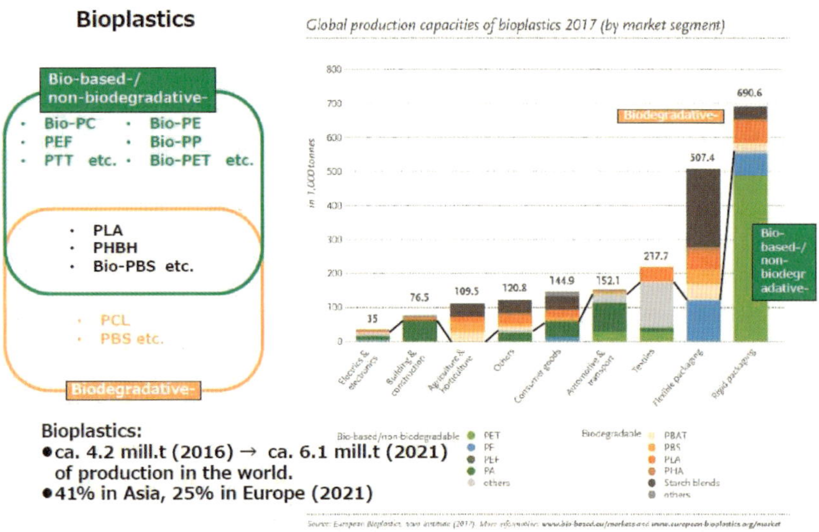

〈그림 19〉 전 세계 바이오플라스틱의 생산 (2017년 기준)
(출처: SPERE, Biodegradable and compostable bioplastics, 2019)

2.4.1 긍정적 전망

(1) 시장 전망

① 환경규제 증가 및 친환경 수요 증가

우리는 석유계 화학 소재를 통해 윤택한 삶을 누리고 있지만, 점차 그 사용량이 증가함에 따라 이산화탄소 발생량이 증가하여 지구온난화에 따른 기후 변화 등 여러 환경 문제를 겪고 있다. 이러한 문제를 극복하기 위해 이산화탄소 배출권을 규제하는 교토의정서(2기:2013~2020)가 발효되었고, 전 세계 온실가스 감축을 위해 2015년 파리기후변화협약이 체결되었다. 이에 따라 유럽과 같은 선진국은 이산화탄소 배출 규제를 강화하고 있다. 기존 화석원료 자원에 대한 의존도를 낮추고 온실가스를 저감하기 위해 선진국에서는 쇼핑봉투 및 플라스틱 병의 분해성 수지 사용을 의무화하는 추세이다. 이에 생분해 플라스틱(biodegradable plastics), 바이오 기반 플라스틱(bio-based plastics) 등 바이오 플라스틱 등의 실용화가 활발히 추진되고 있다. 세계 각국은 앞 다투어 환경규제를 강화하고 있고, 우리나라도 기존의 일반 난분해 플라스틱 제품에 부과되는 폐기물 부담금을 인상하는 정책을 마련하고 있다. 이에 따라 국내 플라스틱 산업이 많은 어려움에 직면할 것으로 예상되며, 이러한 환경 규제는 기존의 플라스틱 산업의 성장에 걸림돌로 작용할 것으로 보인다. 따라서 기존의 석유계 범용 플라스틱의 경쟁력은 이전에 비해 약해질 가능성이 높으며, 생분해성 플라스틱의 시장경쟁력은 점차 강화될 것으로 예상된다. 또한 바이오 기술의 급격한 발전을 감안할 때 향후의 전망은 더욱 긍정적인 것으로 판단된다(제갈종건, 2012; 박노형, 2013; 유영선, 2019).

② 시장 확대

2017년 전 세계 생분해성 플라스틱의 연간 생산량은 약 88만 톤으로, 전체 플라스틱 생산량의 1%를 차지하고 있다. 이 시장은 앞으로 2022년까지 23% 성장해 생산량이 약 108만 톤으로 증가할 것으로 기대되고 있다. 특히 플라스틱 폐기에 따른 문제가 부각되면서 생분해성 플라스틱의 수요가 급속히 증가해 2018년 11억 달러 규모에서 2023년 176억 달러 규모의 시장으로 커질 것으로 예상된다.

국내 수요는 2008년 4천 톤에서 2013년 1만2천 톤으로 5년간 약

3.75배 성장하였으며, 산업연구원에서 발표한 '한국 산업의 발전 비전 2020'에 따르면 국내 생분해성 플라스틱의 시장 규모는 2010년 기준 약 1~5만 톤 규모에서 2020년 약 20~50만 톤 규모로 연평균 20% 이상의 성장이 예상되었다.

(2) 지속적인 연구개발

생분해성 플라스틱이 플라스틱 시장에서 경쟁력을 갖추고, 더 나아가 일반 플라스틱의 대안이 되기 위해 지속적인 연구와 개발이 이루어지고 있다. 스페인에 기반을 둔 플라스틱 기술센터 Aimplas는 금속 촉매 없이 대체에너지를 사용하여 PLA를 제조할 수 있는 방법을 개발하였다. 유럽에서 진행된 프로젝트인 Innorex에 참여하여 폴리프로필렌의 대체재로써 기존 재료보다 200% 더 강한 저항성을 가지며 물성이 향상된 PLA를 발견하였다.

SK케미칼은 2009년 세계 최초로 바이오매스 유래 친환경, 내열, 고투명수지인 '에코젠(ECOZEN)'을 개발하였다. SK케미칼이 자체 개발해 2001년 세계 두 번째로 상업화에 성공한 친환경 플라스틱 소재 PETG에 옥수수 유래 성분을 중합해 만들었다. 에코젠은 PETG의 내열도와 강도를 더욱 높인 제품으로 80~110℃ 이상의 고온에서도 쉽게 변형되지 않는다. 미국 식품의약국(FDA)과 유럽식품안전국(EFSA)의 식품접촉용 소재 인증을 통과하여 인체에 무해함이 입증되었고, 세계적 친환경 인증기관 C2C(Cradle-to-Cradle)의 원료물질 안전성(Material Health Level) 부문에서 '골드'를 획득하였다. 에코젠은 이러한 친환경성을 바탕으로 아이용 식기, 주방용 가전, 화장품 용기 등에 적용되었다.

어반트레이드는 2018년 나노 입자 기술기반의 '친환경 옥수수 일회용품'을 개발하였다. 기존 친환경 PLA 소재 제품은 100% 천연 PLA만으로 만들기가 어려워 화학 소재를 함께 써야 했다. 어반트레이드는 100% 친환경

원료기반 옥수수 빨대와 옥수수 일회용 컵 생산에 관련한 특허출원을 완료했다. 또한, 모든 일회용 제품은 '정부공인 시험검사기관 시험성적서'를 통해 중금속과 화학첨가제가 전혀 검출이 되지 않는다는 사실을 입증했다.

2.4.2 부정적 전망

(1) 물성 및 경제성

생분해성 플라스틱은 기존 범용 플라스틱과 비교하였을 때 물성과 경제성이 약하다. PLA의 경우 유연성과 차단성, 내열성이 부족하여 단순한 용도에만 사용되고 있다(생산량의 70% 포장재, 28% 섬유제품, 1% 농업용 필름 및 전기재료). 특히 섬유용으로는 내열성 부족으로 다림질이 불가하며, 용도 확장이 어렵다. 가공 업체 입장에서는 공정 시 일반 플라스틱 공정에 비해 손실이 증가하여 수율과 생산량에서 손실을 보고, 이는 가공비용의 증가로 이어져 가격 경쟁력 확보에 어려움을 겪을 수 있다. 또한, 연구개발비에 따른 부담으로 기존 제품의 대체 및 응용 분야의 확대가 지연되고 있다. 이러한 한계성 때문에 유통기한이 짧거나 수분, 미생물 등에 접촉시간이 길지 않은 분야에 국한되어 사용되고 있다.

(2) 제도적 측면

제도적 측면에서 보는 첫 번째 문제는 '그린워싱(green washing)'이다. '그린워싱'이란 기업이 친환경 경영을 하지 않으면서 녹색경영을 표방하는 것처럼 홍보하는 것을 말한다. 한국소비자원은 2012년 '녹색표시 그린워싱 모니터링 및 개선' 연구 결과를 발표하였다. 당시 시중에 유통되는 7개 제품군 702개 제품에 대한 친환경 표시 실태를 살펴보니 2개중 1개꼴(46.4%)로 부적절한 표시가 발견되었다. 환경마크 등 공인 인증마크를 무단으로 도용하거나 공인 인증마크와 유사한 도안으로 소비자들의 눈을 속였다. 또한, 제품의 일부 친환경 특성을 부풀리기도 했다.

두 번째는 인증기관이 달라 기준이 다른 상황이다. 국가기관인 한국환경산업기술원에서 환경표지 인증기준에 포함하지 않은 '산화 생분해 플라스틱'을 사단법인 한국바이오소재패키징협회에서 인증한다. 협회 홈페이지에는 산화 생분해 인증 기준과 관련한 기준, 적용 범위, 마크 등이 자세히 설명되어 있다. 산화 생분해 플라스틱은 땅에 묻지 않아도 분해가 일어난다. 산화 생분해 플라스틱은 산소나 자외선 등에 의해 공기 중에서 산화되는 동안 미세플라스틱으로 쪼개지는 문제점이 있다. 조각나서 작아질 뿐 사라지지 않는다. 180일 이내 90% 이상 사라지는 생분해 플라스틱과는 다르다. 잘게 쪼개지면서 미세플라스틱이 되어 또 다른 오염원이 될 수 있다. 이런 이유로 산화 생분해 플라스틱은 국가 인증에 포함되지 않는다. 유럽의회 환경위원회도 다음의 이유를 들어 산화 생분해 플라스틱의 사용을 금지하고 있다.

- 적당한 기간 내에 완전히 자연분해 된다는 증거가 없다.
- 쓰레기 투기에 대한 해결책이 될 수 있다는 근거가 없다.
- 봉투를 장기간 사용, 재활용, 퇴비화하기에 부적합하다.
- 환경문제의 해결책으로 볼 수 없다.

유럽 환경위원회는 2020년까지 산화 생분해 제품 사용을 금하는 법안을 검토 중이다. 아울러 "산화 생분해 플라스틱 용기를 자연 분해로 간주하지 않겠다."는 방침을 세웠다.

세 번째 문제는 정부의 소극적인 지원이다. 가격 경쟁력을 확보하기 위해서는 규제와는 다른 맥락에서 일정 수준의 정부 개입이 필요하다. 국내에서는 유럽에 비하여 정부의 정책적인 지원이 미비하여 시장 활성화의 저해 요인이 되고 있다. 따라서 관련 제도적 인프라를 확충하여 생분해성 제품을 시장이 이해할 수 있도록 정부가 정보를 제공하고 전환을 유도하는 것이 중요하다.

〈그림 20〉 한국바이오소재 패키징협회 바이오플라스틱 라벨

산화생분해 / Oxo-biodegradable

〈그림 21〉 한국바이오소재 패키징협회 산화 생분해 제품인증마크

〈그림 22〉 한국환경산업기술원의 환경마크
(출처 : http://www.biopack.kr/, EL724생분해성 수지 제품.pdf)

(3) 환경적 측면

일반 음식물 쓰레기는 퇴비화 과정에서 수분 제거 및 안정화를 위해 40~55℃의 적정 온도를 유지하고, 병원균 사멸을 위해 55℃~60℃의 온도를 2~3일간 유지해야 하나, 생분해성 플라스틱은 40℃~75℃에서 퇴비화가 가능하기 때문에 음식물 쓰레기로 배출해선 안 된다. 또한, 생분해성 플라스틱을 일반 플라스틱과 같이 배출하면 재활용 제품의 품질 저하를 야기할 수 있다. 따라서, 생분해성 플라스틱은 플라스틱 분리수거가 아닌 일반 쓰레기로 배출해야 하나, 인지 부족으로 인해 제대로 이루어지지 않고 있다.

생각해볼거리 12

바이오플라스틱은 기존 플라스틱의 대안이 될 수 있을까?

기존 화석연료 기반 플라스틱은 생산 비용이 저렴하고, 우수한 물리화학적 특성, 낮은 비중, 우수한 가공성 등으로 널리 사용되어 왔고, 현대 소비사회에서는 없어서는 안 될 재료로 종이류와 목재류, 금속류를 대체하고 있다. 하지만, 플라스틱의 난분해성, 미세플라스틱 생성, 첨가제의 독성물질, 온실가스 생성, 복잡한 혼합 플라스틱 재질과 성상으로 재활용이 어렵고, 처리 비용도 많이 든다. 이러한 단점을 극복하기 위한 대안으로 최근 들어 '바이오플라스틱'의 생산과 제조가 이루어지고 있다. 하지만, 바이오플라스틱의 종류가 많고, 그 범위도 넓고, 각 국가별로 용어에 대한 정의와 분류 체계가 다르다. 또한 높은 생산 비용, 열적으로 쉽게 분해되거나 물리적 특성이 기존 플라스틱에 비해 열악하여 모든 플라스틱 제품에 범용적으로 활용하는 데 한계가 있다. 하지만, 예를 들어 대표적인 옥수수계 플라스틱으로 불리는 PLA(polylactic acid)는 옥수수 추출 성분으로 합성된 플라스틱으로 토양에서 완전 생분해되고, 강도가 우수하지만, 가공성 및 유연성이 취약하고 생산 비용이 고가인 단점이 있어, 향후 대량생산 및 기술개발로 원가절감 연구가 필요하다. 앞으로 전 세계적으로 바이오플라스틱의 시장 규모는 점차 확대될 것이고, 다양한 바이오플라스틱 제품이 제조 생산되어 소비될 것으로 예상된다. 그러나 기존 플라스틱 제품 전체를 대체할 만큼 아직까지 생산 고비용, 기계적 물성의 약점, 상용화와 기술 검증의 필요성 등 다양한 측면에서 해결해야 할 과제가 많이 남아 있다. 국가적인 차원에서 바이오플라스틱의 정의와 범위, 라벨링 표시, 산업계 지원과 기술 개발, 생분해 검증과 재활용 체계 구축이 시급한 실정이다. 기존 화석연료 기반 플라스틱과 혼입하여 처리되는 경우, 재생 제품의 품질 저하를 가져올 수 있어, 생분해 플라스틱의 처리 제계 구축(퇴비화, 혐기성 소화 등)도 동시에 마련되어야 한다.

3. 요 약

본 장에서는 난분해성 플라스틱의 사용에 따른 환경오염 문제와 그 해결책으로 대두된 바이오플라스틱의 배경 및 정의, 종류와 제조과정, 분해과정, 기술개발 사례와 규제 동향, 바이오플라스틱의 긍정적 및 부정적 전망 등을 알아보았다. 이 과정을 통해 바이오플라스틱이 가지고 있는 친환경적 장점과 함께 시장 성장 가능성을 알 수 있었다. 하지만, 아직까지 여러 문제점과 한계점들로 인하여 아직은 바이오플라스틱이 일반 플라스틱을 완전히 대체하기는 어려운 상황이다. 따라서 향후 꾸준한 연구 개발, 다양한 정책 지원과 규제를 통해 점차 사용을 확대해나가야 한다.

국내에는 아직까지 바이오플라스틱의 생산과 사용을 지원하기 위한 관련 법제도가 미흡하다. 한국환경산업기술원에서 친환경 상품의 홍보 및 사용 권장을 주도하고 있지만, 이것으로 국내 시장이 활성화되기는 어려울 것으로 보인다. 이미 유럽은 지난 2005년 2월 플라스틱의 친환경 생산에 대한 자율협정을 체결하였고, 국제적으로 인정된 표준안을 준수할 것을 선언하였다. 이에 발맞추어 이탈리아는 2010년 PE(Polyethylene)로 대표되는 일회용 비닐봉투의 사용을 전면으로 제한하였다. 이로 인해 일회용 봉투에는 PE가 사용되지 못하며, 대체재인 생분해성 플라스틱의 수요가 상대적으로 높아지고 있는 상황이다. 또한 프랑스에서도 2016년 일회용 비닐봉투의 전면금지 결정이 내려졌으며, 2020년부터는 플라스틱 컵 등의 일회용품 사용을 전면 금지할 예정이다. 독일의 경우 2009년부터 일회용 비닐봉투 사용 시 5~50센트의 환경부담금을 부과 등 유럽 각국에서는 2000년대 후반부터 단계적으로 비닐봉투의 사용을 제한하기 시작하였다. 이러한 규제로 인해 궁극적으로는 바이오플라스틱의 생산과 소비가 촉진되고 있는 것으로 보인다. 최근 생분해 플라스틱 생산업체들의 잇따른 증설계획발표 등으로 볼 때 친환경시대의 도래는 거스를 수 없는 세계적인 추세이지만 기업체의 노력만으로는 한계가 있다. 따라서 우리도 적절한 규제와 지원을 통하여 생분해 플라스틱 사용을 활성화하고, 제도적 인프라를 갖출 필요가 있다.

향후 바이오플라스틱의 기술 개발은 기존 화석연료 기반 플라스틱 생산과 소비의 대안으로 중요한 분야로서 산업 혁신과 고도화를 통해 친환경 플라스틱의 시장 확장을 위해서도 필요하다. 하지만, 기존 플라스틱의 대비하여 낮은 물성, 생산성, 재활용의 어려움, 가격 경쟁력 등 많은 장애물이 존재하고 있어 이를 극복하기 위한 다양한 노력과 정책적 지원이 필요하다.

4. 토의 문제

(1) 바이오플라스틱의 정의와 종류에 대해 서술하시오.

(2) 생분해성 플라스틱과 바이오플라스틱의 개념의 차이와 유사점을 설명하시오.

(3) 바이오플라스틱의 분해 과정을 3단계로 설명하시오.

(4) 바이오플라스틱의 긍정적 전망과 부정적 전망을 각각 3가지 이상 설명하시오.

5. 참고 문헌

〈국문〉

(1) 박노형 외, 바이오 플라스틱의 산업동향과 전망, Biomaterials Research, 17(2) 41-47, 2013.
(2) 유영선, 국내외 바이오플라스틱의 종류, 인증라벨, 규제 및 시장 동향, 한국환경산업기술원, 2019.
(3) 제갈종건, 바이오플라스틱 현황 및 전망, 공업화학 전망, 15(4) 21-25, 2012.
(4) 한국바이오협회, 바이오제품 시장 및 바이오기술개발 동향.
(5) http://www.biopack.kr/, EL724생분해성 수지 제품.pdf

〈영문〉

(1) European Bioplastics, NOVA Institute, 2018.
(2) SPERE, Biodegradable and compostable bioplastics, 2019.
(3) California Organics Recycling Council, http://compostingcouncil.org
(4) Kirk Othmer, Bioplastics: biobased plastics as renewable, Encyclopedia of Chemical Technology, 2015.
(5) Niaounakis, Biopolymers: reuse, recycling and disposal, William Andrew Publishing, 2013.

찾아보기